随机微分方程基本理论及应用

刘见礼　袁海荣　编著

U0389334

科学出版社

北　京

内 容 简 介

本书从概率论和 Brown 运动的基本概念出发, 介绍了 Itô 随机积分和关于 Poisson 过程随机积分的数学理论, 相关随机微分方程强解的存在唯一性定理, 随机微分方程理论在最优停时、传染病模型、期权定价等方面的应用以及随机微分方程基本的数值求解方法.

本书作为随机分析和随机微分方程的入门教材, 可供理工类和金融管理类的高年级本科生及研究生阅读, 也可作为相关领域工作者的参考用书.

图书在版编目(CIP)数据

随机微分方程基本理论及应用/刘见礼, 袁海荣编著. —北京: 科学出版社, 2024.6

ISBN 978-7-03-077801-7

Ⅰ. ①随… Ⅱ. ①刘… ②袁… Ⅲ. ①随机微分方程 Ⅳ. ①O211.63

中国国家版本馆 CIP 数据核字(2024) 第 009835 号

责任编辑: 梁 清 李 萍 / 责任校对: 杨聪敏
责任印制: 赵 博 / 封面设计: 无极书装

科 学 出 版 社 出版
北京东黄城根北街 16 号
邮政编码: 100717
http://www.sciencep.com
固安县铭成印刷有限公司印刷

科学出版社发行　各地新华书店经销
*
2024 年 6 月第 一 版　开本: 720×1000　1/16
2025 年 5 月第二次印刷　印张: 14 3/4
字数: 297 000
定价: 79.00 元
(如有印装质量问题, 我社负责调换)

P 前言

PREFACE

　　随机微分方程是随机分析理论的重要内容之一,它结合微分方程和概率论,连接纯粹数学与应用数学,在金融数学、统计力学、随机控制、信号处理、随机模型等应用中起着重要的作用. 有很多读者渴望了解、学习其基本理论和应用,但根据我们的学习、研究和教学经验,这门学科牵涉知识众多,内容广博繁杂,概念和技巧艰深晦涩,虽然已有不少优秀的专著或教材,但它们大多对读者在概率论方面的修养有很高的要求,与目前国内多数高年级本科生及研究生的实际学习情况有较大差距,从而出现既难学也难教的问题. 我们编写本书的目的,是希望通过汲取已有优秀著作的精华,并结合我们自己的教学实践、科研经验,对解决"即难学也难教"这一难题有所贡献,促进读者对随机积分和随机微分方程基础理论的学习和认识,开拓读者视野,为读者深入学习随机分析及其应用作一引导,为读者研读相关专著奠定基础.

　　党的二十大报告指出"要加快实施创新驱动发展战略","加强基础研究,突出原创,鼓励自由探索". 这对高校人才培养和基础课程教学提出了更高的要求. 基于此,我们将在立足基础理论、服务应用领域建立桥梁方面做一些尝试. 本书介绍了随机微分方程和相关的概率论、随机过程的基本概念、重要结论、典型应用,以及做数值计算和模拟的一些方法,内容主要参考所附参考文献,特别是文献 [1-5]. 我们的主要贡献在于对材料的组织和具体细节上的仔细说明、解释. 另外,结合教和学的实际情况,我们根据实际教学进度,兼顾数学理论逻辑及教学上循序渐进的需要,按"讲"来组织内容,每讲大约是两个学时的教学量,介绍一个相对完整的专题. 若部分内容由学生自学,可在约 50 课时内讲完.

　　在本书中,我们特别强调从具体问题和经典例子出发,阐述对数学理论及其直观性和本质特点的理解,以及哪些是基本、重要的内容. 这样读者进一步学习随机分析的专业书时才有方向感,以达到本书作为引导性课程教材的目的. 由于本课程的这种性质,我们不追求证明的细节完备性和严谨性,只介绍最基本的思想方法. 例如,只对简单函数等特殊且重要的情形给出证明,而省略推广到一般情形所需的各类收敛和逼近方法. 此外,本书还侧重介绍了随机分析中与偏微分方程有关的一些内容.

　　读者了解一些简单的常微分方程、实变函数、泛函分析、概率论的概念和结论将有助于学习本书 (但不是必需的,书中对用到的知识点都做了说明和介绍). 当然,认真学习本书将对读者深入理解概率论、实变函数中的测度论、常微分方程、泛函分析大有裨益. 本书开始详细地介绍了所需的概率论基础知识, 并对其中的思想和典型方法作了剖析说明, 这样读者即使没有学过概率论, 也可以了解本书后续内容. 我们在宏观的观点方法和微观的计算细节上作了很多解释, 但对于部分读者 (特别是非数学专业的读者) 来说, 初次阅读本书的某些内容可能还是会觉得有些困难. 按照我们教学的经验, 还是希望读者先坚持粗略读完全书, 了解大致内容和整体面貌, 知道关键点所在, 然后带着问题, 重点阅读所关心的部分, 并尽力完成所附的习题. 数学不但体现在能解决实际问题, 而且本身有和谐优美的结构. 我们希望本书作为入门性教材, 除了把如何应用随机微分方程讲好之外, 还能讲清所需的数学工具和所发现的重要事实, 让读者了解其中的基本原理. 所以本书没有回避学习这门课程要遇到的困难. 对于用到的一些数学定理或更加精深的结果, 我们给出了参考文献, 作为读者进一步学习的出发点或参考.

　　读者在学习时要注意概率论和统计学关注的局部 (样本点) 与全局 (积分、期望) 的关系. 个体或局部表现出来的不确定性可通过考虑全体 (如积分) 而显示出某种确定性 (规律性), 即作统计; 反过来, 统计的全局的结果如何应用到具体的个体或局部的预测上? 概率论中介绍的博雷尔-坎泰利 (Borel-Cantelli) 定理和柯尔莫哥洛夫 (Kolmogorov) 定理等就是从积分估计推出个体估计的重要方法. 这些观点虽然是经验性的, 却是真正理解数学知识和方法所必需的, 需要读者在学习过程中, 通过揣摩重要概念和重要定理的证明而悉心体会.

　　本书共分三部分. 第 1 部分包括十讲, 其中第 1—6 讲简要介绍概率论的基本概念、结论和方法; 第 7—10 讲介绍布朗 (Brown) 运动的基本概念和性质. 第 2 部分包括第 11—21 讲, 其中第 11—15 讲介绍伊藤 (Itô) 随机积分的概念及其重要性质, 例如特别重要的 Itô 等距、Itô 乘积法则和 Itô 链式法则; 第 16—18 讲介绍 Itô 随机微分方程的例子, 以及强解的存在性和唯一性定理; 第 19—21 讲介绍随机积分概念的推广, 分别介绍了斯特拉托诺维奇 (Stratonovich) 随机积分, 以及泊松 (Poisson) 过程驱动的随机微分方程理论. 第 3 部分侧重于介绍应用和数值计算, 包括二阶椭圆型方程狄利克雷 (Dirichlet) 问题解的概率解释——费曼-卡茨 (Feynman-Kac) 公式, 最优停时问题, 欧式期权定价的布莱克-斯科尔斯 (Black-Scholes) 公式, 以及随机微分方程的数值模拟等.

　　由于作者水平有限, 书中难免有不足之处, 敬请读者通过邮件联系我们 (E-mail: jlliu@shu.edu.cn/hryuan@math.ecnu.edu.cn), 提出批评指正, 以期能在后续教学中不断改进!

上海大学理学院数学系　　刘见礼

华东师范大学数学科学学院　　袁海荣

2023 年 4 月

目 录
CONTENTS

第 3 部分　随机微分方程的应用及数值计算

第 1 部分

概率论与 Brown 运动基础

第 1 讲 引 言

CHAPTER

本讲首先介绍基本的科学研究方法, 这有助于理解后续数学理论的来源及其功用. 接着我们介绍金融数学中的期权定价问题及其基本思想, 形式上写出随机微分方程, 简要介绍其特点, 并形式地推导出期权定价的布莱克-斯科尔斯 (Black-Scholes) 方程. 如何对这些形式化的推导予以数学上严格的阐述, 是本课程的主要内容之一.

1.1 科学研究的基本方法

人与其他动物的一个根本区别, 在于人类有语言和文字, 能将自然界和人类社会的实物 "映射" 为某种声音或符号, 方便交流协作. 自然界实物之间的关系, 就反映为语言中的语法或逻辑. 这是人类对周围世界的第一层次的抽象, 主要是定性的.

数学本质上也是一种语言, 是人类对周围世界的第二层次的抽象, 它的特点是定量的. 自然界里实物之间的关系反映在数学中, 就是公理或定理. 之所以可以量化, 是通过比较实现的: 以某个特殊的、简单直观的对象为参照物, 将其他有相同属性的对象与之比较. 数学中的自然数、整数、有理数等概念就是通过比较 (体现为加、减、乘、除等运算), 从简单到复杂不断衍生出来的.

人类通过长期的生产实践, 逐渐认识到, 自然界是按照某种一致的方式运行的, 可以通过系统的研究, 作出 (思想上或实际中的) 模拟并加以预测. 在 17 世纪, 经过伽利略等学者的卓绝努力, 建立了现代自然科学的基本方法. 这种方法在本质上, 是要求排除人的主观性, 即要求观测、实验等得到的结论与具体参与的人无关. 它的过程是: 通过观测来收集事实材料 (具体实例); 提出一种或若干种假设, 用以阐述这些事实材料之间的关系; 对这些假设用更多的事实材料加以验证或反驳 (常通过作逻辑推导, 得到某些易于验证的结论, 再通过设计实验等收集新的事实数据, 看其是否支持理论推演的结论); 经过广泛严格的审查, 特别是抛弃那些无用的或无法检验的假设, 且其相反观点均被淘汰后, 假设就成为科学理论, 可以作为一种值得信任的工具, 用来认识新的现象, 解释世界, 改造世界.

由此不难看出, 确定了一个研究问题后, 科学方法的一个基本特点就是要建立复杂与简单之间的联系; 通过对简单的事物认识、检验, 构建复杂的事物. 那么, 什么是简单的, 什么是复杂的? 这显然是一个重要的问题. 我们学习科学知识, 在很大程度上, 是学习判别事物的复杂程度; 我们作创新研究, 也就是要发现具体事物的复杂程度 —— 从简单到复杂的关联. 这在数学学科中体现得尤其明显. 请读者在学习中注意具体例子, 注意简单性或复杂性体现在哪里, 以及如何从简单过渡到复杂.

1.2 利　　率

由于自然条件的差异, 以及生存发展所需要的资源的多样性, 人们有交换实物和信息的需求. 当生产力发展到一定水平后, 人们有了剩余商品, 就出现了以物易物. 频繁的、大量的物品直接交换很不方便, 所以人们发挥自己抽象能力的优势, 引入了货币. 为了公平的贸易 (大家都不吃亏), 就需要对货币量化. 所以商品贸易对促进数学发展起了重要的作用; 许多现代数学常用的符号就是中世纪的阿拉伯商人, 或文艺复兴时期的意大利商人, 为了方便记账发明的.

由于货币可以在充足的市场上交换到任何商品, 它反过来可以对资源配置起很大的作用. 于是出现了专门利用货币营利的行业, 即金融业. 最基本的金融活动是存贷. 银行有偿使用个人持有的货币 A 元, 约定在一段时间 (如 T 年) 后, 除归还本金 A 元外, 再多付 ATr 元 (称为利息), 作为在这 T 年中持有和使用个人货币的补偿. 这里数字 r 称为年利率. 这是常见的定期存款的情形.

如果年利率 r 不变, 但可以频繁地存款取款 (不考虑手续费), 则可以通过 "利滚利" 的办法获得更高的收益 (很多银行收取信用卡逾期还款的违约金就是这种模式). 以存款为例, 将一年分为 n 期 (如 $n = 12$, $n = 365$ 等), 则 B 元存一期后本利共 $B + B\dfrac{r}{n} = B\left(1 + \dfrac{r}{n}\right)$ 元 $\left(\text{相当于取 } T = \dfrac{1}{n} \text{ 年}\right)$. 每次到期后马上取出再存入, 则在 T 年内共经过 nT 次操作, 本利共有 $B\left(1 + \dfrac{r}{n}\right)^{nT}$ 元. 若 $n \to \infty$, 利用微积分中学过的重要极限, 得到

$$B\left(1 + \frac{r}{n}\right)^{nT} \to Be^{rT}.$$

从而理想情形下, 最初的本金 B 元在 t 时刻变为 $B(t) = Be^{rt}$ 元. 容易发现它满足如下常微分方程:

$$\mathrm{d}B(t) = rB(t)\mathrm{d}t. \tag{1.1}$$

按这样计算的利率称为复利. 在稳定健全的市场中, 人们认为储蓄是绝对安全的,

则上述微分方程就是确定性的: 收益完全可以计算并实现. 由于利率 r 的存在, 货币就有时间价值. 将来 t 时刻的 $B(t)$ 元只相当于现在的 $B(t)\mathrm{e}^{-rt}$ 元.

1.3 期权及其定价问题

由于缺乏充足的信息或其他原因, 自然界中有很多现象对我们来说是有不确定性的. 例如抛硬币落在地上, 是正面朝上还是反面朝上? 我们能确定的 (可认知的), 就是只能发生这两种情形, 而且必有其中之一发生. 我们不能确定的是哪一种发生, 这就是随机性.

随机性意味着风险. 例如农业生产受到天气、病虫害、田间管理等多种因素的影响, 在收获之前其产量和质量往往难以确定. 进一步受到市场供需变化的影响, 农产品价格就会有很大的不确定性. 这对农民和消费者都意味着风险.

那么能不能规避这种风险呢? 金融业提供了不少产品. 一种是保险, 将单个个体难以承受的风险分散到许多个体身上, 这是在空间上的转移. 保险的定价就是精算师要做的工作. 一种是按揭, 个体将眼前的风险通过银行贷款化解, 转化为以后分期付款偿还. 这是利用时间规避和转移风险. 还有一种方法, 称为对冲, 将风险转移给那些愿意通过承担风险而获利的人 ("有风险就有机遇"). 它的基本思路就是根据要规避的风险, 设计一种有风险的产品, 通过适当的投资组合, 最后消除风险. 对此, 我们以期权为例, 简要地予以说明.

定义 1 (欧式看涨期权) 设某证券的价格是 $S(t)$, 其中 t 代表时间. 该证券的欧式看涨期权是指: 在约定的到期日 T, 以约定的执行价格 K, 购买 一份该证券的权利; 该权利只有在到期日才能实施, 且可以放弃; 在到期日之前的时刻 t, 该期权可以以价格 $C(t)$ 出售, $C(t)$ 称为权利金, 也就是期权的价格.

类似地, 欧式看跌期权就是期权所有者的权利改为在到期日以执行价格出售标的证券或资产. 例如, 某机构甲发行土豆的看跌期权, 生产土豆的农民乙购买了该期权. 如果在到期日土豆市场价格低于 K, 甲就必须购买乙以价格 K 出售的土豆. 这样, 甲虽然卖期权赚到一些钱, 但很可能由于高价收购土豆亏损, 就承担了乙原本的风险. 如果在到期日土豆价格高于 K, 乙不会执行期权, 甲就赚到了卖期权的钱. 总的来说, 只要定价合理, 乙的风险会降低很多, 甲也很可能通过分担风险而获益. 当然, 要确保甲能履行自己发行的期权所约定的责任, 需要政府和社会的监管.

还有一种美式期权, 它的特点是在到期日之前均可以实施权利. 所以美式期权的定价更为复杂, 选择何时实施权利, 涉及停时的概念以及随机最优控制理论.

期权的核心是定价问题, 即如何确定初始权利金 $C(0)$. 如果定价不恰当, 就会出现套利的机会. 所谓套利, 是指在无风险、无资金投入的情况下, 获得收益.

在理想公平的市场里, 这种"天上掉馅饼"的事当然不应发生, 否则有些人的利益会白白受损. 当然, 实际上只有容许市场上有套利的人存在, 才会保证市场是几乎无套利的. 这是因为每个市场参与者都有趋利性, 若有套利机会, 很快就会被发现和实施套利, 从而使得损失方立即采取措施, 消除被套利机会. 另一方面, 要套利, 首先要分析清楚没有套利的情形. 所以研究无套利情形是很重要的.

和物理中的能量守恒定律一样, 无套利原则是金融市场的基本原则, 是建立金融市场的数学模型的理论基础.

那么如何定价以保证风险对冲且无套利呢? 引入期权的目的是对冲证券价格 $S(t)$ 的不确定性, 所以期权的价格 $C(t)$ 的不确定性应当和 $S(t)$ 的不确定性来源相同, 是依赖于 $S(t)$ 的函数, 否则就不能把不确定性消掉. 为此, 可以假设存在一个确定的二元函数 $u(s, t)$, 称为定价函数, 使得

$$C(t) = u(S(t), t).$$

所以定价问题本质上是求解定价函数 u. 为此, 根据无套利原则, 可推导出 u 满足的一个偏微分方程 (这就是 Black-Scholes 方程) 的边值问题, 然后用求解偏微分方程的方法, 给出 u 的解析表达式.

我们首先把对冲的想法用数学语言解释一下. 以证券持有者为例, 作为一种避险手段, 对冲是通过对证券及其看跌期权的投资组合实现的. 这样, 即使手中所持有的证券的价格下跌, 也可以通过其看跌期权, 将之以约定价格出售, 尽量避免损失. 设 t 时刻有资金 $P(t)$ 元, 用它分别购买金融市场上发行的证券及其看跌期权:

$$P(t) = \theta_1(t)S(t) + \theta_2(t)C(t), \tag{1.2}$$

其中 θ_1, θ_2 是投资权重, 按照 $S(t)$ 的变化需要实时调整, 其目的是使得 $P(t)$ 完全没有风险, 是确定性的.

我们不考虑手续费等额外费用. 根据无套利原则, $P(t)$ 没有风险, 即 $P(t)$ 应当和以利率 r 存在银行的情形一样保值, 也就是满足方程 (1.1):

$$\mathrm{d}P(t) = rP(t)\,\mathrm{d}t. \tag{1.3}$$

另一方面, 对 (1.2) 形式地求微分, 可以得到

$$\mathrm{d}P(t) = \theta_1(t)\mathrm{d}S(t) + \theta_2(t)\mathrm{d}C(t) + S(t)\mathrm{d}\theta_1(t) + C(t)\mathrm{d}\theta_2(t).$$

作如下"自融资假设", 即要求 $S(t)\mathrm{d}\theta_1(t) + C(t)\mathrm{d}\theta_2(t) = 0$. 这意味着选取投资策略使得在 $\mathrm{d}t$ 时间内 $P(t)$ 的改变只依赖于 $S(t)$ 和 $C(t)$ 的改变, 从而消掉依赖于具体投资操作的这两项. 也就是说, 在此 $\mathrm{d}t$ 期间可以投入或取出资金用于买进卖出, 但这些中间操作的收益总数为零. 由此, 结合 (1.3), 就得到

$$\mathrm{d}P(t) = \theta_1(t)\mathrm{d}S(t) + \theta_2(t)\mathrm{d}C(t) = rP(t)\mathrm{d}t. \qquad (1.4)$$

所以关键就是确定 $\mathrm{d}S(t)$ 和 $\mathrm{d}C(t)$. 由于 $C(t) = u(S(t), t)$, 而且 u 是确定的函数, $\mathrm{d}C(t)$ 可以通过非常重要的伊藤 (Itô) 链式法则, 用 $\mathrm{d}S(t)$ 表示出来, 那么余下的难点就是如何合理地假设描述关于 $\mathrm{d}S(t)$ 的方程.

1.4 随机微分方程

我们形式上假设

$$\mathrm{d}S(t) = a(S(t), t)\,\mathrm{d}t + \sigma_1(S(t), t)\,\mathrm{d}W(t) + \sigma_2(S(t), t)\,\mathrm{d}J(t), \qquad (1.5)$$

其中 a, σ_1, σ_2 都是确定的二元函数. 这里从等号右端看, 第一项代表证券价格变化的确定性的部分; 第二项代表由于那些持续发生, 但规模很小的事件引发的价格不确定性; 第三项代表由规模很大但难得一见的事件 (如地震等) 引发的不确定性. 对前一种不确定性, 在数学上常用布朗 (Brown) 运动 (也叫维纳 (Wiener) 过程) $W(t)$ 来描述, 对后一种不确定性, 常用带跳跃的泊松 (Poisson) 过程 $J(t)$ 来模拟. 这里每一项的严格数学定义是本书后面要着力介绍的内容, 由此还可以建立一套优美的数学理论. 当然这些假设是否合理, 结论是否有用, 需要实践的检验. 从实际金融数据确定函数 a, σ_1, σ_2 是很重要的课题. 函数 a 称为漂移系数; σ_1, σ_2 称作风险波动率, 表示风险的大小.

事实上, 上述随机微分方程 (1.5) 是一个形式上方便使用的记号. 它代表如下可严格定义的随机积分方程:

$$S(t) - S(s) = \int_s^t a(S(\tau), \tau)\,\mathrm{d}\tau + \int_s^t \sigma_1(S(\tau), \tau)\,\mathrm{d}W(\tau) + \int_s^t \sigma_2(S(\tau), \tau)\,\mathrm{d}J(\tau).$$
$$(1.6)$$

这里右边第一项可用标准的勒贝格 (Lebesgue) 积分定义; 第三项中, 由于 Poisson 过程的样本路径是有界变差函数, 可用勒贝格-斯蒂尔切斯 (Lebesgue-Stieltjes) 积分定义. 但是, Brown 运动的路径虽然几乎都是连续的, 却几乎都不是有界变差的, 从而即使对连续的被积函数, 也不能保证第二项在 Lebesgue-Stieltjes 积分意义下存在 (详见第 3 讲). 日本数学家伊藤 (Itô) 的重要贡献之一, 是找到了 $W(t)$ 对应的黎曼 (Riemann) 和的恰当性质, 使得该积分在统计意义下存在. 这就是本书后面要介绍的 Itô 随机积分理论. 特别地, 与普通积分相比, 对函数的乘积求微分的莱布尼茨 (Leibniz) 法则以及复合函数求微分的链式法则都需要增加随机效应引起的矫正项. Itô 建立的随机微分的乘积法则和链式法则非常重要, 是后面学习要重点掌握的内容之一.

1.5 Black-Scholes 方程的推导

下面我们形式地用 Itô 链式法则 (详见第 14 讲), 推导定价函数 u 满足的偏微分方程. 为简单起见, 我们假设 $\sigma_2 = 0$, 则

$$\mathrm{d}S(t) = a(S(t), t)\,\mathrm{d}t + \sigma(S(t), t)\,\mathrm{d}W(t). \tag{1.7}$$

在第 10 讲中, 我们会介绍 Brown 运动的性质: $W(t + \mathrm{d}t) - W(t)$ 服从均值为零, 方差为 $\mathrm{d}t$ 的正态分布, 即 $\mathbb{E}[(W(t + \mathrm{d}t) - W(t))^2] = \mathrm{d}t$, 其中 $\mathbb{E}$ 指期望 (或均值). 所以, 可以形式地认为, 在统计意义下, $\mathrm{d}W(t) = W(t + \mathrm{d}t) - W(t)$ 与 $(\mathrm{d}t)^{\frac{1}{2}}$ 同阶. 从而对 $C(t) = u(S(t), t)$ 关于 S, t 作二阶泰勒 (Taylor) 展开式

$$\mathrm{d}u(S(t), t) = u_t\,\mathrm{d}t + u_s\,\mathrm{d}S + \frac{1}{2}u_{tt}\,(\mathrm{d}t)^2 + u_{st}\,\mathrm{d}t\mathrm{d}S + \frac{1}{2}u_{ss}\,(\mathrm{d}S)^2 + \cdots,$$

注意其中 u_t, u_s, u_{tt} 等偏导函数都是在点 $(S(t), t)$ 取值的. 代入 (1.7), 即 $\mathrm{d}S = a\,\mathrm{d}t + \sigma\,\mathrm{d}W$, 把 $\mathrm{d}W(t)$ 替换为 $\sqrt{\mathrm{d}t}$, 然后略去 $(\mathrm{d}t)^{\frac{3}{2}}$ 及更高阶的项, 可得如下 Itô 链式法则:

$$\mathrm{d}C(t) = \left(u_t + \frac{1}{2}u_{ss}\sigma^2\right)\mathrm{d}t + u_s\,\mathrm{d}S(t)$$
$$= \left(u_t + au_s + \frac{1}{2}u_{ss}\sigma^2\right)\mathrm{d}t + \sigma u_s\,\mathrm{d}W(t).$$

由此, 利用 (1.4) 中前一个等式, 就有

$$\mathrm{d}P(t) = \theta_2\left(u_t + au_s + \frac{1}{2}u_{ss}\sigma^2\right)\mathrm{d}t + \theta_2\sigma u_s\,\mathrm{d}W(t) + \theta_1 a\,\mathrm{d}t + \theta_1\sigma\,\mathrm{d}W(t).$$

为消除随机性 (对冲风险), 需要 $\mathrm{d}W(t)$ 的系数为零. 为此, 取 $\theta_2 = 1, \theta_1 = -u_s(S(t), t)$, 得到[①]

$$\mathrm{d}P(t) = \left(u_t + au_s + \frac{1}{2}u_{ss}\sigma^2 - au_s\right)\mathrm{d}t = \left(u_t + \frac{1}{2}u_{ss}\sigma^2\right)\mathrm{d}t.$$

利用 (1.4) 中后一个等式, 并把 $\theta_1 = -u_s$ 和 $\theta_2 = 1$ 代入 (1.2), 由 $S(t)$ 取值的任意性, 把 $S(t)$ 替换为 s, 就得到 Black-Scholes 方程

$$u_t + rsu_s + \frac{1}{2}\sigma^2(s, t)u_{ss} - ru = 0. \tag{1.8}$$

---

① 注意: 这和前面的 "自融资假设" 在数学上看是矛盾的. 但注意这里的推导都是形式上的, 像 $\mathrm{d}S(t)$ 这样的对象都没有严格定义过, 所以在逻辑上应该把这里推导的结论, 即 Black-Scholes 方程, 作为研究期权定价的基本假设或公理来对待, 其正确性需通过实践来检验.

这是一个带有输运项 (第二项) 和源项 (第四项) 的倒向二阶线性 (且在 $\sigma = 0$ 处) 退化的抛物型偏微分方程. 由上述方程, 我们看到期权定价与证券价格变化中的漂移项 a 无关, 只依赖于风险波动率 σ.

为了求出定价函数 u, 还需要列出配合方程 (1.8) 的边值条件. 函数 u 定义在平面区域 $\Omega = \{(s,t) : s \geqslant 0, \ 0 \leqslant t \leqslant T\}$ 上, 注意 T 是事先约定的期权的执行时间, 是确定的; 要求 $s \geqslant 0$, 是因为证券的价格一般来讲应当是非负的 (像原油这样的资产, 需要专门的资质和高昂的存储费用, 在 2020 年 4 月曾出现其期货价格为负的事件). 我们所求的期权发行定价, 就是函数值 $C(0) = u(S(0), 0)$, 即 u 在边界 $\{t = 0, \ s \geqslant 0\}$ 上的值.

在 Ω 的左边界 $\{s = 0, \ 0 \leqslant t \leqslant T\}$ 上, 因为证券价格都是零, 所以看跌期权持有人都会执行权利, 以执行价格 K 卖出证券. 那么为了避免期权持有人套利, 买入看跌期权的价格也应当是 K. 所以要对任意 $0 \leqslant t \leqslant T$ 成立 $u(0, t) = K$.

再考虑 Ω 的上边界 $\{s \geqslant 0, \ t = T\}$ 上 u 的条件. 当证券价格 $s > K$ 时 (这里 K 是约定的执行价格, 是已知的), 该看跌期权没人会去执行, 也就是说它没有用处, 所以它的价格应当是 0. 当证券价格 $s \leqslant K$ 时, 为了避免套利, 期权价格应当是差价 $K - s$. 因为这时投资人有两种途径套现. 一种是直接出售证券得到 s 元; 另一种是先购买看跌期权, 花费 C 元, 再以 K 元出售他持有的证券资产, 此时他获利 $(K - C)$ 元. 两种途径可同时实现, 所以必须要成立 $s = K - C$, 即 $C = K - s$ 才能避免套利. 所以此边界条件可写为 $u(s, T) = \max\{K - s, 0\}$.

这样我们就得到一个完整的 Black-Scholes 方程的定解问题. 它可以通过自变量和未知函数的恰当的变量替换, 转化为热方程的柯西 (Cauchy) 问题, 从而得到 u 的具体表达式. 我们将在第 25 讲详细介绍. 关于期货、期权等金融衍生品的系统介绍, 可以参看文献 [6, 7].

1.6 历 史 概 述

1827 年, 英国植物学家布朗 (Brown) 在研究植物受精机制时观察到花粉颗粒在水中的不规则运动. 他通过对不同材料的微粒的大量试验, 确认这是一种物理而非生命现象. 1905 年, 爱因斯坦 (Einstein) 在物理上推导了 Brown 运动的性质, 并由之计算了阿伏伽德罗 (Avogadro) 常数. 1923 年, 维纳 (N. Wiener) 建立了 Brown 运动的严格数学理论, 构造了连续曲线构成的无限维函数空间上的 Wiener 测度, 引入了 Wiener 随机积分. 伊藤 (K. Itô) 在 1942—1950 年间, 基于 Brown 运动, 建立了他的随机积分和随机微分方程理论. 20 世纪 70 年代, 默顿 (R. C. Merton)、布莱克 (F. Black)、斯科尔斯 (M. Scholes) 用随机微分方程解决了欧式期权定价问题. 1997 年, 诺贝尔经济学奖授予 Merton 和 Scholes, 肯定了已故的 Black 的杰出贡献, 表彰了他们创立和发展的期权定价模型 (Black-Scholes option pricing model) 为股票、债券、期权等衍生金融工具的合理定价奠定了基础.

Itô 是随机分析领域的重要开创者. 早在 1944 年, 他率先对 Brown 运动引入随机积分, 建立了随机微积分这个新的数学分支 [8]. 1951 年, 他得到了计算随机积分的 Itô 公式, 这是随机分析的基础性定理. 随机分析是一个具有综合性, 又和谐优美的数学理论. 随着 20 世纪 80 年代以后 Itô 公式在金融领域的广泛应用, 随机分析理论也得到了数学界之外的普遍认可. Itô 于 1987 年获得沃尔夫数学奖, 在 2006 年国际数学家大会上获得首届高斯奖. 2008 年 11 月 10 日, 他因病逝世, 享年 93 岁.[①]

习题 1 设 $W(t)$ 是 Brown 运动, 应用 Itô 链式法则, 计算:

(1) $\mathrm{d}\exp(tW(t))$;

(2) $\mathrm{d}(W(t)+t)^3$.

习题 2 本讲中 Black-Scholes 方程的边界条件是对看跌期权给出的. 请对看涨期权, 讨论对应的边界条件的提法.

---

① 关于 Itô 的数学传记, 读者可参看 "MacTutor History of Mathematics Archive" 的网页 https://mathshistory. st-andrews. uk/Biographies/Ito/.

C 第 2 讲　概率论公理
HAPTER

本讲介绍经典概率论的柯尔莫哥洛夫 (Kolmogorov) 公理系统 [9], 即概率空间的概念和例子. 这一部分是理解整个概率论和随机分析数学理论的关键.

2.1　随机性的本质

概率空间是描述现实生活中遇到的随机性 (或者称为不确定性、风险等) 的一种数学模型. 那么, 日常所说的随机性的本质是什么呢?

比如抛一枚硬币, 它落地后是正面朝上, 还是反面朝上, 在扔之前是不能确定的. 这就是人们直观感受中的一种随机性. 抛硬币的结果难以预测, 是因为起制约作用的影响因素太多, 如硬币出手时的方位、速度、空中的气流状况等. 也就是说, 经典力学中的概率反映的是信息的缺乏. 我们可以通过减少这些因素的干扰来增强预测能力, 例如: 在真空中抛, 不让气流阻碍硬币运动; 用机器抛, 固定方向和力度; 等等. 最终, 我们可以确定地抛出某一面, 或者至少使抛出某一面的机会显著超过另一面.

对同一随机现象 (例如抛硬币), 虽然每次的结果呈现随机性, 不能精确预测, 但大量重复后, 所得测量结果会整体上显示出某种规律性. 这种规律性就是概率论研究的对象.

2.2　概 率 空 间

如何恰当地在数学中反映出随机性和它背后的规律性呢? 这是通过概率空间和随机变量的概念实现的. 这一讲先介绍概率空间.

定义 1 (概率空间)　若三元组 $(\Omega, \mathcal{F}, \mathbb{P})$ 满足以下条件, 就称它是一个概率空间.

- Ω 是一个非空集合, 称作样本空间, 其中的元素称为样本点.
- $\mathcal{F}$ 称为事件域, 它是由 Ω 的某些子集组成的集合, 且符合如下 σ-域 的条件:
  (1) $\varnothing \in \mathcal{F}, \Omega \in \mathcal{F}$;
  (2) 若 $A \in \mathcal{F}$, 则 A 的补集 $A^c = \Omega \setminus A \in \mathcal{F}$;
  (3) 若 $A_1, A_2, \cdots \in \mathcal{F}$, 则 $\bigcup_{k=1}^{\infty} A_k \in \mathcal{F}$.
  其中, $\mathcal{F}$ 中的元素称作事件.

- $\mathbb{P}$ 是一个从 $\mathcal{F}$ 到实数区间 $[0,1]$ 的映射, 称为 **概率测度**, 满足如下性质:

(4) **规范性** $\mathbb{P}(\varnothing) = 0$, $\mathbb{P}(\Omega) = 1$;

(5) **可列可加性** 若 A_1, A_2, $\cdots \in \mathcal{F}$ 两两不相交 (即 $k \neq l$ 时 $A_k \cap A_l = \varnothing$), 则

$$\mathbb{P}\left(\bigcup_{k=1}^{\infty} A_k\right) = \sum_{k=1}^{\infty} \mathbb{P}(A_k).$$

下面是关于概率空间定义的一些说明.

第一, 这个概念是基于集合、集合间运算、映射、实数这几个已有严格定义的基本概念建立的. 在实变函数或测度论课程中, 事件叫作可测集. 将条件 (4) 中 $\mathbb{P}$ 的值域替换为 $[0, +\infty)$, $\mathbb{P}(\varnothing) = 0$, 它就叫作一个测度.

第二, 好的数学概念应当是现实中多种矛盾对立统一的调和物. 例如, 第 1 讲介绍过, 科学方法论的基本观点在自然世界是可以被认识的, 结论不应当只依赖于孤立的实验或观测, 而应具有可重复性, 但随机性或不确定性现象意味着每次的观测结果都可能不同——这两者似乎是矛盾的. 这在概率论公理中如何体现?

首先看确定性方面, 或 "世界是可以认识的" 规律性. 这体现在公理要求样本空间是非空集合, 也就是说, 按照集合的朴素定义, 它是一些确定的对象组成的全体: 我们知道必然会出现一个结果, 而且还知道总共可能会出现哪些结果. 可以认为样本空间就是对应随机现象的所有可能的结果组成的集合.

现实生活中滥用数学结论而导致谬误的一个重要原因, 就是忽略了检验样本空间是不是空集. 例如, "从概率角度看, 上帝存在的可能性起码是二分之一" 这个陈述就是很荒谬的, 因为如果要用概率方法, 这个陈述其实就已经假设了 "上帝" 组成的集合不是空集, 所以这是典型的循环论证. 区分 "possibility" (是不是空集) 和 "probability" (非空集中取到哪个元素) 是非常关键的.

其次, 规律性或确定性还体现在事件域和概率映射要满足的上面几条确定的性质上. 特别地, 不可能事件 $\varnothing$ 的概率为 0, 必然事件 Ω 的概率为 1; 事件 A 发生与其不发生 A^c 两者必须二选一.

那上述定义又是如何体现随机性的呢? 这也表现在两个方面. 首先, 概率论关心的重点在于事件而不在于样本点. 以抛硬币为例, 对于 "前十次正面都朝上" 这个结果, 它对应的样本点是什么? 这个问题无法回答, 因为理论上我们可以抛无限次硬币, 无限种可能性都会导出这个结果. 这就体现出由于信息的缺乏, 我们无法找出发生结果的确定性原因. 所以概率论中只关心事件, 而不是一个个样本点. 这在后面对随机变量的刻画中体现得更加明显. 其次, 事件出现的可能性是用其概率, 一个 $[0,1]$ 中的数字来刻画的.

第三, 上述 (1)—(5) 的来源及其合理性: (4) 体现了确定性, (1) 源于 (4),

(2) 也体现了确定性, 即 "非此即彼", (3) 源于 (5). 为什么要求成立 (5) 呢?

对有限个两两不相交的事件, (5) 应当是自然的: 这几个事件发生的可能性是它们各自可能性的和. 但是, 这种有限可加性(对应历史上先出现的若尔当 (Jordan) 测度)对开展数学分析是不够的, 因为它排除了数学分析最重要的工具——极限, 从而不能处理无限, 也就不能保证很多重要的定理, 如 Lebesgue 控制收敛定理成立. 我们看到, (5) 本质上相当于要求概率测度作为一种自变量是集合的映射, 具有某种连续性.

由于 (5) 成立, 即映射 $\mathbb{P}$ 的性质比较好, 就得付出代价, 通过缩小它的定义域去掉那些具有 "破坏性" 的 Ω 的子集: 根据选择公理, 一般来说不可能取 $\mathcal{F}$ 是 Ω 的所有子集构成的 σ-域, 也就是说, 并非 Ω 的所有子集都是事件.

至于 (5) 是否合理, 上面是基于数学理论逻辑体系的考虑. 作为一种假设, 它的合理性最终是要靠概率论应用于具体问题, 看其导出的结果是否有效来判定的.

2.3 例　子

下面介绍一些重要的概率空间.

例 1　设 $\Omega = \{1, 2, \cdots, n\}$, $\mathcal{F} = 2^{\Omega}$ (Ω 的所有子集组成的集族). 设 a_k ($k = 1, \cdots, n$) 是非负实数, 它们的和为 1. 对 $A = \{j_1, \cdots, j_l\} \in \mathcal{F}$, 定义 $\mathbb{P}(A) = \sum_{s=1}^{l} a_{j_s}$. 则 $(\Omega, \mathcal{F}, \mathbb{P})$ 是一个概率空间.

在进一步介绍重要的例子之前, 我们回顾拓扑空间的概念, 并与概率空间作对比.

定义 2 (拓扑空间)　设 X 是一个非空集合, $\mathcal{T}$ 是由 X 的一些子集组成的集族. 称 $\mathcal{T}$ 是 (X 上的) 一个拓扑, 如果成立

(a) $\varnothing$ 和 X 在 $\mathcal{T}$ 中;

(b) $\mathcal{T}$ 中有限个子集的交集仍在 $\mathcal{T}$ 中;

(c) $\mathcal{T}$ 中任意个子集的并集仍在 $\mathcal{T}$ 中,

$(X, \mathcal{T})$ 称为一个拓扑空间, 而 $\mathcal{T}$ 中的元素称作 (该拓扑空间中的) 开集.

拓扑空间的概念在于翻译日常用语中 "邻近" 这个词. 包含两个点的开集越多, 就认为这两个点越 "接近". 上述公理源于早期对度量空间, 特别是直线 $\mathbb{R}$ 上开区间和开集性质的研究. 注意 (c) 要求甚至不可列无限个开集的并仍是开集. 请仔细对比概率空间和拓扑空间的定义.

度量空间是一类重要的拓扑空间, 它是欧氏空间 $\mathbb{R}^n$ 的一种推广.

定义 3 (度量空间)　对非空集合 X, 如果存在一个映射 $d: X \times X \to \mathbb{R}$, 满足以下性质:

- **对称性** 对任意 $x, y \in X$, 成立 $d(x,y) = d(y,x)$;
- **正定性** 对任意 $x, y \in X$, 成立 $d(x,y) \geqslant 0$, 且等号当且仅当 $x = y$ 时成立;
- **三角不等式** 对任意 $x, y, z \in X$, 成立 $d(x,z) \leqslant d(x,y) + d(y,z)$,

则称 (X, d) 是一个度量空间.

设 X 是个度量空间. 对 $x \in X$ 和 $r > 0$, 定义开球 $B(x,r) \doteq \{y \in X : d(y,x) < r\}$. X 中的开集 O 就是满足下述性质的集合: 对其中任意一点 x, 都有个球 $B(x,r)$ 全落在 O 中. 不难证明, 这样定义的开集满足上面关于拓扑的三条性质 (a)—(c).

现在把概率空间结构和拓扑结构结合起来.

设 $\mathcal{U}$ 是 Ω 的一个子集族. 称包含 $\mathcal{U}$ 的最小 σ-域为 $\mathcal{U}$ 生成的 σ-域. 容易证明它是存在且唯一的. 由拓扑空间 X 中的所有开集生成的 σ-域称为博雷尔 (Borel)σ-域, 记作 $\mathcal{B}(X)$. 特别地, 欧氏空间 $\mathbb{R}^n$ 上的 Borel σ-域也简记作 $\mathcal{B}$. 一般都要求 $\mathcal{B}(X) \subset \mathcal{F}$, 以保证连续函数这样好的映射是随机变量 (详见第 3 讲). 我们把 $\mathcal{B}(X)$ 中的元素 (事件) 叫作 Borel-(可测) 集.

欧氏空间还具有线性结构及其诱导的等距变换群 (正交群, 即旋转和反射, 以及平移群). 欧氏空间中标准的 Lebesgue 测度就是满足在这两类变换下不变的测度 (即一个可测集的 Lebesgue 测度与该可测集经上述等距变换后的像集的 Lebesgue 测度相同), 它具有完备性 (Lebesgue 零测集的所有子集仍然可测), 且单位正方体 $[0,1]^n$ 的 Lebesgue 测度为 1. $\mathcal{B}$ 中的元素都是 Lebesgue 可测的. 但由于完备性的要求, Lebesgue 可测集未必都在 $\mathcal{B}$ 中.

例 2 设 f 是 $\mathbb{R}^n$ 上 Lebesgue 可积的非负函数, 且 $\int_{\mathbb{R}^n} f(x)\,\mathrm{d}x = 1$. 对任意 $B \in \mathcal{B}$, 定义 $\mathbb{P}(B) = \int_B f(x)\,\mathrm{d}x$, 则 $(\mathbb{R}^n, \mathcal{B}, \mathbb{P})$ 是个概率空间.

这个例子表明, 可以用函数 (较为简单的对象), 结合关于标准测度的积分, 来表示其他一些测度 (较为复杂的对象).

例 3 (狄拉克 (Dirac) 测度) 取定一点 $x_0 \in \mathbb{R}^n$, 对任意 $B \in \mathcal{B}$, 定义

$$\mathbb{P}(B) = \begin{cases} 1, & x_0 \in B, \\ 0, & x_0 \notin B, \end{cases}$$

则 $(\mathbb{R}^n, \mathcal{B}, \mathbb{P})$ 是个概率空间, 其中 $\mathbb{P}$ 叫作支集[①]在 x_0 点的 Dirac 测度, 记作 δ_{x_0}.

例 4 (蒲丰 (Buffon) 投针问题) 平面上画满间距为 2cm 的平行直线, 将长度为 1cm 的针投到平面上. 问针碰到平行线的概率是多少?

---

① 函数 $f(x)$ 的支集就是它的取值非零的点组成的集合的闭包: $\operatorname{supp} f \doteq \overline{\{x : f(x) \neq 0\}}$.

解　针由其中点位置及其与平行线间的夹角确定. 考虑到平移不变性, 以及针与平行线相交的对称性, 只需考虑针的中点到平行线的最短距离 $h \in [0,1]$, 以及夹角 $\theta \in \left[0, \dfrac{\pi}{2}\right]$. 可取概率空间如下: $\Omega = [0,1] \times \left[0, \dfrac{\pi}{2}\right]$, $\mathcal{F}$ 为 Ω 上 Borel σ-域, 概率测度 $\mathbb{P}$ 为 Lebesgue 测度除以 $\dfrac{\pi}{2}$.

我们考虑的事件是 $B = \left\{(h, \theta) \in \Omega : \dfrac{h}{\sin\theta} \leqslant \dfrac{1}{2}\right\}$, 从而 $0 \leqslant h \leqslant \dfrac{1}{2}\sin\theta$,

$$\mathbb{P}(B) = \frac{2}{\pi}\int_0^{\pi/2} \frac{1}{2}\sin\theta\, \mathrm{d}\theta = \frac{1}{\pi}. \qquad \square$$

历史上已有多人做过这个随机试验, 虽然效率不高, 但确实得到了与 π 接近的一些值, 说明上述概率模型是合理的. 读者可以自行从网络搜索相关试验结果. 这种利用随机试验测算概率, 从而求得其他感兴趣的量的方法, 叫作蒙特卡罗 (Monte Carlo) 方法.

例 5 (伯努利 (Bernoulli) 试验)　考虑一类随机现象: 试验的结果有且仅有两种, 而且每次只出现其中的一种; 在相同的条件下, 可以重复地、相互独立地开展试验, 而且出现两种结果的可能性都不变. 这是一种非常基本的随机现象, 称为 Bernoulli 试验. 例如抛均匀的硬币, 观察落地后是正面朝上还是反面朝上, 就是一个典型的 Bernoulli 试验. 假设每次试验出现两种结果的可能性一样, 均为 $1/2$, 试建立对应的 Bernoulli 试验的数学定义 (即概率空间).

对 Bernoulli 试验而言, 关键点之一就是这类试验在理论上要进行无限次. 如果以数字 0 和 1 代表两种试验结果, 那么样本点应当是一个完整的 Bernoulli 试验的结果, 即一个无穷的序列

$$\omega \doteq (\omega_1,\ \omega_2,\ \cdots,\ \omega_n,\ \cdots),$$

其中 $\omega_j (j = 1, 2, \cdots) \in \{0, 1\}$. 这样的序列全体是不可列的. 实际上, 我们可以把上述 ω 对应到一个实数 a, 这个数 a 在二进制下的表示就是 $(0.\omega_1\omega_2\cdots)_2$, 或者用我们更熟悉的十进制, 写作级数

$$a = \sum_{k=1}^{\infty} \omega_k \frac{1}{2^k}.$$

由于实数集是不可列的, 所以 Bernoulli 试验的样本点全体 Ω 也是不可列集. 此外, 由于出现哪种结果都是等可能性的, 那么每个样本点的概率应当一样, 所以必然是零, 即 $\mathbb{P}(\{\omega\}) = 0$, 否则, 可列个相同的正数的和不可能是 1.

由此, 不难看出上述样本点太过于理想化 (无限次试验的结果), 而且在概率意义下是平凡的. 所以在概率论中基本不关注单个的样本点. 在现实中, 我们更关注的是如下基本事件: 前 n 次试验的一个结果 A_n,

$$A_n \doteq \{\omega : \ \omega_1, \cdots, \omega_n \ \text{是给定的}\}.$$

(这种类型的事件叫作柱形集.) 显然, A_n 包含无限个样本点, 它们的前 n 个数都依次序相同, 分别是 $\omega_1, \omega_2, \cdots, \omega_n$. 我们给定概率

$$\mathbb{P}(A_n) = \frac{1}{2^n}.$$

注意只做 n 次试验所对应的基本事件 (试验结果) 只有 2^n 个.

　　如何从上述符合直观的基本事件及其概率构建概率空间呢? 这就涉及如何借助外测度以及卡拉泰奥多里 (Carathéodory) 条件构建 σ-域和测度延拓的问题, 是实变函数课程介绍的内容. 我们略去严格的细节论证, 而给出结果. 先建立 Ω 与实数集的区间 $[0, 1)$ 之间的对应. 由等比级数求和, 样本点 $\omega^\sharp \doteq (\omega_1, \cdots, \omega_{n-1}, 0, 1, 1, 1, 1, \cdots)$ 和 $\omega^\flat \doteq (\omega_1, \cdots, \omega_{n-1}, 1, 0, 0, 0, \cdots)$ 都对应同一个实数 $\hat{r} \doteq \sum_{k=1}^{n-1} \omega_k 2^{-k} + 2^{-n}$. 我们把这样的有理数叫作二进有理数. 给定 n, 上面这样的二进有理数是有限多个, 所以随着 $n = 1, 2, \cdots$, 一般来讲, 所有的二进有理数也只有可列多个. 由于可列个零的和依旧是零, 故对应于二进有理数的样本点构成测度 $\mathbb{P}$ 下的零测集. 我们约定抛弃形如 $\omega^\sharp$ 的样本点, 而将 $\omega^\flat$ 与 $\hat{r}$ 对应. 这样就可以把 Ω (去掉一个 $\mathbb{P}$-零测集) 看成区间 $[0, 1)$ 了. 进一步, 柱形集 A_n 就对应区间 $I_n \doteq \left[\sum_{k=1}^{n} \omega_k 2^{-k}, \ \sum_{k=1}^{n} \omega_k 2^{-k} + 2^{-n}\right)$. 例如, 基本事件 $\{(1, \omega_2, \omega_3, \cdots)\}$ 就映射为区间 $\left[\frac{1}{2}, 1\right)$. 注意后者的 Lebesgue 测度 (区间长度 $|I_n|$) 与 $\mathbb{P}(A_n)$ 一样. 于是, 我们可以定义 Bernoulli 试验的概率空间为

$$([0, 1), \ \mathcal{B}\lfloor_{[0,1)}, \ \mathcal{L}\lfloor_{[0,1)}),$$

这里 $\mathcal{B}\lfloor_{[0,1)}$ 表示 $[0, 1)$ 作为 $\mathbb{R}$ 的拓扑子空间生成的 Borel σ-域, 而 $\mathcal{L}\lfloor_{[0,1)}$ 是 $\mathbb{R}$ 上的 Lebesgue 测度在 $[0, 1)$ 上的限制.

2.4　Bertrand 悖论

例 6　对半径为 1 的圆, 随机地画它的一条弦, 求该弦长度大于 $\sqrt{3}$ 的概率.

解　注意 $\sqrt{3}$ 是单位圆的内接正三角形的边长.

解法一 除直径外, 其他弦由其中点唯一确定. 只有当中点位于单位圆内接正三角形的内接圆 (其半径为 1/2) 中时, 对应弦的长度才大于 $\sqrt{3}$. 所以所求概率应当是两同心圆面积之比, 为 1/4.

解法二 弦由其一个端点及其与过该端点的切线的夹角所唯一确定. 在圆周上可随意取个点, 过该点有单位圆的内接正三角形. 弦与切线夹角在 $[\pi/3, 2\pi/3]$ 上时其长度大于 $\sqrt{3}$. 所以所求概率为 $(\pi/3)/\pi = 1/3$.

解法三 由于圆的对称性, 弦长与弦的方向无关. 所以先任意取一条直径, 再任选一条与该直径垂直的弦, 后者长度大于 $\sqrt{3}$ 当且仅当该弦中点 (它在已取定直径上) 距离圆心小于 $\frac{1}{2}$. 故所求概率为 $\left(\frac{1}{2} \times 2\right)/2 = \frac{1}{2}$. $\quad\Box$

综上, 对同一个问题, 有三种截然不同的答案. 这就是贝特朗 (Bertrand) 悖论. 出现这个悖论的原因, 就在于对什么叫 "随机地取一条弦", 三种解法源于三种不同的理解 (翻译). 初看起来, 似乎解法一更 "合理", 但实际上三种解法对应三种不同的试验方法, 都可以实现. 比如, 对第三种解法, 可以设计如下试验: 在平面中画上间距为 2 的平行线, 将单位圆片随意扔到该平面上. 则平行线与圆片相交就得到一条弦. 利用这样的办法随机地生成弦. (显然, 弦长由圆心所在位置确定. 当圆心距离平行线小于 1/2 时弦长大于 $\sqrt{3}$.) 对第二种解法, 对应的随机试验可以是在平面上画一条直线, 固定直线上一点, 随意画过该点的半径为 1 的圆, 就得到圆内的一条弦.

Bertrand 悖论告诉我们:

(1) 除了不可能事件 $\varnothing$ 的概率为 0, 必然事件 Ω 的概率为 1, 其他事件的概率并不能事先完全确定, 而是依赖于我们对体现随机性的试验的选取. 所以概率空间的概念中只要求映射 $\mathbb{P}$ 满足它的两个公理就可以了. 这种摒弃具体给定概率映射, 而只考虑它所满足的性质的办法, 是数学研究中非常重要、深刻的思想. 这就类似于代数中向量的概念只关注它们之间的运算, 而完全不关心向量是数字还是矩阵. 这种抽象抓住了事物的本质, 也扩大了数学的适用范围.

(2) 对于自然界中看到的同样的随机现象, 完全可以建立不同的概率空间作为数学模型来描述, 不同的概率空间对应于对 "随机" 这个模糊的词不同的但是精确的数学翻译. 每种翻译对应一种特别设计的试验, 其中体现了我们认为的某种 "随机性". 也就是说, 随机性甚至还体现在对用哪种 (哪些) 概率空间翻译同一随机现象的不确定性上. 在金融等复杂领域这种更深层次的不确定性就显得更加突出.

为了对现实世界中无处不在的概率模型本身的不确定性也能作定量的分析和运算, 从而实质性地放宽概率统计理论中对于随机数据的统计假设要求, 我国数学家彭实戈提出了更一般的非线性数学期望的理论框架, 其中以非空样本空间上随机变量 (映射) 及其期望 (一个泛函) 作为基本对象, 也可以建立一套优美、有用

的数学理论 (参见文献 [10]).

习题 1   有 10 个小球, 20 个大盒子, 每个小球都能以相同的可能性出现在每个盒子里. 问在指定的 10 个盒子里各发现一个球的可能性有多大?

习题 2   在 [0,1] 区间上随机取一个点, 将该区间分为两段. 试问: 较长一段的长度至少是较短一段长度的三倍的概率有多大?

习题 3   剧院有 100 个座位, 100 位观众排队依次入座. 第一位入场的观众随便选了一个座位, 后续入场的观众按买票时分配的座位号入座; 如果他的座位已经被占, 他就随便选一个空位入座. 当第 100 位观众入场时, 只剩下一个空位. 这个空位恰好就是原本分配给他的座位的概率是多少?

C 第 3 讲 随机变量
HAPTER

概率空间在概率论中起到支撑大厦的地基的作用. 它的存在性在理论上很重要, 但在实际应用中并不能直接观察到或予以确定. 对于概率论来讲, 更重要的是那些随机试验中 (一个概率空间可看作一类随机试验的数学翻译) 观测到的量, 即随机变量 (其本质是给定的概率空间上的函数). 概率论和随机分析中最重要的研究对象就是随机变量. 本讲我们介绍随机变量的定义、分布、基本性质及其简单数字特征, 如均值和方差.

3.1 随机变量的概念和例子

定义 1   固定一个概率空间 $(\Omega, \mathcal{F}, \mathbb{P})$, 称映射 $X : \Omega \to \mathbb{R}^n$ 是随机变量, 若它是 $\mathcal{F}$-可测的, 即: $\forall B \in \mathcal{B}(\mathbb{R}^n)$, 成立 $X^{-1}(B) \in \mathcal{F}$. [①]

随机变量就是测度论中的可测映射 (函数). 当然, 这里的欧氏空间 $\mathbb{R}^n$ 可以换成一般的测度空间、微分流形等更复杂的对象. 但由于 $\mathbb{R}^n$ 在数学分析中作为标尺以及工具的简单性和重要性, 上述定义的随机变量是基本且重要的.

由于在具体应用中概率空间往往不需要或不能明确地给出, 因此在概率论中习惯在记号 $X(\omega)$ 中省略掉代表样本点的字母 ω, 直接记为 X. 例如, $\mathbb{P}(X^{-1}(B))$ 常写为 $\mathbb{P}(X \in B)$, 而其严格写法应当是 $\mathbb{P}(\{\omega \in \Omega : X(\omega) \in B\})$. 这种简写方法会给随机分析的初学者带来一定困惑, 需要注意.

例 1 (事件的示性函数)   设 $A \in \mathcal{F}$, 可定义随机变量

$$\chi_A(\omega) = \begin{cases} 1, & \omega \in A, \\ 0, & \omega \notin A. \end{cases}$$

它称为事件 A 的**示性函数**.

示性函数是连接事件 (集合) 与随机变量 (函数) 的桥梁. 很多问题都可通过这座桥梁互相转换.

例 2 (简单函数)   设 $A_1, \cdots, A_n \in \mathcal{F}$, 且 $\bigcup_{k=1}^{n} A_k = \Omega$. 对给定的数 $a_1, \cdots, a_n$, 定义随机变量

---

① 注意: 记号 $X^{-1}(B) \doteq \{\omega \in \Omega : X(\omega) \in B\}$ 表示 B 的原像, 并不代表 X 是可逆映射.

$$X = \sum_{k=1}^{n} a_k \chi_{A_k}.$$

这称为简单随机变量. 很多关于一般随机变量的结论都是通过先对简单随机变量予以验证, 再通过取适当定义的极限给出完整证明的.

例 3 在 Bernoulli 试验中, 对第 2 讲例 5 构造的概率空间 Ω, 考虑样本点

$$\omega = (\omega_1, \ \omega_2, \ \cdots, \ \omega_n, \ \cdots),$$

定义随机变量 $X_n(\omega) = \omega_n$. 它的取值只有 0 和 1. $S_n \doteq X_1 + \cdots + X_n$ 也是一个 Ω 上的随机变量.

如果我们按那里的约定, 将 ω 等同于实数 $\omega = \sum\limits_{j=1}^{\infty} \dfrac{\omega_j}{2^j}$, 则满足 $\omega_n = 0$ 的那些实数就落在区间 $\left[\dfrac{k}{2^n}, \dfrac{k+1}{2^n}\right)$ 中, 其中 $0 \leqslant k \leqslant 2^n$ 是偶数; 而满足 $\omega_n = 1$ 的那些实数落在区间 $\left[\dfrac{k}{2^n}, \dfrac{k+1}{2^n}\right)$ 中, 其中 $0 \leqslant k \leqslant 2^n$ 是奇数. 于是, 我们也可以这样来写:

$$X_n(\omega) = \begin{cases} 0, & \omega \in \left[\dfrac{k}{2^n}, \dfrac{k+1}{2^n}\right), \ k \text{ 是偶数}, \\[3mm] 1, & \omega \in \left[\dfrac{k}{2^n}, \dfrac{k+1}{2^n}\right), \ k \text{ 是奇数}. \end{cases} \tag{3.1}$$

例 4 设 X, Y 是两个拓扑空间. 称映射 $f: X \to Y$ 是连续的, 如果开集的原像是开集, 即若 V 是 Y 中的开集, 则 $f^{-1}(V)$ 是 X 中的开集. 证明: 如果 f 连续, 则它也是 Borel 可测的, 即对 X, Y 上的 Borel σ-域 $\mathcal{B}(X)$ 和 $\mathcal{B}(Y)$, 设 $S \in \mathcal{B}(Y)$, 则 $f^{-1}(S) \in \mathcal{B}(X)$.

证明 记 $\mathcal{G} \doteq \{S \subset Y : f^{-1}(S) \in \mathcal{B}(X)\}$. 我们证明 $\mathcal{G}$ 是 Y 上的一个包含 Y 中开集的 σ-域. 那么 $\mathcal{B}(Y) \subset \mathcal{G}$, 就证明了结论.

(1) 当 S 是 Y 中的开集时, 由 f 的连续性, $f^{-1}(S)$ 是 X 中的开集, 从而 $f^{-1}(S) \in \mathcal{B}(X)$. 这就说明 $S \in \mathcal{G}$.

(2) 再证明 $\mathcal{G}$ 是一个 Y 上的 σ-域. 首先, $f^{-1}(\varnothing) = \varnothing \in \mathcal{B}(X)$, 从而 $\varnothing \in \mathcal{G}$; $f^{-1}(Y) = X \in \mathcal{B}(X)$, 于是 $Y \in \mathcal{G}$.

其次, 设 $S \in \mathcal{G}$, 则 $f^{-1}(S) \in \mathcal{B}(X)$. 利用映射的定义, 不难知道 $f^{-1}(Y \setminus S) = X \setminus f^{-1}(S) \in \mathcal{B}(X)$. 所以 $Y \setminus S \in \mathcal{G}$.

最后, 设 $S_k \in \mathcal{G}$, $k = 1, 2, \cdots$. 由映射的定义, 成立等式

$$f^{-1}\left(\bigcup_{k=1}^{\infty} S_k\right) = \bigcup_{k=1}^{\infty} f^{-1}(S_k) \in \mathcal{B}(X).$$

故 $\bigcup_{k=1}^{\infty} S_k \in \mathcal{G}$. □

该例中的证明方法 (考虑具有所关注性质的对象的全体, 说明其具有适当结构, 从而和已知的具有该种结构的集类建立联系) 在测度论中是非常典型的, 建议读者仔细揣摩体会. 由于连续函数在分析中的重要性, 也是由于开集的结构相对简单 (例如可以证明, $\mathbb{R}$ 上的开集就是至多可列个不相交的开区间的并集), Borel σ-域在测度空间的构造和应用中往往是重要的一环.

此外, 请思考: 为什么在映射的定义中, 必须要求 X 中每个点对应唯一的像? 如果这个要求不成立, 那么还能得到上述漂亮和谐的结论吗? 哪里会出问题?

给定随机变量 X, 记

$$\sigma(X) \doteq \text{“由 } \{X^{-1}(B) : B \in \mathcal{B}\} \text{ 生成的 } \sigma\text{-域”}. \tag{3.2}$$

显然 $\sigma(X) \subset \mathcal{F}$ 是保证 X 可测的 Ω 上最小的 σ-域. 在概率论中, $\sigma(X)$ 是比 X 更本质的对象, 如果把映射看成因果关系的数学模型, 那么 $\sigma(X)$ 就包含了导致随机现象 X 的原因, 或者说它包含了 X 的所有本质的 “信息”. 例如, 由于温标选法的不同 (例如摄氏度或华氏度), 某地某时的温度这个随机变量可以有完全不同的表示形式. 但它们生成的 σ-域应当是一样的, 都体现了随机因素对温度高低的影响 (类比微分几何中几何量与坐标选取无关的要求). 在数学上, 这体现为: 如果 Φ 是 $\mathbb{R}^n$ 上的 Borel 可测映射, 则随机变量 $Y = \Phi(X)$ 也是 $\sigma(X)$ 可测的; 反之, 若随机变量 Y 是 $\sigma(X)$ 可测的, 则可以证明: 必然存在 $\mathbb{R}^n$ 上的 Borel 可测映射 Φ, 使得 $Y = \Phi(X)$ (例如参见 [5], 第 143 页).

定义 2 (随机过程) 称 $\{X(t) : t \geq 0\}$ 是 Ω 上的一个随机过程, 若对任意固定的 t, $X(t)$ 都是 Ω 上的随机变量. 对给定的 $\omega \in \Omega$, 曲线 $t \mapsto X(t, \omega)$ 叫作随机过程 $X(t)$ 的一个样本路径, 或者轨道.

例如, 某地的温度随时间变化的情况就是一个随机过程, 该地实际测量出来的温度随时间变化的曲线就是一个样本路径.

随机过程本质上是一个二元函数, 其中一个变量是时间, 另一个变量是样本点. 请读者留心思考, 对于随机过程, 需要重点关注它的哪些特性?

3.2 关于一般测度的积分

本节我们复习与测度论和积分有关的一些知识.

1. 关于一般测度的积分

给定测度空间 $(\Omega, \mathcal{F}, \mathbb{P})$ 及其上的一个可测函数 X, 可通过如下步骤, 定义 X 关于测度 $\mathbb{P}$ 的积分.

- 对简单函数 $X = X(\omega) = \sum\limits_{j=1}^{n} a_j \chi_{A_j}(\omega)$, 定义

$$\int_{\Omega} X \, \mathrm{d}\mathbb{P} \doteq \int_{\Omega} X(\omega) \, \mathrm{d}\mathbb{P}(\omega) \doteq \sum_{j=1}^{n} a_j \mathbb{P}(A_j).$$

- 对非负函数 X, 定义

$$\int_{\Omega} X \, \mathrm{d}\mathbb{P} = \sup \left\{ \int_{\Omega} Y \, \mathrm{d}\mathbb{P} : Y \leqslant X, \; Y \text{ 是简单函数} \right\}.$$

(这里定义的积分值可以是无穷大. 如果你学过实变函数, 就知道实变函数课程中证明过, 概率空间上有界的随机变量的积分都存在, 是个有限数.)

- 对一般可测函数 X, 记

$$X^+ \doteq \max\{\pm X, \, 0\}, X^- = \max\{-X, \, 0\},$$

定义 $\left(\text{这里要求} \int_{\Omega} X^+ \, \mathrm{d}\mathbb{P} \text{ 和 } \int_{\Omega} X^- \, \mathrm{d}\mathbb{P} \text{ 中至少有一个不是无穷大} \right)$

$$\int_{\Omega} X \, \mathrm{d}\mathbb{P} \doteq \int_{\Omega} X^+ \, \mathrm{d}\mathbb{P} - \int_{\Omega} X^- \, \mathrm{d}\mathbb{P};$$

对向量值可测函数 $X = (X^1, \, \cdots, \, X^n) : \Omega \to \mathbb{R}^n$, 定义

$$\int_{\Omega} X \, \mathrm{d}\mathbb{P} \doteq \left(\int_{\Omega} X^1 \, \mathrm{d}\mathbb{P}, \, \cdots, \, \int_{\Omega} X^n \, \mathrm{d}\mathbb{P} \right).$$

2. Stieltjes 积分及其分部积分公式

作为关于一般测度积分理论的一个特殊情形, 下面要介绍有界变差函数诱导的斯蒂尔切斯 (Stieltjes) 积分. 为此先回顾更为初等的通过 Riemann 和方式定义的 Stieltjes 积分.

定义 3 (Stieltjes 积分)　设 $f(t), g(t)$ 是在区间 $[a, b]$ 上的两个有限函数. 对 $[a, b]$ 的划分 $a = x_0 < x_1 < x_2 < \cdots < x_n = b$, 任取 $\xi_k \in [x_k, x_{k+1}]$, 置 $\sigma \doteq \sum\limits_{k=0}^{n-1} f(\xi_k)\big(g(x_{k+1}) - g(x_k)\big)$. 如果当 $\lambda \doteq \max\limits_{k}\{x_{k+1} - x_k\} \to 0$ 时, 不论如何划分区间 $[a, b]$, 也不论点 ξ_k 的取法如何, σ 都趋于有限的数 I, 则称 I 为 f 关于 g 的 Stieltjes 积分, 记作 $I = \int_a^b f(t) \, \mathrm{d}g(t)$.

定理 1 (分部积分)　设 $\int_a^b f(t) \, \mathrm{d}g(t)$ 和 $\int_a^b g(t) \, \mathrm{d}f(t)$ 中有一个存在, 则另一个也存在, 且成立等式: $\int_a^b f(t) \, \mathrm{d}g(t) + \int_a^b g(t) \, \mathrm{d}f(t) = [f(t)g(t)] \Big|_a^b$.

证明 假设 $\displaystyle\int_a^b g(t)\,\mathrm{d}f(t)$ 存在. 在 $[a,b]$ 中插入分点 $a = x_0 < x_1 < \cdots < x_n = b$, 设 $x_k \leqslant \xi_k \leqslant x_{k+1}$, 令 $\sigma = \displaystyle\sum_{k=0}^{n-1} f(\xi_k)[g(x_{k+1}) - g(x_k)]$. 那么

$$\sigma = \sum_{k=0}^{n-1} f(\xi_k)g(x_{k+1}) - \sum_{k=0}^{n-1} f(\xi_k)g(x_k)$$

$$= -\sum_{k=1}^{n-1} g(x_k)[f(\xi_k) - f(\xi_{k-1})] + f(\xi_{n-1})g(x_n) - f(x_0)g(x_0)$$

$$= [f(t)g(t)]\Big|_a^b - \Big\{ g(a)[f(\xi_0) - f(a)] + \sum_{k=1}^{n-1} g(x_k)[f(\xi_k) - f(\xi_{k-1})]$$

$$+ g(b)[f(b) - f(\xi_{n-1})] \Big\}.$$

注意 $\{\cdot\}$ 中的项是对应积分 $\displaystyle\int_a^b g(t)\,\mathrm{d}f(t)$ 的和, 其对应划分是 $a \leqslant \xi_0 \leqslant \xi_1 \leqslant \xi_2 \leqslant \cdots \leqslant \xi_{n-1} \leqslant b$, 而 $a, x_1, x_2, \cdots, x_{n-1}, b$ 依次是 $[a, \xi_0], [\xi_0, \xi_1], [\xi_1, \xi_2], \cdots, [\xi_{n-2}, \xi_{n-1}], [\xi_{n-1}, b]$ 中的点. 当 $\lambda \doteq \max_k\{x_{k+1} - x_k\} \to 0$ 时, 显然 $\max_k\{\xi_{k+1} - \xi_k\} \to 0$, 于是 $\{\cdot\}$ 中的项收敛到 $\displaystyle\int_a^b g(t)\,\mathrm{d}f(t)$, 从而按照定义, $\displaystyle\int_a^b f(t)\,\mathrm{d}g(t)$ 存在, 且上述分部积分公式成立. □

3. 有界变差函数与 Stieltjes 积分

不失一般性, 我们考虑 $\mathbb{R}_+$ 上定义的函数 g 在区间 $[0,t]$ 上的变差:

$$\mathrm{TV}_{[0,t]}(g) \doteq \sup\left\{ \sum_{k=0}^{n-1} |g(t_{k+1}) - g(t_k)| \right\},$$

其中上确界是根据对 $[0,t]$ 的所有可能的划分 $0 = t_0 < t_1 < \cdots < t_{n-1} < t_n = t$ 取的. 若 $\mathrm{TV}_{[0,t]}(g) < \infty$, 就称 g 是 $[0,t]$ 上的有界变差函数. 容易看出有界变差函数必有界.

有界变差函数可以分解为两个单调递增函数的差,[①] 所以是几乎处处可导的. 特别地, 后文要介绍的随机变量的概率分布函数是单调不减且有界的, 从而是 $\mathbb{R}$ 上的有界变差函数.

---

① 作 $\pi(x) \doteq \mathrm{TV}_{[a,x]}(f)$, $v(x) \doteq \pi(x) - f(x)$, 它们都是递增函数, 且 $f = \pi - v$.

定理 2 如果 $f(t)$ 在 $[a,b]$ 上连续, $g(t)$ 在 $[a,b]$ 上是有界变差的, 则 $\int_a^b f(t)\mathrm{d}g(t)$ 存在.

证明 不妨设 g 是单调递增函数. 做划分 $a = x_0 < x_1 < x_2 < \cdots < x_n = b$, 又记 m_k 和 M_k 分别是 f 在 $[x_k, x_{k+1}]$ 上的最小值和最大值, 置 $s \doteq \sum_{k=0}^{n-1} m_k[g(x_{k+1}) - g(x_k)]$, $S \doteq \sum_{k=0}^{n-1} M_k[g(x_{k+1}) - g(x_k)]$. 显然, 当分点加密时, s 不减, S 不增, 且任意的 s 都不超过 S. 事实上, 设对于 $[a,b]$ 的两个划分 I 和 II, 记对应于 I 的和为 s_1, S_1, 对应于 II 的和为 s_2, S_2. 将 I 和 II 的分点合并, 得到划分 III, 对应的和为 s_3, S_3, 那么 $s_1 \leqslant s_3 \leqslant S_3 \leqslant S_2$, 于是 $s_1 \leqslant S_2$. 由此, 所有 s 的上确界 $I = \sup\{s\}$ 有限. 由于 $s \leqslant I \leqslant S$, 又注意 Stieltjes 积分的和 σ 满足 $s \leqslant \sigma \leqslant S$, 那么 $|\sigma - I| \leqslant S - s$. 由 f 在 $[a,b]$ 的一致连续性, 对任意的 $\varepsilon > 0$, 必有 $\delta > 0$, 使得当 $|x' - x''| < \delta$ 时, $|f(x') - f(x'')| \leqslant \varepsilon$, 从而对任意 $k = 0, 1, \cdots, n-1$, 有 $M_k - m_k \leqslant \varepsilon$, 那么 $S - s \leqslant \varepsilon(g(b) - g(a))$. 总之, 当 $\lambda < \delta$ 时, 就有 $|\sigma - I| \leqslant \varepsilon(g(b) - g(a))$. 这就证明了 $\lim_{\lambda \to 0} \sigma = I$. 于是 $I = \int_a^b f(t)\,\mathrm{d}g(t)$.   □

设 g 是 $[0,t]$ 上右连续的有界变差函数, 它诱导了 $([0,t], \mathcal{B}([0,t]))$ 上的测度 μ:

$$\mu((a,b]) \doteq g(b) - g(a), \quad 0 \leqslant a < b \leqslant t; \quad \mu(\{0\}) = 0.$$

定义函数 f 的 Lebesgue-Stieltjes 积分为

$$\int_{[0,t]} f(s)\,\mathrm{d}g(s) \doteq \int_{[0,t]} f\,\mathrm{d}\mu.$$

若 g 是绝对连续的有界变差函数, f 关于 μ 可积, 则上述积分关于 t 也连续, 记作 $\int_0^t f(s)\,\mathrm{d}g(s)$. 进一步, 如果 f 是连续的, 上述积分就等同于前面通过 Riemann 和定义的 Stieltjes 积分.

Stieltjes 积分可利用如下结论化为 Lebesgue 积分或 Riemann 积分来计算.

定理 3 设在 $[a,b]$ 中 $f(t)$ 是连续的, 而 $g(t)$ 绝对连续, 则 $\int_a^b f(t)\,\mathrm{d}g(t) = \int_a^b f(t)g'(t)\,\mathrm{d}t$.

证明 在上述条件下, $g(t)$ 是有界变差函数 $\left(\text{全变差被} \int_a^b |g'(t)|\,\mathrm{d}t < \infty \text{ 控}\right.$

$\left.\text{制}\right)$, 所以左边的 Stieltjes 积分存在. 右边 Lebesgue 积分的存在性是显然的. 余下证明两积分相等.

设 $a = x_0 < x_1 < \cdots < x_n = b$, 作和 $\sigma = \sum_{k=0}^{n-1} f(\xi_k)[g(x_{k+1}) - g(x_k)]$, 其中 $\xi_k \in [x_k, x_{k+1}]$, 注意 $g(x_{k+1}) - g(x_k) = \int_{x_k}^{x_{k+1}} g'(x)\,\mathrm{d}x$. 那么通过设 $f(x)$ 在 $[x_k, x_{k+1}]$ 上的振幅为 ω_k, 得到

$$\left| \sigma - \int_a^b f(t)g'(t)\,\mathrm{d}t \right| = \left| \sum_{k=0}^{n-1} \int_{x_k}^{x_{k+1}} [f(\xi_k) - f(x)]g'(x)\,\mathrm{d}x \right|$$

$$\leqslant \sum_{k=0}^{n-1} \omega_k \int_{x_k}^{x_{k+1}} |g'(x)|\,\mathrm{d}x \leqslant \alpha \int_a^b |g'(x)|\,\mathrm{d}x,$$

其中 $\alpha = \max_k \{\omega_k\}$. 由 f 在 $[a, b]$ 上的一致连续性, 当 $\max_k\{x_{k+1} - x_k\} \to 0$ 时 $\alpha \to 0$. 由极限的唯一性, $\int_a^b f(x)\,\mathrm{d}g(x) = \lim_{\lambda \to 0} \sigma = \int_a^b f(x)g'(x)\,\mathrm{d}x$. $\qquad\square$

定理 4 设在 $[a, b]$ 上 f 是有界变差函数, 而 g 绝对连续, 则 $\int_a^b f(t)\,\mathrm{d}g(t) = \int_a^b f(t)g'(t)\,\mathrm{d}t$.

证明 只需修改上面证明中的估计如下:

$$\left| \sigma - \int_a^b f(x)g'(x)\,\mathrm{d}x \right| \leqslant \sum_{k=0}^{n-1} v_k \int_{x_k}^{x_{k+1}} |g'(x)|\,\mathrm{d}x \leqslant \beta V_a^b(f),$$

这里 $\beta = \max_k \left\{ \int_{x_k}^{x_{k+1}} |g'(x)|\,\mathrm{d}x \right\}$, v_k 是 f 在 $[x_k, x_{k+1}]$ 上的全变差. 注意当 $\lambda \doteq \max_k \{x_{k+1} - x_k\} \to 0$ 时 $\beta \to 0$. $\qquad\square$

一般地, 若 f, g 中有一个是处处变差无界的函数, 另一个函数即使连续, 也可能无法定义 Stieltjes 积分. 具体来讲, 对 $n = 1, 2, \cdots$, 设 $\pi_n = \{0 = t_0 < t_1 < \cdots < t_k < t_{k+1} < \cdots < t_n = 1\}$ 是区间 $[0, 1]$ 的划分, 定义 $|\pi_n| \doteq \max_{0 \leqslant k \leqslant n-1} |t_{k+1} - t_k|$. 又设 π_{n+1} 是 π_n 的加细, 即 $\pi_{n+1} \supset \pi_n$, 且 $\lim_{n \to \infty} |\pi_n| = 0$. 对 $[0, 1]$ 上右连续函数 $x(t)$, 以及函数 h, 定义

$$S_n \doteq \sum_{t_k, t_{k+1} \in \pi_n} h(t_k)\big(x(t_{k+1}) - x(t_k)\big).$$

借助泛函分析中的共鸣定理[①], 就能证明如下结论.

定理 5 若对于任意的 $[0,1]$ 上的连续函数 h, 上述 S_n 当 $n \to \infty$ 时都收敛, 那么 $x(\cdot)$ 必定是有界变差函数.

证明 取 $X = C([0,1])$ (给最大模范数, 即一致收敛拓扑), $Y = \mathbb{R}$. 对任意固定的 n, 定义

$$T_n(h) \doteq S_n = \sum_{t_k, t_{k+1} \in \pi_n} h(t_k)\big(x(t_{k+1}) - x(t_k)\big).$$

容易验证这是一个有界线性算子. 由于假设对任意 $h \in X$, $\lim\limits_{n \to \infty} T_n(h)$ 存在, 特别地, 就知道 $\sup\limits_n \{|T_n(h)|\} < +\infty$, 根据共鸣定理, $\sup\limits_n \|T_n\| < +\infty$.

另外, 对固定的 n, 容易构造连续函数 h, 使得在点 t_k, $h(t_k) = \text{sign}\big(x(t_{k+1}) - x(t_k)\big)$, 且 $\|h\|_X = 1$. (这里 sign 是符号函数: 若 $x > 0$, 则 $\text{sign}(x) = 1$; 若 $x = 0$, 则 $\text{sign}(x) = 0$; 若 $x < 0$, 则 $\text{sign}(x) = -1$.) 那么就有 $\|T_n\| \geqslant |T_n(h)| = \sum\limits_{t_k, t_{k+1} \in \pi_n} |x(t_{k+1}) - x(t_k)|$. 两边对 n 取上确界, 可知 $\text{TV}_{[0,1]}(x(\cdot)) \leqslant \sup\limits_n \|T_n\| < +\infty$, 即 $x(\cdot)$ 是有界变差函数. $\qquad\square$

回顾第 1 讲引入的符号 $\int_0^t \sigma_1(S(\tau,\omega),\tau)\,\mathrm{d}W(\tau,\omega)$, 它看上去很像 Stieltjes 积分, 但是由于对几乎所有样本点 ω 来讲, Brown 运动的轨道 $\tau \mapsto W(\tau,\omega)$ 都是变差处处无界的 (详见第 9 讲), 所以即使 $\sigma_1(S(\tau,\omega),\tau)$ 是 τ 的连续函数, 这个表达式也无法按 Stieltjes 积分的方式予以定义. 如何合理定义这样一个似乎无法严格定义的积分, 也就是说找到一个看起来不应该存在的东西, 是随机微分方程理论要解决的一个基本问题.

但对于第 1 讲中出现的关于 Poisson 过程的随机积分 $\int_0^t \sigma_2(S(\tau,\omega),\tau)\,\mathrm{d}J(\tau,\omega)$, 由于 $J(\tau,\omega)$ 是关于 τ 单调递增的阶梯函数, 从而变差局部有界, 就可以用上述 Stieltjes 积分来定义. 从这个角度讲, Poisson 过程驱动的随机积分要比 Brown 运动对应的随机积分简单得多.

4. Lebesgue-Radon-Nikodym 定理

这个重要定理阐述了一般测度与可积函数诱导的测度之间的关系. 我们首先回顾一些基本定义. 设 μ, ν 是可测空间 $(\Omega, \mathcal{F})$ 上的两个符号测度 (即测度定义

---

① 共鸣定理 (一致有界原理): 设 X 是巴拿赫 (Banach) 空间, Y 是赋范线性空间, $\{T_\alpha\}_\alpha$ 是一族 X 到 Y 的有界线性算子. 如果对任意的 $x \in X$, $\{T_\alpha x\}_\alpha$ 在 Y 中有界, 则 $\{\|T_\alpha\|\}_\alpha$ 有界.

修改为不要求取值非负, 但可列可加性所对应的级数要求绝对收敛). 称它们是互相奇异的 (记作 $\nu \perp \mu$), 如果存在不相交的子集 A, $B \in \mathcal{F}$, 使得

$$\nu(E) = \nu(A \cap E), \quad \mu(E) = \mu(B \cap E), \quad \forall E \in \mathcal{F}.$$

也就是说, μ, ν 的支集落在不相交的可测集内. 称 ν 关于 μ 是 绝对连续的 (记作 $\nu \ll \mu$), 如果由 $E \in \mathcal{F}$ 且 $\mu(E) = 0$ 就能推出 $\nu(E) = 0$. 不难发现, 如果 μ 是普通的非负测度, 而 $\nu \perp \mu$ 且 $\nu \ll \mu$, 则 $\nu \equiv 0$.

定理 6 (勒贝格-拉东-尼科迪姆 (Lebesgue-Radon-Nikodym) 定理) 设 μ 是 $(\Omega, \mathcal{F})$ 上 σ-有限的[①] (非负) 测度, ν 是 $(\Omega, \mathcal{F})$ 上 σ-有限的符号测度. 那么存在唯一的符号测度 ν_a, ν_s, 使得

- $\nu_a \ll \mu$, $\nu_s \perp \mu$;
- $\nu = \nu_a + \nu_s$;
- 存在 μ-可积函数 f, 使得 $\mathrm{d}\nu_a = f\mathrm{d}\mu$, 即

$$\nu_a(E) = \int_E f(\omega)\,\mathrm{d}\mu(\omega), \quad \forall E \in \mathcal{F}.$$

这个定理告诉我们, 可以以 μ 作为标准, 通过函数和测度的加法表示其他一般的测度.

对一元单调函数, 我们知道它的不连续点一定是跳跃间断点, 而且只有可列多个. 进一步, 以 Lebesgue 测度为标准, 还成立如下更精细的 Lebesgue 分解定理.

定理 7 设 $F: \mathbb{R} \to \mathbb{R}$ 是单调递增函数, 则除了可能相差常数之外, 它可以唯一地分解为如下三个单调递增函数之和 (有些部分可以不出现):

$$F = F_d + F_{ac} + F_s,$$

其中 F_d 是阶梯函数, 其跳跃点就是 F 的不连续点, 称为 F 的跳跃部分; F_{ac} 是绝对连续函数, 即存在非负的 Lebesgue 可测函数 $h(s) \geqslant 0$, 使得

$$F_{ac}(x) = \int_{-\infty}^x h(s)\,\mathrm{d}s,$$

称为 F 的绝对连续部分; F_s 是一个不是常值函数的连续的递增的函数, 它的经典导数在 Lebesgue 测度下几乎处处为零, 而增长点构成一个 Lebesgue 零测集, 称为 F 的奇异部分.

[①] 即存在可列个测度有限的可测集 $A_1, \cdots, A_n, \cdots$, $\mu(A_n) < +\infty$, 使得 $\Omega \subset \bigcup_{n=1}^\infty A_n$.

注意上述单调函数 F 是 (局部) 有界变差函数. 假设它右连续, 用 μ 表示它诱导的 $\mathbb{R}$ 上的测度, $\mu = \mu_a + \mu_s$ 是对应的 Lebesgue-Radon-Nikodym 分解. 那么, $F_d + F_{ac}$ 诱导的测度就是 μ_a, F_s 诱导的测度就是 μ_s. μ_s 可以看成支撑在一些豪斯多夫 (Hausdorff) 维数是分数的子集 (如康托尔 (Cantor) 集) 上的测度. 对于阶梯函数, 以最简单但也最典型的赫维赛德 (Heaviside) 函数

$$H(x) = \begin{cases} 0, & x < 0, \\ 1, & x \geqslant 0 \end{cases}$$

为例, 它在经典微积分的意义下在 $x = 0$ 处不可导, 但利用广义函数的概念, 可定义它的广义函数导数 $H'(x)$ 是支集在原点 $x = 0$ 处的 Dirac 测度 δ_0. 类似地, 给定常数 a, 阶梯函数 $aH(x - x_0)$ 诱导的测度就是 $a\delta_{x_0}$: 对 $\mathbb{R}$ 的任意一个 Borel-集 B,

$$a\delta_{x_0}(B) = \begin{cases} a, & x_0 \in B, \\ 0, & x_0 \notin B. \end{cases}$$

设 f 是取值有限的可测函数, 按照积分的定义, $\int_{\mathbb{R}} f(s)\, \mathrm{d}(a\delta_{x_0})(s) = af(x_0)$.

5. 可测映射诱导的测度

设 $(\Omega, \mathcal{F}, \mathbb{P})$ 是个测度空间, $X: \Omega \to \mathbb{R}^n$ 是个可测映射. 定义

$$X_{\sharp}\mathbb{P}(B) \doteq \mathbb{P}(X \in B), \quad \forall B \in \mathcal{B}(\mathbb{R}^n).$$

不难验证 $(\mathbb{R}^n, \mathcal{B}(\mathbb{R}^n), X_{\sharp}\mathbb{P})$ 是个测度空间. 称 $X_{\sharp}\mathbb{P}$ 是 X 在 $\mathbb{R}^n$ 上诱导的测度. 根据定义, 成立如下变量替换公式:

$$\mathbb{P}(X \in B) = X_{\sharp}\mathbb{P}(B) = \int_B \mathrm{d}(X_{\sharp}\mathbb{P}),$$

以及更一般地, 对 $\mathbb{R}^n$ 上定义的好的函数 g (例如连续函数、简单函数等), 成立

$$\int_{X^{-1}(B)} g(X(\omega))\, \mathrm{d}\mathbb{P}(\omega) = \int_B g(x)\, \mathrm{d}(X_{\sharp}\mathbb{P})(x). \tag{3.3}$$

这可以通过考察 g 是 $\mathbb{R}^n$ 上的简单函数的情形予以验证. 设 $g(x) = \sum_{k=1}^{n} b_k \chi_{B_k}(x)$, 那么, 利用 $\chi_A \chi_B = \chi_{A \cap B}$, 以及映射原像的性质,

$$\int_{X^{-1}(B)} g(X(\omega))\, \mathrm{d}\mathbb{P}(\omega) = \int_{\Omega} \chi_{X^{-1}(B)}(\omega) g(X(\omega))\, \mathrm{d}\mathbb{P}(\omega)$$

$$= \sum_{k=1}^{n} b_k \int_{\Omega} \chi_{X^{-1}(B \cap B_k)}(\omega) \, \mathrm{d}\mathbb{P}(\omega) = \sum_{k=1}^{n} b_k \mathbb{P}(X^{-1}(B \cap B_k))$$

$$= \sum_{k=1}^{n} b_k (X_\sharp \mathbb{P}(B \cap B_k)) = \sum_{k=1}^{n} b_k \int_{\mathbb{R}^n} \chi_B(x) \chi_{B_k}(x) \, \mathrm{d}(X_\sharp \mathbb{P})(x)$$

$$= \int_B \sum_{k=1}^{n} b_k \chi_{B_k}(x) \, \mathrm{d}X_\sharp \mathbb{P}(x) = \int_B g(x) \, \mathrm{d}(X_\sharp \mathbb{P})(x).$$

3.3 随机变量的期望、方差及其概率分布函数和概率密度函数

在概率论中, 对于随机变量, 人们最关心的是其取特定值的可能性的大小, 即数字 $\mathbb{P}(X \in B)$ (其中 $B \in \mathcal{B}$). 事实上, 不确定性就体现在对观测到的值 $x = X(\omega)$, 实际上并不能确定到底是哪个 $\omega \in \Omega$ 引起的 (即无法追溯确切是哪个原因导致此结果), 甚至连事件 $X^{-1}(x)$ (有哪些原因会导致此结果) 是什么都难以具体确定 (虽然理论上它是有的, 例如回顾 Bernoulli 试验的样本空间的构建). 这里要区分一个概念或对象在理论上的存在性 (例如无限的样本空间), 以及在实际操作上的可达性 (例如有限的样本空间). 概率论中能够确定观测或计算的只是事件的概率. 所以对随机变量 X 及其统计学而言, 下面概率分布函数的概念是非常关键的. 它的作用之一, 是通过函数这个相对简单的工具, 给出了 $\mathbb{R}^n$ 上的相对复杂的对象——测度 $X_\sharp(\mathbb{P})$, 把抽象的概率空间 $(\Omega, \mathcal{F}, \mathbb{P})$ 里的问题基于映射 X, 转化到了我们熟悉的欧氏空间上的概率空间 $(\mathbb{R}^n, \mathcal{B}, X_\sharp(\mathbb{P}))$.[1] 当然, 这里最关键的是 $X_\sharp \mathbb{P}$, 确定它, 也就是要确定如下 X 的概率分布函数.

设向量 $x, y \in \mathbb{R}^n$, 称 $y \leqslant x$, 是指 y 的每个分量都小于等于 x 对应的分量. 称 $\mathbb{R}^n$ 上函数 F_X:

$$F_X(x) \doteq X_\sharp \mathbb{P}(\{y: y \leqslant x\}) = \mathbb{P}(X \leqslant x)$$

是随机变量 X 的概率分布函数, 也称作随机变量 X 服从分布 F_X.

特别地, 对于一组随机变量 $X_1, \cdots, X_m : \Omega \to \mathbb{R}^n$, 可定义它们的联合概率分布函数 $F_{X_1, \cdots, X_m} : \mathbb{R}^{nm} \to \mathbb{R}$:

$$F_{X_1, \cdots, X_m}(x_1, \cdots, x_m) \doteq \mathbb{P}(X_1 \leqslant x_1, \cdots, X_m \leqslant x_m).$$

---

[1] 第 2 讲例 5 中 Bernoulli 试验的概率空间, 就可以看成通过随机变量 $X(\omega) = \sum_{k=1}^{\infty} \omega_k 2^{-k}$ 转化到 $[0, 1]$ 来实现的. 在实际问题中, 往往是先注意到随机现象, 把它抽象为一个随机变量, 为了让这个随机变量有严格的定义 (有自变量), 根据随机变量的取值特性, 构造出一个概率空间; 有了概率空间, 就可以从理论上严格定义并分析这个随机变量了. 由此也可看出随机变量在概率论中的核心地位.

这可以通过令 $Y = (X_1, \cdots, X_m)$, 化为前述情形理解和处理.

由于 Borel σ-域 $\mathcal{B}$ 可以由形如 $\{y : y \leqslant x\}$ 的闭集生成, 知道了 $F_X(x)$, 也就知道了 $(\mathbb{R}^n, \mathcal{B})$ 上的概率测度 $X_\sharp\mathbb{P}$. 如果该测度关于 Lebesgue 测度是绝对连续的, 由 Lebesgue-Radon-Nikodym 定理, 就存在 $\mathbb{R}^n$ 上的 Lebesgue 可积的函数 $f_X(x)$, 使得

$$\mathrm{d}F_X(x) = f_X(x)\,\mathrm{d}x.$$

称函数 f_X 是随机变量 X 的概率密度函数. 显然, $f_X(x)\,\mathrm{d}x$ 表示随机变量 X 的值落在 $\mathbb{R}^n$ 上以 x 为中心, 体积为 $\mathrm{d}x$ (用 Lebesgue 测度衡量) 的微元里的概率.

概率分布函数或概率密度函数都是比随机变量本身更为简单的对象. 知道了它们, 也就知道了该随机变量的概率性质, 即可估计观测到它取某些值的可能性大小. 用概率分布函数计算要用到 Lebesgue-Stieltjes 积分, 用概率密度函数计算就只需用更为简单的 Lebesgue 积分. 对绝大多数随机变量, 最后都能化为 Riemann 积分做计算. 在概率论和统计学的实际应用中, 都是直接把人们关心的某种量化了的随机现象作为随机变量看待 (比如测量时的误差), 直接寻找或猜测它的概率分布函数或概率密度函数, 而根本不去探究背后隐藏着的概率空间, 这或者是由于很难做到 (例如分析哪些因素导致某次抛硬币正面朝上), 或者是由于根本不必要, 因为一旦对随机变量的概率分布函数有了很好的了解, 对于大量的随机试验, 就已经可以很好地估计或预测随机现象的总的取值情况了.

设 X 是概率空间 $(\Omega, \mathcal{F}, \mathbb{P})$ 上的随机变量. 我们还可以引入刻画随机变量 X 的更简单的数字特征: n 阶矩, 其定义为积分

$$a_n \doteq \int_\Omega |X|^n\,\mathrm{d}\mathbb{P}, \quad n = 1, 2, 3, \cdots.$$

特别地, X 的期望 (均值) 和方差分别定义为

$$\mathbb{E}[X] \doteq \int_\Omega X\,\mathrm{d}\mathbb{P}, \quad \mathbb{V}[X] \doteq \int_\Omega |X - \mathbb{E}[X]|^2\,\mathrm{d}\mathbb{P}. \tag{3.4}$$

这里 $|\cdot|$ 是欧氏空间中向量的模长. 不难验证

$$\mathbb{V}[X] = \mathbb{E}[X^2] - \mathbb{E}^2[X]. \tag{3.5}$$

反之, 在一定条件下, 数列 $\{a_n\}$ 可以反过来确定测度 $\mathbb{P}$, 例如参见文献 [11] 的第 410—414 页. 在刚体力学中, 期望、方差分别对应质心、转动惯量的概念. 此外, 我们通过测度定义了积分 (期望), 但事实上也可先定义积分 (视作某种泛函), 反过来定义测度. 期望 (平均值) 是连接样本个体性质及大范围统计性质的一个纽带, 所以在概率论中, 知道期望是很重要的事.

利用概率分布函数和概率密度函数的定义, 以及变量替换公式, 不难得到如下常用的计算公式:

$$F_X(x) = \int_{y \leqslant x} f_X(y)\,\mathrm{d}y, \tag{3.6}$$

$$\mathbb{E}[g(X)] = \int_{\mathbb{R}^n} g(x)\,\mathrm{d}F_X(x) = \int_{\mathbb{R}^n} g(x) f_X(x)\,\mathrm{d}x. \tag{3.7}$$

特别地,

$$m = \mathbb{E}[X] = \int_{\mathbb{R}^n} x f_X(x)\,\mathrm{d}x, \quad \mathbb{V}[X] = \int_{\mathbb{R}^n} |x - m|^2 f_X(x)\,\mathrm{d}x.$$

例 5 (一元高斯 (Gauss) 分布) 若随机变量 X 的概率密度函数是

$$f_X(x) = \frac{1}{\sqrt{2\pi\sigma^2}} \mathrm{e}^{-\frac{(x-m)^2}{2\sigma^2}},$$

则称 X 是服从 Gauss 分布 (正态分布) 的随机变量, 记作 $X \sim N(m, \sigma^2)$. 利用上面公式, 不难算出 $\mathbb{E}[X] = m$, $\mathbb{V}[X] = \sigma^2$.

例 6 (多元 Gauss 分布) 若随机变量 $X: \Omega \to \mathbb{R}^n$ 的概率密度函数是

$$f_X(x) = \frac{1}{((2\pi)^n \det C)^{\frac{1}{2}}} \mathrm{e}^{-\frac{1}{2}(x-m)^{\mathrm{T}} C^{-1}(x-m)}, \quad x,\, m \in \mathbb{R}^n,$$

其中 C 是正定的实对称矩阵, 则称 X 是服从 Gauss 分布 (正态分布) 的 n 维随机变量, 记作 $X \sim N(m, C)$. 利用上面公式, 可以算出 $\mathbb{E}[X] = m$, 其协方差矩阵为 C.

例 7 (Poisson 分布) 设 $X: \Omega \to \mathbb{N}$ 是一个取非负整数值的随机变量. 若

$$\mathbb{P}(X = k) = \frac{\lambda^k}{k!} \mathrm{e}^{-\lambda}, \quad k = 0, 1, 2, \cdots,$$

则称 X 服从参数为 λ 的 Poisson 分布, 记作 $X \sim P(\lambda)$. 容易计算 $\mathbb{E}[X] = \mathbb{V}[X] = \lambda$. Poisson 分布的概率分布函数是单调递增的阶梯函数, 它没有经典意义下的概率密度函数.

在统计学中有许多的分布, 用来描述具有不同特性的随机现象. 所以概率分布函数可以看作随机现象的一种精简而且实用的数学模型. 例如, 像测量误差这种频繁发生, 但影响较小的随机现象, 常用满足正态分布的随机变量来描述; 像一定时间内发生自然灾害的次数、机器出现故障的次数等, 这类较少发生, 但影响较大的随机现象, 常用服从 Poisson 分布的随机变量来描述.

例 8　考虑给定空间区域内所有分子的运动. 我们可以把每个分子 ω 作为一个样本点得到样本空间. 用随机过程 $R(t, \omega) = (X(t, \omega),\ V(t, \omega)) \in \mathbb{R}^6$ 表示在时刻 t, 分子 ω 所在的空间位置为 $X(t, \omega)$, 其速度为 $V(t, \omega)$. 设 $R(t, \cdot)$ 的概率密度函数为 $f(t, x, v)$, 其中 $t \in \mathbb{R}^+$, $x \in \mathbb{R}^3$, $v \in \mathbb{R}^3$. 则气体在 x 点、t 时刻的速度是 $v(x, t) = \displaystyle\int_{\mathbb{R}^3} v f(t, x, v) \mathrm{d}v$, 质量密度是 $\rho(x, t) = \displaystyle\int_{\mathbb{R}^3} f(t, x, v) \mathrm{d}v$. 分子运动论中弗拉索夫 (Vlasov) 方程和玻尔兹曼 (Boltzmann) 方程就是描述概率密度函数 f 随时间演化的偏微分方程.

习题 1　设 X 是个随机变量, 概率分布函数是

$$F(x) = \begin{cases} 0, & x < 0, \\ x^3, & 0 \leqslant x \leqslant 1, \\ 1, & x > 1. \end{cases}$$

(1) 求 $\mathbb{P}(0.1 < X < 4)$, $\mathbb{P}(X > 0.5)$, $\mathbb{P}(X = 0.3)$;

(2) 求 X 的均值和方差.

习题 2　给定随机变量 $X : \Omega \to \mathbb{R}^n$, 考虑函数 $\varphi : \mathbb{R}^n \to \mathbb{R}$, $c \mapsto \displaystyle\int_{\Omega} |X - c|^2 \, \mathrm{d}\mathbb{P}$, 证明: φ 在 $c = \mathbb{E}[X]$ 时取到最小值.

习题 3　给定函数 $X : \Omega \to \mathbb{R}^n$, 由 (3.2) 定义 $\sigma(X)$. 证明: 对任意的 $E \in \sigma(X)$, 存在 $B \in \mathcal{B}$, 使得 $E = X^{-1}(B)$.

第 4 讲　独立性、条件期望 (一)

C HAPTER

事件、随机变量、σ-域等的"独立性"以及"条件期望"是概率论中极其重要的概念, 也是概率论区别于一般测度论的一个显著的特点. 为什么呢? 我们介绍过, 经典的随机现象的本质是信息的缺乏 —— 对所发生的特定结果, 无法精确判定导致它的原因. 那对于我们关心的随机现象, 如果现在有了新的信息, 是否可以帮助改进对其随机性的认识, 甚至使得随机性消失? 所谓独立性, 就是所得信息不能帮助改进对我们关心的随机现象的估计, 而条件期望, 则可看成附加信息后对随机现象的新的定量估计. 本讲由简单到复杂, 逐步引入各种独立性的概念, 再介绍独立性带来的一些能极大地简化计算的性质. 最后我们介绍条件期望的概念, 为引入鞅的概念作准备.

4.1　随机变量的独立性

我们固定一个概率空间 $(\Omega, \mathcal{F}, \mathbb{P})$.

1. 条件概率

设 $A, B \in \mathcal{F}$. 若已知事件 B 发生, 这新增的信息可能会改变我们对事件 A 发生的预期 (例如看到闪电, 我们就能想到过一会儿可能要听到雷声). 在数学上这对应着条件概率的概念. 由于事件 B 已发生, 可以确定, 出现后续随机现象的原因 (样本点) 应当在 B 中, 从而可以缩小样本空间. 定义概率子空间 $(B, \mathcal{F} \cap B, \mathbb{P}|_B \doteq \mathbb{P}(\cdot)/\mathbb{P}(B))$, 以及条件概率

$$\mathbb{P}(A|B) \doteq \mathbb{P}_B(A) = \frac{\mathbb{P}(A \cap B)}{\mathbb{P}(B)}, \quad \forall A \in \mathcal{F}.$$

这里假设 $\mathbb{P}(B) > 0$, 而 $\mathcal{F} \cap B = \{F \cap B : F \in \mathcal{F}\}$. 注意我们并不要求 $A \subset B$, 事件 A 和 B 未必有因果关系.

2. 两个事件的独立性

称两个事件 A, B 是独立的, 是指获得关于事件 B 发生的信息无助于改进对事件 A 的预期, 即 $\mathbb{P}(A|B) = \mathbb{P}(A)$. 我们定义 A, B 是独立事件, 如果

$$\mathbb{P}(A \cap B) = \mathbb{P}(A)\mathbb{P}(B).$$

注意, 在独立性条件下, 概率映射将集合的交运算转化为概率值的乘法运算.

3. 一系列事件的独立性

称一列事件 A_1, A_2, $\cdots$ 是独立的, 是指对任意指标 $1 \leqslant k_1 < k_2 < \cdots < k_m$, 成立

$$\mathbb{P}(A_{k_1} \cap A_{k_2} \cap \cdots \cap A_{k_m}) = \mathbb{P}(A_{k_1})\mathbb{P}(A_{k_2}) \cdots \mathbb{P}(A_{k_m}).$$

注意　容易给出例子, 说明事件间两两互相独立并不保证它们合在一起还在上述意义下独立. 所以上式是必要的. 需要这样较强的条件才能得到数学上和谐的结论.

4. 一列 σ-域的独立性

设 $\{\mathcal{F}_i\}_{i=1}^{\infty}$ 是一列 σ-域, 且 $\forall i$, $\mathcal{F}_i \subset \mathcal{F}$. 称它们是独立的, 如果对任意指标 $1 \leqslant k_1 < k_2 < \cdots < k_m$, 对任意 $A_{k_i} \in \mathcal{F}_{k_i}$, 成立

$$\mathbb{P}(A_{k_1} \cap A_{k_2} \cap \cdots \cap A_{k_m}) = \mathbb{P}(A_{k_1})\mathbb{P}(A_{k_2}) \cdots \mathbb{P}(A_{k_m}),$$

即 A_{k_1}, $\cdots$, A_{k_m} 是独立的.

5. 一列随机变量的独立性

设 $X_i: \Omega \to \mathbb{R}^n$ $(i = 1, 2, \cdots)$ 是一列随机变量, 称它们是独立的, 如果它们生成的 σ-域 $\{\sigma(X_i)\}$ 是独立的. 即对于任意的 B_{k_1}, $\cdots$, $B_{k_m} \in \mathcal{B}$, 成立

$$\mathbb{P}(X_{k_1} \in B_{k_1}, \cdots, X_{k_m} \in B_{k_m}) = \mathbb{P}(X_{k_1} \in B_{k_1}) \cdots \mathbb{P}(X_{k_m} \in B_{k_m}).$$

例 1 (拉德马赫 (Rademacher) 函数)　取概率空间 $(\Omega = [0, 1)$, $\mathcal{F} = \mathcal{B}([0, 1))$, $\mathbb{P} = \mathcal{L}\lfloor[0, 1))$. (这里记号 $\mathcal{L}$ 表示 $\mathbb{R}$ 上的 Lebesgue 测度, $\mathcal{L}\lfloor[0, 1)$ 表示 Lebesgue 测度在区间 $[0, 1)$ 上的限制: $\mathcal{L}\lfloor[0, 1)(A) \doteq \mathcal{L}(A \cap [0, 1)).$) 对 $\omega \in [0, 1)$, 定义

$$\xi_n(\omega) \doteq \begin{cases} 1, & \text{若 } \dfrac{k}{2^n} \leqslant \omega < \dfrac{k+1}{2^n}, \quad k \text{ 是偶数}, \\[2mm] -1, & \text{若 } \dfrac{k}{2^n} \leqslant \omega < \dfrac{k+1}{2^n}, \quad k \text{ 是奇数}. \end{cases}$$

它们是将区间 $[0, 1)$ 均分为 2^n 段, 每一段从左向右依次取 1 和 -1 得到的函数列. 如果将 ξ_1 作为周期是 1 的函数周期延拓到 $\mathbb{R}$, 那么 $\xi_n(\omega) = \xi_1(2^{n-1}\omega)$. 它们是独立的.

例如, 设 e_1, $\cdots$, $e_k \in \{-1, 1\}$, 仔细思考, 可以验证

$$\mathbb{P}(\xi_1 = e_1, \cdots, \xi_k = e_k) = \mathbb{P}(\xi_1 = e_1) \cdots \mathbb{P}(\xi_k = e_k) = 2^{-k}.$$

从概率角度看, 利用第 3 讲的 (3.1) 式, $\xi_n(\omega) = 1 - 2X_n(\omega)$, 而 X_n 是指第 n 次抛硬币出现正面或反面. 由 Bernoulli 试验的概率空间 $([0, 1), \mathcal{B}\lfloor_{[0,1)}, \mathcal{L}\lfloor_{[0,1)})$ 的数学定义, 可以直接验证 X_n 是独立的 (请读者自己完成. 这也说明了该概率空间作为 Bernoulli 试验的数学模型的合理性). 再由下面的定理 1, 即可知 $\{\xi_n\}_{n=1}^\infty$ 也是独立的.

4.2 独立的随机变量的性质

可以直接用定义证明如下定理, 它说明独立的随机变量和确定性函数复合后所得的随机变量还是独立的.

定理 1 设 $X_1, \cdots, X_{m+n} : \Omega \to \mathbb{R}^k$ 是独立的随机变量, $f : \mathbb{R}^{km} \to \mathbb{R}$ 和 $g : \mathbb{R}^{kn} \to \mathbb{R}$ 是 Borel 可测函数. 那么随机变量 $Y = f(X_1, \cdots, X_m)$ 和 $Z = g(X_{m+1}, \cdots, X_{m+n})$ 是独立的.

下面定理说明, 对于独立的随机变量, 它们的联合概率分布函数和联合概率密度函数可以通过函数乘法分离变量. 这就为计算带来了极大的便利.

定理 2 $X_1, \cdots, X_m : \Omega \to \mathbb{R}^n$ 是独立的随机变量的充分必要条件是

$$F_{X_1, \cdots, X_m}(x_1, \cdots, x_m) = F_{X_1}(x_1) \cdots F_{X_m}(x_m);$$

或者 (若各随机变量都存在概率密度函数)

$$f_{X_1, \cdots, X_m}(x_1, \cdots, x_m) = f_{X_1}(x_1) \cdots f_{X_m}(x_m).$$

证明 (1) 由 $\{X_k\}$ 独立的定义,

$$F_{X_1, \cdots, X_m}(x_1, \cdots, x_m)$$
$$= \mathbb{P}(X_1 \leqslant x_1, \cdots, X_m \leqslant x_m) = \mathbb{P}(X_1 \leqslant x_1) \cdots \mathbb{P}(X_m \leqslant x_m)$$
$$= F_{X_1}(x_1) \cdots F_{X_m}(x_m) = \int_{-\infty}^{x_1} f_{X_1}(y_1) \, \mathrm{d}y_1 \cdots \int_{-\infty}^{x_m} f_{X_m}(y_m) \, \mathrm{d}y_m$$
$$= \int_{-\infty}^{x_1} \cdots \int_{-\infty}^{x_m} f_{X_1}(y_1) \cdots f_{X_m}(y_m) \, \mathrm{d}y_1 \cdots \mathrm{d}y_m.$$

最后这个式子说明 $f_{X_1, \cdots, X_m}(x_1, \cdots, x_m)$ 存在, 就是 $f_{X_1}(x_1) \cdots f_{X_m}(x_m)$.

(2) 反之, 取 $A_i \in \sigma(X_i)$, 不妨设 $A_i = X_i^{-1}(B_i)$, $B_i \in \mathcal{B}$, $i = 1, \cdots, m$. 则

$$\mathbb{P}(A_1 \cap A_2 \cap \cdots \cap A_m) = \mathbb{P}(X_1 \in B_1, \cdots, X_m \in B_m)$$

$$= \int_{B_1 \times \cdots \times B_m} f_{X_1, \cdots, X_m}(y_1, \cdots, y_m) \, dy_1 \cdots dy_m$$

$$= \int_{B_1 \times \cdots \times B_m} f_{X_1}(y_1) \cdots f_{X_m}(y_m) \, dy_1 \cdots dy_m$$

$$= \prod_{k=1}^{m} \int_{B_k} f_{X_k}(y_k) \, dy_k = \prod_{k=1}^{m} \mathbb{P}(X_k \in B_k)$$

$$= \prod_{k=1}^{m} \mathbb{P}(A_k).$$

这就证明了 $X_1, \cdots, X_m$ 的独立性. □

下面的定理说明, 独立性可以让随机变量乘积的期望变为期望的乘积, 随机变量的和的方差变为方差的和.

定理 3 设 $X_1, \cdots, X_m$ 是独立的随机变量, 而且 $\mathbb{E}[|X_i|] < \infty$, $i = 1, 2, \cdots, m$ 那么

$$\mathbb{E}[X_1 \cdots X_m] = \mathbb{E}[X_1] \cdots \mathbb{E}[X_m].$$

又若 $\mathbb{V}[X_i] < \infty$, 则

$$\mathbb{V}[X_1 + \cdots + X_m] = \mathbb{V}[X_1] + \cdots + \mathbb{V}[X_m].$$

证明 以 $m = 2$ 为例说明:

$$\mathbb{E}[X_1 X_2] = \int_{\mathbb{R}^2} x_1 x_2 f_{X_1, X_2}(x_1, x_2) \, dx_1 dx_2$$

$$= \int_{\mathbb{R}^2} x_1 x_2 f_{X_1}(x_1) f_{X_2}(x_2) \, dx_1 dx_2$$

$$= \int_{\mathbb{R}} x_1 f_{X_1}(x_1) \, dx_1 \int_{\mathbb{R}} x_2 f_{X_2}(x_2) \, dx_2$$

$$= \mathbb{E}[X_1] \, \mathbb{E}[X_2].$$

记 $m_1 = \mathbb{E}[X_1]$, $m_2 = \mathbb{E}[X_2]$, 则

$$\mathbb{V}[X_1 + X_2] = \int_{\Omega} |X_1 - m_1 + X_2 - m_2|^2 \, d\mathbb{P}$$

$$= \int_{\Omega} |X_1 - m_1|^2 + |X_2 - m_2|^2 + 2(X_1 - m_1)(X_2 - m_2) \, d\mathbb{P}$$

$$= \mathbb{V}[X_1] + \mathbb{V}[X_2] + 2\mathbb{E}[(X_1 - m_1)(X_2 - m_2)]$$

$$= \mathbb{V}[X_1] + \mathbb{V}[X_2] + 2\mathbb{E}[(X_1 - m_1)] \mathbb{E}[(X_2 - m_2)]$$

$$= \mathbb{V}[X_1] + \mathbb{V}[X_2].$$

这里利用了 $X_1 - m_1$ 和 $X_2 - m_2$ 的独立性, 以及期望的线性: $\mathbb{E}[X+Y] = \mathbb{E}[X] + \mathbb{E}[Y]$. □

特别地, 设 $m_1 = m_2 = 0$, 则希尔伯特 (Hilbert) 空间 $L^2(\Omega, \mathbb{P})$ 中的向量 X_1, X_2 正交就是指 $\mathbb{E}[X_1 X_2] = 0$. 所以期望为零的独立的随机变量正交. 此外, 期望为零的随机变量的方差就是它的 $L^2(\Omega, \mathbb{P})$ 范数的平方, 所以上面关于独立随机变量的方差的公式也就是勾股定理.

4.3 条 件 期 望

下面我们介绍条件期望的定义. 条件期望源于如下问题: 知道了随机变量 Y 的信息, 如何对另一个随机变量 X 重新估计? 例如知道了天气变化情况, 农产品市场供应有何影响? 换句话说, 如果 "机遇" 选择了样本点 $\omega \in \Omega$, 我们知道了 $Y(\omega)$ 的值, 如何利用这个信息, 更好地近似 $X(\omega)$?

给定一个概率空间 $(\Omega, \mathcal{F}, \mathbb{P})$, 我们仍然用事件、随机变量、$\sigma$-域间的递进关系, 看如何合理地定义条件期望.

1. 给定一事件后对另一事件的条件期望

设 A, $B \in \mathcal{F}$, 则知道事件 B 发生后对事件 A 的条件期望 $\mathbb{E}[A|B]$ 就定义为条件概率 $\mathbb{P}(A|B)$:

$$\mathbb{E}[A|B] \doteq \mathbb{P}(A|B) = \frac{\mathbb{P}(A \cap B)}{\mathbb{P}(B)}. \tag{4.1}$$

2. 给定一事件后一个随机变量的条件期望

已知事件 B 发生, 如何估计随机变量 X 的新的期望? 考虑概率子空间 $(B, \mathcal{F} \cap B, \mathbb{P}|_B)$, 将 X 限制在它上面, 可定义条件期望为

$$\mathbb{E}[X|B] = \int_B X \, \mathrm{d}\mathbb{P}|_B \doteq \frac{1}{\mathbb{P}(B)} \int_B X \, \mathrm{d}\mathbb{P}.$$

若 $X = \chi_A$, 这个定义与上述 (4.1) 是相符的.

3. 给定一随机变量后另一随机变量的条件期望

首先假设 Y 是简单函数:

$$Y = \sum_{i=1}^{m} a_i \chi_{A_i},$$

即

$$Y = Y(\omega) = \begin{cases} a_1, & \omega \in A_1, \\ \cdots\cdots \\ a_m, & \omega \in A_m, \end{cases}$$

其中 $a_i \in \mathbb{R}$ 互不相同, A_i 的测度均大于零, 且要求它们互不相交, 它们的并集是 Ω. 这样一来, 一旦知道 $Y(\omega)$, 就能确定哪个事件 A_i 发生. 由此就可根据上一步的定义给出对随机变量 X 的估计. 具体来讲, 我们有

$$\mathbb{E}[X|Y] \doteq \begin{cases} \mathbb{E}[X|A_1] = \dfrac{1}{\mathbb{P}(A_1)} \displaystyle\int_{A_1} X \, \mathrm{d}\mathbb{P}, & \omega \in A_1, \\ \cdots\cdots \\ \mathbb{E}[X|A_m] = \dfrac{1}{\mathbb{P}(A_m)} \displaystyle\int_{A_m} X \, \mathrm{d}\mathbb{P}, & \omega \in A_m. \end{cases}$$

这里我们注意到, $\mathbb{E}[X|Y]$ 还是个随机变量. 此外, 随机变量 Y 生成的 σ-域 $\sigma(Y)$ 就是由 $A_1, \cdots, A_m$ 生成的 σ-域, 即其中任意个取并集得到的集族. 不难发现

- $\mathbb{E}[X|Y]$ 是 $\sigma(Y)$-可测的;
- 对任意 $A \in \sigma(Y)$, 成立

$$\int_A X \, \mathrm{d}\mathbb{P} = \int_A \mathbb{E}[X|Y] \, \mathrm{d}\mathbb{P}.$$

(对 $A = A_i$, 利用 $\mathbb{E}[X|Y]$ 在其上为常数, 这是很容易验证的.)

定义 1 (条件期望)　设 X, Y 是概率空间 $(\Omega, \mathcal{F}, \mathbb{P})$ 上的随机变量. 给定 Y 时 X 的条件期望是满足如下性质的 $\sigma(Y)$-可测的随机变量 Z:

$$\int_A X \, \mathrm{d}\mathbb{P} = \int_A Z \, \mathrm{d}\mathbb{P}, \quad \forall A \in \sigma(Y). \tag{4.2}$$

读者不难证明上述 Z 是唯一的. 此外, 注意到 $\tilde{\mathbb{P}}(A) \doteq \displaystyle\int_A X \, \mathrm{d}\mathbb{P}$ 其实是给出了 $(\Omega, \sigma(Y))$ 上的一个测度, 它关于概率测度 $\mathbb{P}$ 是绝对连续的. 那么 Lebesgue-Radon-Nikodym 定理就保证了函数 Z 的存在性. 故条件期望 Z 只依赖于 X, Y, 被记作 $\mathbb{E}[X|Y]$.

4. 随机变量关于给定的 σ-域的条件期望

我们知道随机变量的取值并不本质, 重要的是随机变量生成的 σ-域. 所以下面对一个已知的 σ-域 $\mathcal{V}$, 定义一个随机变量 X 关于它的条件期望.

定义 2   设 X 是概率空间 $(\Omega,\ \mathcal{F},\ \mathbb{P})$ 上的随机变量, $\mathcal{V} \subset \mathcal{F}$ 是一个 σ-域. 定义 $\mathbb{E}[X|\mathcal{V}]$ 是 $(\Omega,\ \mathcal{F},\ \mathbb{P})$ 上满足如下条件的随机变量:

* $\mathbb{E}[X|\mathcal{V}]$ 是 $\mathcal{V}$-可测的;
* 对任意的 $A \in \mathcal{V}$, 成立

$$\int_A X\,\mathrm{d}\mathbb{P} = \int_A \mathbb{E}[X|\mathcal{V}]\,\mathrm{d}\mathbb{P}. \tag{4.3}$$

条件期望的基本想法是: 给定了 σ-域 $\mathcal{V}$ 中的信息, 我们希望以之为基础构建对随机变量 X 的一个估计 $\mathbb{E}[X|\mathcal{V}]$, 要求

(1) $\mathbb{E}[X|\mathcal{V}]$ 仅仅依赖于 $\mathcal{V}$ 中的信息;

(2) **相容性**   它在 $\mathcal{V}$ 中事件上的积分与 X 在该事件上的积分 (期望) 相同.

利用 Lebesgue-Radon-Nikodym 定理, 就可以证明如下结论.

定理 4   设 X 是可积的随机变量, 则对任意 σ-域 $\mathcal{V} \subset \mathcal{F}$, 条件期望 $\mathbb{E}[X|\mathcal{V}]$ 存在, 且在相差 $\mathcal{V}$ 中零概率集意义下唯一.

在这一讲的最后, 我们用条件期望的定义证明如下三条基本性质:

(1) $\mathbb{E}[X|Y] = \mathbb{E}[X|\sigma(Y)]$;

(2) $\mathbb{E}[\mathbb{E}[X|\mathcal{V}]] = \mathbb{E}[X]$;

(3) $\mathbb{E}[X] = \mathbb{E}[X|\mathcal{W}]$, 其中 $\mathcal{W} = \{\varnothing,\ \Omega\}$ 是平凡 σ-域.

事实上, (1) 是显然的. 对 (2), 注意到 $\Omega \in \mathcal{V}$, 取 $A = \Omega$, 就得到

$$\int_\Omega \mathbb{E}[X|\mathcal{V}]\,\mathrm{d}\mathbb{P} = \int_\Omega X\,\mathrm{d}\mathbb{P},$$

即 (2) 式. 对于 (3), 由于 $\mathbb{E}[X|\mathcal{W}]$ 关于 $\mathcal{W}$ 可测, 则 $\mathbb{E}[X|\mathcal{W}]$ 必须是常数. 将 $\mathbb{E}[X|\mathcal{W}]$ 在 Ω 上积分, 就得到

$$\mathbb{E}[X] = \int_\Omega X\,\mathrm{d}\mathbb{P} = \int_\Omega \mathbb{E}[X|\mathcal{W}]\,\mathrm{d}\mathbb{P} = \mathbb{E}[X|\mathcal{W}]\int_\Omega \mathrm{d}\mathbb{P} = \mathbb{E}[X|\mathcal{W}].$$

性质 (3) 表明, 平凡 σ-域确实不提供额外有用的信息.

习题 1   设随机变量 X 的概率密度函数是 $f(x) = ax(1-x)$, $x \in (0, 1)$. 除此之外, f 都取零.

(1) 求常数 a;

(2) 设 $Y = X^3$, 求 Y 的概率密度函数.

习题 2　抛一枚均匀的硬币 10 次, "连续三次出现正面 H 朝上的情况" 出现的次数记作 N. (例如 "HHHHHHTTTT" 中出现了四次.) 求 $\mathbb{E}(N)$.

习题 3　证明: Rademacher 函数构成 $L^2([0,1])$ 上的一组标准正交向量, 即

$$\int_0^1 \xi_m(t)\xi_n(t)\,\mathrm{d}t = \delta_{mn},$$

其中 $\delta_{mn} = \begin{cases} 1, & m = n, \\ 0, & m \neq n. \end{cases}$ (注意: 可以证明, $\{\xi_m\}$ 是不完备的, 它们还不足以构成 $L^2([0,1])$ 的一组基.)

习题 4　设 X, Y 是独立的随机变量, $f(x,y)$ 是有界的连续函数, F_X 是 X 的概率分布函数. 证明:

(1) $\mathbb{E}[f(X,Y)|Y] = \int f(x,Y)\,\mathrm{d}F_X(x)$;

(2) $\mathbb{P}(X + Y \leqslant x|Y) = F_X(x - Y)$.

习题 5　设 A, B 是测度空间 $(\Omega,\ \mathcal{F},\ \mathbb{P})$ 中的两个事件, 计算条件期望 $\mathbb{E}[\chi_A|\chi_B]$.

习题 6　设 $\mathcal{V}_1$ 和 $\mathcal{V}_2$ 是两个独立的 σ-域, X 是个可积的随机变量. 证明: $\mathbb{E}[\mathbb{E}(X|\mathcal{V}_1)|\mathcal{V}_2] = \mathbb{E}[X]$.

C 第 5 讲 条件期望 (二)、鞅

HAPTER

给定概率空间 $(\Omega, \mathcal{F}, \mathbb{P})$, 定义在它上面的随机变量 X, 以及 σ-域 $\mathcal{V} \subset \mathcal{F}$. 这一讲我们继续介绍条件期望 $\mathbb{E}[X|\mathcal{V}]$ 及其基本性质. 然后简要引入鞅 (martingale) 的概念及鞅不等式. 鞅的概念依赖于条件期望的概念, 而很多随机过程, 特别是 Itô 随机积分, 都是鞅. 鞅不等式是做理论分析 (例如, 证明随机微分方程解的存在性和唯一性) 所需的重要工具.

5.1 条件期望的几何定义

记 $L^2(\Omega) \doteq L^2(\Omega, \mathcal{F}, \mathbb{P})$ 是 Ω 上 $\mathcal{F}$-可测的实值平方可积随机变量 Y 组成的 Hilbert 空间, 其内积和范数定义为

$$(X, Y) \doteq \mathbb{E}[X \cdot Y], \quad X, Y \in L^2(\Omega),$$

$$\|Y\| \doteq \left(\mathbb{E}[|Y|^2]\right)^{1/2} = \left(\int_\Omega |Y|^2 \, d\mathbb{P}\right)^{1/2} < \infty.$$

X 和 Y 的相关系数就是 $(X, Y)/(\|X\| \, \|Y\|)$, 即 X 和 Y 的夹角的余弦.

再令

$$\mathbf{V} \doteq L^2(\Omega, \mathcal{V}, \mathbb{P}).$$

注意若 $X \in \mathbf{V}$, 由 $\mathcal{V} \subset \mathcal{F}$, 必有 $X \in L^2(\Omega)$. 所以 $\mathbf{V}$ 是 $L^2(\Omega)$ 的闭线性子空间.

回忆线性代数中的最小二乘法. 我们可定义投影算子 $\mathrm{Proj}_{\mathbf{V}} : L^2(\Omega) \to \mathbf{V}$ 使得

$$Z = \mathrm{Proj}_{\mathbf{V}}(X)$$

满足

$$(Z, W) = (X, W), \quad \forall W \in \mathbf{V};$$

$$\text{且} \quad \|X - Z\| = \min_{W \in \mathbf{V}} \left\{ \|X - W\| \right\}.$$

对任意 $A \in \mathcal{V}$, 取 $W = \chi_A$ (集 A 的示性函数), 就得到 $(Z, \chi_A) = (X, \chi_A)$, 即

$$\int_A Z \, d\mathbb{P} = \int_A X \, d\mathbb{P}.$$

所以由定义, $Z = \mathbb{E}[X|\mathcal{V}]$. 这就是说, 随机变量 X 关于 $\mathcal{V}$ 的条件期望 $\mathbb{E}[X|\mathcal{V}]$ 就是 X 在 **V** 上的投影. 在最小二乘意义下, $\mathbb{E}[X|\mathcal{V}]$ 是对 X 的误差最小的近似.

5.2　条件期望的性质

本节介绍如下条件期望的六条重要性质, 并给出简要证明.

定理 1　给定概率空间 $(\Omega,\ \mathcal{F},\ \mathbb{P})$ 及其上随机变量 X, 以及 σ-域 $\mathcal{V} \subset \mathcal{F}$.

(1) 对 $a,\ b \in \mathbb{R}$, $\mathbb{E}[aX + bY|\mathcal{V}] = a\mathbb{E}[X|\mathcal{V}] + b\mathbb{E}[Y|\mathcal{V}]$;

(2) 若 X 是 $\mathcal{V}$-可测的, 则 $\mathbb{E}[X|\mathcal{V}] = X$ a.s.[①];

(3) 若 X 是 $\mathcal{V}$-可测的, 且 XY 可积, 则 $\mathbb{E}[XY|\mathcal{V}] = X\mathbb{E}[Y|\mathcal{V}]$ a.s.;

(4) 若 X 与 $\mathcal{V}$ 独立, 则 $\mathbb{E}[X|\mathcal{V}] = \mathbb{E}[X]$;

(5) 设 σ-域 $\mathcal{W} \subset \mathcal{V} \subset \mathcal{F}$, 则 $\mathbb{E}[X|\mathcal{W}] = \mathbb{E}\big[\mathbb{E}[X|\mathcal{V}]|\mathcal{W}\big] = \mathbb{E}\big[\mathbb{E}[X|\mathcal{W}]|\mathcal{V}\big]$;

(6) 若 $X \leqslant Y$, 则 $\mathbb{E}[X|\mathcal{V}] \leqslant \mathbb{E}[Y|\mathcal{V}]$.

证明　(1) 和 (2) 利用投影算子的线性和定义即知成立.

(3) 由条件期望的唯一性, 只需要证明对任意 $A \in \mathcal{V}$, 成立

$$\int_A XY\,\mathrm{d}\mathbb{P} = \int_A X\mathbb{E}[Y|\mathcal{V}]\,\mathrm{d}\mathbb{P}.$$

首先假设 $X = \sum_{i=1}^{m} b_i \chi_{B_i}$ 是简单函数. 由于 X 是 $\mathcal{V}$-可测的, 所以 $B_i \in \mathcal{V}$. 于是

$$\int_A X\mathbb{E}[Y|\mathcal{V}]\,\mathrm{d}\mathbb{P} = \sum_{i=1}^{m} b_i \int_{A \cap B_i} \mathbb{E}[Y|\mathcal{V}]\,\mathrm{d}\mathbb{P} = \sum_{i=1}^{m} b_i \int_{A \cap B_i} Y\,\mathrm{d}\mathbb{P} = \int_A XY\,\mathrm{d}\mathbb{P},$$

其中第二个等号用了条件期望的定义, 以及 $A \cap B_i \in \mathcal{V}$. 对一般情形可通过逼近证明.

(4) X 与 $\mathcal{V}$ 独立, 也即 $\sigma(X)$ 与 $\mathcal{V}$ 独立. 对任意 $A \in \mathcal{V}$, σ-域 $\mathcal{V}' \doteq \{\varnothing,\ \Omega,\ A,\ \Omega \backslash A\}$ 是 $\mathcal{V}$ 的子域, 所以 $\sigma(X)$ 也和 $\mathcal{V}'$ 独立. 注意到随机变量 χ_A 生成的 σ-域就是 $\mathcal{V}'$, 所以按照定义, χ_A 与 X 独立, 从而成立

$$\int_A X\,\mathrm{d}\mathbb{P} = \mathbb{E}[\chi_A X] = \mathbb{E}[\chi_A]\mathbb{E}[X] = \int_A \mathbb{E}[X]\,\mathrm{d}\mathbb{P}.$$

由条件期望的唯一性, 就得到 $\mathbb{E}[X|\mathcal{V}] = \mathbb{E}[X]$.

(5) 由定义, $\mathbb{E}[X|\mathcal{W}]$ 是 $\mathcal{W}$-可测的, 从而是 $\mathcal{V}$-可测的, 所以 $\mathbb{E}\big[\mathbb{E}[X|\mathcal{W}]\,|\,\mathcal{V}\big] = \mathbb{E}[X|\mathcal{W}]$.

---

① a.s. 指 "几乎必然", 即结论对除去一个零概率集后剩下的每个样本点都成立.

另一方面, 对任意 $A \in \mathcal{W} \subset \mathcal{V}$, 利用条件期望的定义, 成立

$$\int_A \mathbb{E}[X|\mathcal{V}]\,\mathrm{d}\mathbb{P} = \int_A X\,\mathrm{d}\mathbb{P} = \int_A \mathbb{E}[X|\mathcal{W}]\,\mathrm{d}\mathbb{P}.$$

由条件期望的唯一性就得到

$$\mathbb{E}\big[\mathbb{E}[X|\mathcal{V}]|\mathcal{W}\big] = \mathbb{E}[X|\mathcal{W}].$$

(6) 对任意的 $A \in \mathcal{V}$, 条件 $X \leqslant Y$ 意味着

$$\int_A \big(\mathbb{E}[Y|\mathcal{V}] - \mathbb{E}[X|\mathcal{V}]\big)\,\mathrm{d}\mathbb{P} = \int_A (Y - X)\,\mathrm{d}\mathbb{P} \geqslant 0.$$

注意到可测函数的和、差、积、商仍可测, 可取 $A \doteq \{\mathbb{E}[Y|\mathcal{V}] - \mathbb{E}[X|\mathcal{V}] < 0\} \in \mathcal{V}$, 就得到

$$0 \geqslant \int_A \big(\mathbb{E}[Y|\mathcal{V}] - \mathbb{E}[X|\mathcal{V}]\big)\,\mathrm{d}\mathbb{P} = \int_A (Y - X)\,\mathrm{d}\mathbb{P} \geqslant 0,$$

从而 $\int_A (Y-X)\,\mathrm{d}\mathbb{P} = 0$. 若 $\mathbb{P}(A) > 0$, 则在 A 上几乎必然 (a.s.) 成立 $Y = X$, 于是 $\mathbb{E}[Y|\mathcal{V}] - \mathbb{E}[X|\mathcal{V}] = 0$, 与 A 的定义以及 $\mathbb{P}(A) > 0$ 的假设相矛盾. 所以 $\mathbb{P}(A) = 0$, 即 $\mathbb{E}[Y|\mathcal{V}] - \mathbb{E}[X|\mathcal{V}] \geqslant 0$ 几乎必然成立. $\qquad\square$

定理 2 (詹森 (Jensen) 不等式) 设 $\Phi : \mathbb{R} \to \mathbb{R}$ 是凸函数, $\mathbb{E}[|\Phi(X)|] < +\infty$, 则

$$\Phi(\mathbb{E}[X|\mathcal{V}]) \leqslant \mathbb{E}[\Phi(X)|\mathcal{V}].$$

证明 我们对 X 是简单函数的情形予以验证. 设 $X = \sum_{i=1}^{m} b_i \chi_{B_i}$, 其中 b_i 互不相同, B_i 互不相交, 且 $\bigcup_{i=1}^{m} B_i = \Omega$.

由前述性质 (6), $\mathbb{E}[\chi_{B_i}|\mathcal{V}] \geqslant 0$, 且

$$\sum_{i=1}^{m} \mathbb{E}[\chi_{B_i}|\mathcal{V}] = \mathbb{E}[\chi_\Omega|\mathcal{V}] = \mathbb{E}[1|\mathcal{V}] = 1,$$

则注意到

$$\mathbb{E}[X|\mathcal{V}] = \sum_{i=1}^{m} b_i \mathbb{E}[\chi_{B_i}|\mathcal{V}],$$

由凸函数的性质,

$$\Phi(\mathbb{E}[X|\mathcal{V}]) = \Phi\left(\sum_{i=1}^{m} b_i \mathbb{E}[\chi_{B_i}|\mathcal{V}]\right) \leqslant \sum_{i=1}^{m} \Phi(b_i)\mathbb{E}[\chi_{B_i}|\mathcal{V}]$$

$$= \mathbb{E}\left[\sum_{i=1}^{m} \Phi(b_i)\chi_{B_i} \bigg| \mathcal{V}\right] = \mathbb{E}[\Phi(X)|\mathcal{V}]. \qquad \square$$

5.3　鞅 的 定 义

假设 Y_1, Y_2, $\cdots$ 是独立的实值随机变量, $\mathbb{E}[Y_i] = 0$ $(i = 1, 2, \cdots)$, $S_n = Y_1 + \cdots + Y_n$. 现在知道 S_1, S_2, $\cdots$, S_n, 如何预测 S_{n+k}?

为此, 计算

$$\mathbb{E}[S_{n+k}|S_1, \cdots, S_n]$$

$$= \mathbb{E}[S_{n+k}|\sigma(S_1, \cdots, S_n)]$$

$$= \mathbb{E}[Y_1 + \cdots + Y_n|\sigma(S_1, \cdots, S_n)] + \mathbb{E}[Y_{n+1} + \cdots + Y_{n+k}|\sigma(S_1, \cdots, S_n)]$$

$$= \mathbb{E}[Y_1 + \cdots + Y_n|\sigma(S_1, \cdots, S_n)] = S_n.$$

这里利用了独立性, 从而 $\mathbb{E}[Y_{n+j}|\sigma(S_1, \cdots, S_n)] = \mathbb{E}[Y_{n+j}] = 0$ $(j = 1, \cdots, k)$. 所以, 如果 Y_i 代表第 i 次做游戏赢到的钱, S_n 就代表玩 n 次游戏后赢到的总钱数. 上述计算说明, 对一个公平的游戏 (这里指每次游戏的结果与之前和之后的结果都没有关系) 而言, 在任何时候希望赢到的钱都是目前已经到手的钱.

定义 1 (离散鞅)　设 X_1, X_2, $\cdots$ 是概率空间 $(\Omega, \mathcal{F}, \mathbb{P})$ 上的随机变量, $\mathbb{E}[X_i] < +\infty, i = 1, 2, \cdots$. 若

$$X_k = \mathbb{E}[X_j|X_1, \cdots, X_k] \quad \text{a.s.} \quad \forall j \geqslant k,$$

则称 $\{X_i\}_{i=1}^{\infty}$ 是一个 (离散) 鞅.

为了定义连续鞅, 引入如下重要概念.

定义 2 (σ-域流)　对概率空间 $(\Omega, \mathcal{F}, \mathbb{P})$, $t \in I \subset \mathbb{R}$, 设 $\mathcal{F}(t) \subset \mathcal{F}$ 是 σ-域, 满足条件: 只要 $s < t$, 那么 $\mathcal{F}(s) \subset \mathcal{F}(t)$, 则称 $\mathcal{F}(t)$ 是一个 σ-域流.

定义 3 (随机过程的历史)　设 $X(t)$ 是实值随机过程. 称随机变量 $X(s)$ $(0 \leqslant s \leqslant t)$ 生成的 σ-域

$$\mathcal{F}(t) \doteq \sigma(X(s)|0 \leqslant s \leqslant t)$$

为该随机过程到时刻 t 的历史.

显然这样定义的 $\mathcal{F}(t)$ 是一个 σ-域流, 它代表到 t 时刻为止, 已经知道的有关随机过程 $X(t)$ 的信息. 由于概率论重点关注已获得的信息对未来预测的影响, σ-域流是描述随机过程的重要的概念.

定义 4 (连续鞅)　设 $X(t)$ 是一个随机过程. 假设对任意的 $t \geqslant 0$, 成立 $\mathbb{E}[|X(t)|] < +\infty$.

- 称 $\{X(t)\}_{t\geqslant 0}$ 是一个鞅, 如果
$$X(s) = \mathbb{E}[X(t)|\mathcal{F}(s)] \quad \text{a.s.} \quad \forall t \geqslant s \geqslant 0;$$

- 称 $\{X(t)\}_{t\geqslant 0}$ 是一个下鞅 (sub-martingale), 如果
$$X(s) \leqslant \mathbb{E}[X(t)|\mathcal{F}(s)] \quad \text{a.s.} \quad \forall t \geqslant s \geqslant 0.$$

例 1 设 $X(\cdot)$ 是鞅, $\varphi : \mathbb{R} \to \mathbb{R}$ 是凸函数. 如果对任意的 $t \geqslant 0, \mathbb{E}[|\varphi(X(t))|] < +\infty$, 则 $\varphi(X(t))$ 是一个下鞅.

证明 根据 Jensen 不等式和鞅的定义,

$$\mathbb{E}[\varphi(X(t))|\mathcal{F}(s)] \geqslant \varphi(\mathbb{E}[X(t)|\mathcal{F}(s)]) = \varphi(X(s)), \quad \forall t \geqslant s \geqslant 0. \qquad \square$$

例 2 设 $X(t)$ 是鞅, 则期望 $\mathbb{E}[X(t)]$ 是常数.

证明 记 $\mathcal{V} = \{\varnothing, \Omega\}$ 是平凡 σ-域. 由条件期望的性质, $\mathbb{E}[X(s)|\mathcal{V}] = \mathbb{E}[X(s)]$. 对任意 $t \geqslant s \geqslant 0$, 利用定理 1 的性质 (5), 以及 $\mathcal{V} \subset \mathcal{F}(s)$ 和鞅的定义, 可得

$$\mathbb{E}[X(t)] = \mathbb{E}[X(t)|\mathcal{V}] = \mathbb{E}\big[\mathbb{E}[X(t)|\mathcal{F}(s)] \,|\mathcal{V}\big] = \mathbb{E}[X(s)|\mathcal{V}] = \mathbb{E}[X(s)]. \qquad \square$$

5.4 鞅不等式

鞅相当于一类标准的随机过程, 可以看作公平的博弈或游戏的数学模型. 鞅的理论是美国数学家杜布 (J. L. Doob, 1910—2004) 发展起来的. 下面的鞅不等式在证明 Itô 随机微分方程解的存在性时会用到.

定理 3 (离散鞅不等式)

(1) 设 $\{X_n\}_{n=1}^{\infty}$ 是下鞅. 则对任意的 $n = 1, 2, \cdots$, 以及任意的 $\lambda > 0$, 成立

$$\mathbb{P}\left(\sup_{1\leqslant k\leqslant n} X_k \geqslant \lambda\right) \leqslant \frac{1}{\lambda}\mathbb{E}[X_n^+];$$

(2) 设 $\{X_n\}_{n=1}^{\infty}$ 是鞅, 且 $\mathbb{E}\left[\max_{1\leqslant k\leqslant n}|X_k|^p\right] < \infty$, 则对任意的 $1 < p < \infty$, 以及 $n = 1, 2, \cdots$, 成立

$$\mathbb{E}\left[\max_{1\leqslant k\leqslant n}|X_k|^p\right] \leqslant \left(\frac{p}{p-1}\right)^p \mathbb{E}[|X_n|^p].$$

证明 (1) 定义集合

$$A_k \doteq \bigcap_{j=1}^{k-1}\{X_j \leqslant \lambda\} \cap \{X_k > \lambda\}, \quad k = 1, \cdots, n.$$

对离散的随机过程 $\{X_n\}$, A_k 就是那些轨道在 k 时刻第一次离开区间 $(-\infty, \lambda]$ 的样本点构成的集合①. 所以 A_k 互不相交, 而且

$$A \doteq \left\{ \max_{1 \leqslant k \leqslant n} X_k > \lambda \right\} = \bigcup_{k=1}^{n} A_k.$$

注意到显然成立的不等式 $\lambda \mathbb{P}(A_k) \leqslant \displaystyle\int_{A_k} X_k \, d\mathbb{P} = \mathbb{E}[\chi_{A_k} X_k]$, 那么

$$\lambda \mathbb{P}(A) = \lambda \sum_{k=1}^{n} \mathbb{P}(A_k) \leqslant \sum_{k=1}^{n} \mathbb{E}[\chi_{A_k} X_k]. \tag{5.1}$$

另一方面, 利用条件期望的几个性质, 比如 $\mathbb{E}[\mathbb{E}[X|\mathcal{V}]] = \mathbb{E}[X]$ 和单调性,

$$
\begin{aligned}
\mathbb{E}[X_n^+] &= \int_\Omega X_n^+ \, d\mathbb{P} \geqslant \int_A X_n^+ \, d\mathbb{P} \\
&= \sum_{k=1}^{n} \int_{A_k} X_n^+ \, d\mathbb{P} = \sum_{k=1}^{n} \mathbb{E}[\chi_{A_k} X_n^+] \\
&= \sum_{k=1}^{n} \mathbb{E}\left[\mathbb{E}[\chi_{A_k} X_n^+ | X_1, \cdots, X_k]\right] \\
&= \sum_{k=1}^{n} \mathbb{E}\left[\chi_{A_k} \mathbb{E}[X_n^+ | X_1, \cdots, X_k]\right] \quad \text{(性质 (3) 以及 } A_k \in \sigma(X_1, \cdots, A_k)) \\
&\geqslant \sum_{k=1}^{n} \mathbb{E}\left[\chi_{A_k} \mathbb{E}[X_n | X_1, \cdots, X_k]\right] \quad \text{(性质 (6) 单调性)} \\
&\geqslant \sum_{k=1}^{n} \mathbb{E}[\chi_{A_k} X_k] \quad \text{(下鞅的定义)} \\
&\geqslant \lambda \mathbb{P}(A). \quad \text{(式(5.1))}
\end{aligned}
\tag{5.2}
$$

(2) 事实上, 上一步证明了如下不等式:

$$\lambda \mathbb{P}\left(\max_{1 \leqslant k \leqslant n} X_k > \lambda \right) \leqslant \int_{\max\limits_{1 \leqslant k \leqslant n} X_k > \lambda} X_n^+ \, d\mathbb{P}.$$

---

① 这个式子表明 k 是一个随机变量, 因为右端在 $\sigma(X_1, \cdots, X_k)$ 里. 这个随机变量是描述随机过程取值特性的一个重要概念, 叫作停时, 或者逸出时间.

注意到若 $\{X_k(t)\}$ 是鞅, 则 $\{|X_k(t)|\}$ 是下鞅. 可将上式应用于 $\{|X_k|\}$, 得到

$$\lambda \mathbb{P}(X > \lambda) \leqslant \int_{X > \lambda} Y \, d\mathbb{P}, \tag{5.3}$$

其中 $X \doteq \max\limits_{1 \leqslant k \leqslant n} |X_k|$, $Y \doteq |X_n|$.

对任意固定的 $1 < p < \infty$, 有

$$\mathbb{E}[X^p] = \int_0^\infty \lambda^p \, d(1 - P(\lambda)) \quad \text{(利用概率分布函数计算期望)}$$

$$= -\int_0^\infty \lambda^p \, dP(\lambda) \quad \text{(此处 } P(\lambda) \doteq \mathbb{P}(X > \lambda))$$

$$= p \int_0^\infty \lambda^{p-1} P(\lambda) \, d\lambda \quad \text{(分部积分)}$$

$$\leqslant p \int_0^\infty \lambda^{p-1} \left(\frac{1}{\lambda} \int_{X > \lambda} Y \, d\mathbb{P} \right) d\lambda \quad \text{(式(5.3))}$$

$$= p \int_\Omega Y \left(\int_0^X \lambda^{p-2} \, d\lambda \right) d\mathbb{P} = \frac{p}{p-1} \int_\Omega Y X^{p-1} \, d\mathbb{P}$$

$$\leqslant \frac{p}{p-1} \mathbb{E}[Y^p]^{1/p} \mathbb{E}[X^p]^{1-1/p}. \quad \text{(赫尔德 (Hölder) 不等式)}$$

若 $\mathbb{E}[X^p] < \infty$, 即得到

$$\mathbb{E}[X^p] \leqslant \left(\frac{p}{p-1} \right)^p \mathbb{E}[Y^p]. \qquad \square$$

定理 4 (连续鞅不等式) 设 $X(t)$ 是几乎所有样本路径 (即函数 $t \mapsto X(t, \omega)$) 都连续的随机过程.

(1) 若 $X(\cdot)$ 是一个下鞅, 则 $\forall t > 0$, $\lambda > 0$,

$$\mathbb{P} \left(\max_{0 \leqslant s \leqslant t} X(s) \geqslant \lambda \right) \leqslant \frac{1}{\lambda} \mathbb{E}[X(t)^+];$$

(2) 若 $X(\cdot)$ 是个鞅, 则 $\forall 1 < p < +\infty$,

$$\mathbb{E} \left[\max_{0 \leqslant s \leqslant t} |X(s)|^p \right] \leqslant \left(\frac{p}{p-1} \right)^p \mathbb{E}[|X(t)|^p].$$

引入极大算子 $M_t(X)(\omega) \doteq \max\limits_{0 \leqslant s \leqslant t} |X(s, \omega)|$, 那么上述不等式就类似实分析中的弱 $(1,1)$ 型和 (p,p) 型估计, 其不同点是用现在控制过去所有历史. 上述定

理的证明是基于定理 3 的结论, 通过逼近完成的 (所以需要样本路径连续的条件), 读者可以参考文献 [12] 的 1.3 节, 第 14 页的说明.

习题 1　设 X 和 $\{X_n\}$ 是 $(\Omega, \mathcal{F}, \mathbb{P})$ 上的一列随机变量, 对固定的 $1 \leqslant p < \infty$, $\mathbb{E}[|X_n|^p] < +\infty$. 假设 $\lim\limits_{n \to \infty} \mathbb{E}[|X_n - X|^p] = 0$, 证明: 对 $\mathcal{F}$ 的任意子 σ-域 $\mathcal{V} \subset \mathcal{F}$, 成立

$$\lim_{n \to \infty} \mathbb{E}\big[\big|\mathbb{E}[X_n|\mathcal{V}] - \mathbb{E}[X|\mathcal{V}]\big|^p\big] = 0.$$

习题 2　取 $\Omega = \{1, 2, \cdots, 7, 8\}$, $\mathcal{F} = 2^\Omega$ (即 Ω 的所有子集组成的 σ-域), 当 $i \leqslant 4$ 时 $\mathbb{P}(\{i\}) = 1/10$, 当 $i > 4$ 时 $\mathbb{P}(\{i\}) = 3/20$. 定义 $X = \chi_{\{1,2,3,4\}} + 2\chi_{\{5,6,7,8\}}$, $Y = \chi_{\{1,5\}} + 2\chi_{\{2,3,4,6,7,8\}}$, $\mathcal{V}$ 是 $\{1,2\}, \{3,4\}$ 生成的 σ-域, $\mathcal{H}$ 是 $\{1,2,3,4\}$ 生成的 σ-域. 计算: (1) $X\mathbb{E}[Y]$; (2) $\mathbb{E}\big[\mathbb{E}[XY|\mathcal{V}]\,\big|\mathcal{H}\big]$.

习题 3　给定概率空间 $(\Omega, \mathcal{F}, \mathbb{P})$ 及可积的随机变量 X, 又设 $\{\mathcal{F}(t)\}_{t \geqslant 0}$ 是一个 σ-域流. 对 $t \geqslant 0$, 定义 $X(t) \doteq \mathbb{E}[X|\mathcal{F}(t)]$. 证明: $X(t)$ 关于 $\mathcal{F}(t)$ 是一个鞅.

第6讲 基本概率方法

CHAPTER C

这一讲我们回顾概率论中一些重要的结论和证明方法.

6.1 Chebyshev 不等式

定理 1 (切比雪夫 (Chebyshev) 不等式) 设 X 是概率空间 $(\Omega, \mathcal{F}, \mathbb{P})$ 上的随机变量, $1 \leqslant p < +\infty$. 那么对任意的 $\lambda > 0$, 都成立

$$\mathbb{P}(|X| \geqslant \lambda) \leqslant \frac{1}{\lambda^p} \mathbb{E}[|X|^p].$$

证明 $\mathbb{E}[|X|^p]$

$$= \int_\Omega |X|^p \, \mathrm{d}\mathbb{P} \geqslant \int_{|X| \geqslant \lambda} |X|^p \, \mathrm{d}\mathbb{P}$$

$$\geqslant \lambda^p \int_{|X| \geqslant \lambda} \mathrm{d}\mathbb{P} = \lambda^p \mathbb{P}(|X| \geqslant \lambda). \qquad \square$$

6.2 Borel-Cantelli 定理

Chebyshev 不等式和博雷尔-坎泰利 (Borel-Cantelli) 定理是概率论中用整体统计性质 (积分) 来探究满足特定性质的样本点数量的非常重要的工具, 是连接整体与个体的桥梁, 有非常多的应用, 读者要予以充分重视.

设 $A_1, A_2, \cdots$ 是概率空间 Ω 中可列无限个事件, 则事件

$$\bigcap_{n=1}^\infty \bigcup_{k=n}^\infty A_k = \{\omega \in \Omega : \text{存在无限个 } i, \text{使得 } \omega \in A_i\}$$

表示使得事件族 $\{A_n\}$ 无限次发生的样本点的集合, 在测度论中叫作集列 $\{A_n\}$ 的上极限集, 记作 $\limsup\limits_{n \to \infty} A_n$. 利用德摩根 (De Morgan) 律:

$$\Omega \setminus \left(\bigcup_{n=1}^\infty A_n \right) = \bigcap_{n=1}^\infty (\Omega \setminus A_n), \quad \Omega \setminus \left(\bigcup_{n=1}^\infty A_n \right) = \bigcap_{n=1}^\infty (\Omega \setminus A_n),$$

则成立

$$\Omega \Big\backslash \Big(\limsup_{n\to\infty} A_n\Big) = \bigcup_{n=1}^{\infty} \bigcap_{k=n}^{\infty} (\Omega \backslash A_k) = \{\omega \in \Omega: \text{存在}\, n, \text{使得当}\, k \geqslant n\, \text{时}, \omega \notin A_k\}.$$

定理 2 设 $\sum\limits_{n=1}^{\infty} \mathbb{P}(A_n) < +\infty$, 则 $\mathbb{P}\Big(\limsup\limits_{n\to\infty} A_n\Big) = 0$.

证明 对任意 $n \in \mathbb{N}$, 成立

$$0 \leqslant \mathbb{P}\Big(\limsup_{n\to\infty} A_n\Big) \leqslant \mathbb{P}\Big(\bigcup_{k=n}^{\infty} A_k\Big) \leqslant \sum_{k=n}^{\infty} \mathbb{P}(A_k).$$

由级数 $\sum\limits_{n=1}^{\infty} \mathbb{P}(A_n)$ 收敛的 Cauchy 原理, 上式右端当 $n \to \infty$ 时趋于零, 根据数列的夹逼收敛定理, 就得到结论. □

作为一个简单应用, 我们证明依测度收敛序列必有几乎处处收敛的子列. 证明的基本思路是把分析语言转化为集合语言, 再用 Borel-Cantelli 定理估计集合测度的大小 (零测集). 把分析语言转化为集合语言, 关键是要注意到集合的 "并" 运算与 "存在", "交" 运算与 "任意", "补" 运算与 "否" 的对应关系. 例如, 函数列 $f_n(x)$ 当 $n \to \infty$ 时收敛到 $f(x)$, 用分析的 ϵ-N 语言, 是指点 x 具有如下性质: $\forall k \in \mathbb{N}, \exists N \in \mathbb{N}, \forall n \geqslant N, |f_n(x) - f(x)| \leqslant \dfrac{1}{k}$. 用集合的语言, 就写作

$$x \in \bigcap_{k=1}^{\infty} \bigcup_{N=1}^{\infty} \bigcap_{n=N}^{\infty} \Big\{y \in \Omega: |f_n(y) - f(y)| \leqslant \frac{1}{k}\Big\}.$$

对上面右端集合取补集, 用 De Morgan 律, 就得到 f_n 不收敛到 f 的点集是

$$\bigcup_{k=1}^{\infty} \bigcap_{N=1}^{\infty} \bigcup_{n=N}^{\infty} \Big\{y \in \Omega: |f_n(y) - f(y)| > \frac{1}{k}\Big\}.$$

定义 1 (依测度收敛) 称概率空间 $(\Omega, \mathcal{F}, \mathbb{P})$ 上随机变量序列 $\{X_n\}_{n=1}^{\infty}$ 依测度 $\mathbb{P}$ 收敛到 X, 记作 $X_n \xrightarrow{\mathbb{P}} X$, 若对任意 $\varepsilon > 0$, 成立

$$\lim_{n\to+\infty} \mathbb{P}(|X_n - X| > \varepsilon) = 0.$$

例 1 设 $X_n \xrightarrow{\mathbb{P}} X$, 则存在子列 $\{X_{k_j}\}$ 使得

$$X_{k_j} \to X \quad \text{a.s.} \quad j \to \infty.$$

证明 由依测度收敛的定义, 对任意自然数 j, 存在自然数 k_j 使得

$$\mathbb{P}\Big(|X_{k_j} - X| > \frac{1}{j}\Big) \leqslant \frac{1}{j^2}.$$

可以取序列 $1 \leqslant k_1 < k_2 < \cdots$, 且 $k_j \to \infty$. 记

$$A_j \doteq \left\{ \omega : |X_{k_j}(\omega) - X(\omega)| > \frac{1}{j} \right\},$$

因为 $\sum_{j=1}^{\infty} \frac{1}{j^2} < +\infty$, 由 Borel-Cantelli 定理就得到 $\mathbb{P}\left(\limsup_{j\to\infty} A_j\right) = 0$, 也即去掉一个 $\mathbb{P}$-零测集 $\mathcal{N} = \limsup_{j\to\infty} A_j$, 对任意 $\omega \in \Omega \backslash \mathcal{N}$, 存在自然数 $J(\omega)$, 使得 A_j ($j \geqslant J(\omega)$) 不再发生, 即 $\omega \notin A_j$. 这也就是说, 当 $j \geqslant J(\omega)$ 时 $|X_{k_j}(\omega) - X(\omega)| \leqslant \frac{1}{j}$, 即证明了 $\lim_{j\to\infty} X_{k_j}(\omega) = X(\omega)$. $\qquad\square$

6.3 特 征 函 数

设 $X : \Omega \to \mathbb{R}^n$ 是个随机变量, 称 $\mathbb{R}^n$ 上函数

$$\varphi_X(\lambda) \doteq \mathbb{E}[e^{i\lambda \cdot X}] = \int_{\Omega} e^{i\lambda \cdot X(\omega)} \, d\mathbb{P}(\omega) = \int_{\mathbb{R}^n} e^{i\lambda \cdot x} f_X(x) \, dx$$

为 X 的特征函数. 这里 $i = \sqrt{-1}$, $\lambda \in \mathbb{R}^n$, $\lambda \cdot x$ 是 $\mathbb{R}^n$ 上内积, $f_X(x)$ 是 X 的概率密度函数. 在实分析中, X 的特征函数就是其概率密度函数的傅里叶 (Fourier) 逆变换.

类似于用 Fourier 变换研究热方程的 Cauchy 问题, 特征函数对处理服从 Gauss 分布的随机变量很有效, 是证明中心极限定理的重要工具.

例 2 设 $X \frown N(m, \sigma^2)$, 则 $\varphi_X(\lambda) = e^{im\lambda - \frac{1}{2}\lambda^2 \sigma^2}$.

证明 以 $m = 0$, $\sigma = 1$ 为例, 用复变函数理论中的 Cauchy 积分定理,

$$\varphi_X(\lambda) = \frac{1}{\sqrt{2\pi}} \int_{\mathbb{R}} e^{i\lambda x - \frac{1}{2}x^2} \, dx = \frac{e^{-\lambda^2/2}}{\sqrt{2\pi}} \int_{\mathbb{R}} e^{-\frac{(x-i\lambda)^2}{2}} \, dx$$

$$= \frac{e^{-\lambda^2/2}}{\sqrt{2\pi}} \int_{\mathbb{R}} e^{-\frac{y^2}{2}} \, dy = e^{-\lambda^2/2}. \qquad\square$$

定理 3 (特征函数的性质) (1) 设 $X_1, \cdots, X_m$ 是独立的随机变量. 则对任意 $\lambda \in \mathbb{R}^n$,

$$\varphi_{X_1 + \cdots + X_m}(\lambda) = \varphi_{X_1}(\lambda) \cdots \varphi_{X_m}(\lambda).$$

(2) 设 $X : \Omega \to \mathbb{R}^n$, 则对 $k = 0, 1, 2, \cdots$,

$$\varphi^{(k)}(0) = i^k \mathbb{E}[X^k].$$

(3) 对随机变量 X, Y, 若 $\varphi_X(\lambda) = \varphi_Y(\lambda)$ 对几乎所有 λ 成立, 则 X, Y 服从相同分布: 对几乎所有的 $x \in \mathbb{R}^n$, 成立 $F_X(x) = F_Y(x)$.

证明　(1) 令 $X \doteq (X_1, \cdots, X_m)$, 函数 $g(X) \doteq X_1 + \cdots + X_m$. 由概率分布函数的性质以及独立性,

$$
\begin{aligned}
\varphi_{X_1 + \cdots + X_m}(\lambda) &= \int_{\Omega} e^{i\lambda \cdot g(X(\omega))} \, d\mathbb{P}(\omega) \\
&= \int_{\mathbb{R}^{nm}} e^{i(x_1 + \cdots + x_m) \cdot \lambda} \, dF_{X_1, \cdots, X_m}(x_1, \cdots, x_m) \\
&= \int_{\mathbb{R}^{nm}} e^{i(x_1 \cdot \lambda + \cdots + x_m \cdot \lambda)} \, dF_{X_1}(x_1) \cdots dF_{X_m}(x_m) \\
&= \int_{\mathbb{R}^n} e^{ix_1 \cdot \lambda} \, dF_{X_1}(x_1) \cdots \int_{\mathbb{R}^n} e^{ix_m \cdot \lambda} \, dF_{X_m}(x_m) \\
&= \varphi_{X_1}(\lambda) \cdots \varphi_{X_m}(\lambda).
\end{aligned}
$$

(2) 利用积分号下对参数求导, 得到 $\varphi'(\lambda) = i\mathbb{E}[X e^{i\lambda \cdot X}]$, 令 $\lambda = 0$ 即可. 对一般的 k, 可通过类似地求 k 阶导数得到结论.

(3) 这是 Fourier 变换基本定理. 证明可见介绍 Fourier 分析的著作, 例如文献 [14] 的第五章.　□

由例 2, 可得如下结论.

例 3　设 $X \backsim N(m_1, \sigma_1^2)$, $Y \backsim N(m_2, \sigma_2^2)$ 且相互独立, 则

$$
X + Y \backsim N(m_1 + m_2, \ \sigma_1^2 + \sigma_2^2).
$$

我们知道, 两个服从正态分布的随机变量, 如果其相关系数为零, 它们就是独立的.

6.4　大　数　定　律

设 $X_1, X_2, \cdots$ 是独立同分布的随机变量. 所谓同分布, 是指

$$
F_{X_1}(x) = F_{X_2}(x) = \cdots = F_{X_n}(x), \quad \forall x \in \mathbb{R}^n.
$$

注意同分布的随机变量取值方式仍可以差别很大 (例如 Bernoulli 试验中的 $X_n(\omega) = \omega_n$). 在概率意义下, 同分布假设是对随机变量序列很强的要求. 注意同分布的随机变量具有相同的各阶矩.

定理 4 (强大数定律)　设 $X_1, X_2, \cdots$ 是独立同分布的可积的随机变量. 记 $m = \mathbb{E}[X_i]$, $i = 1, 2, \cdots$, 则

$$
\mathbb{P}\left(\lim_{n \to \infty} \frac{X_1 + \cdots + X_n}{n} = m \right) = 1.
$$

这个定理的条件只涉及随机变量的统计 (积分) 性质, 但结论却是关于样本点的个体性质的: 对几乎所有的样本点 ω, 都成立数列极限 $\lim\limits_{n\to\infty}\dfrac{X_1(\omega)+\cdots+X_n(\omega)}{n}$ $= m$. 所以这个定理涉及整体-个体间的关系, 证明要用到 Borel-Cantelli 定理.

我们结合 Bernoulli 试验来解释该定理的意义. 以抛硬币为例, 这里的一个样本点 ω 就是抛无限次硬币所得的一个试验结果 (对应一个无限的 0, 1 序列 $\omega = (\omega_1, \cdots, \omega_n, \cdots)$), 而 $X_i(\omega) = \omega_i$ 就是对应这个样本点, 在第 i 次试验所出现的结果 (0 或 1), 见第 3 讲例 3. 所以 $(X_1(\omega) + \cdots + X_n(\omega))/n$ 就代表对这个试验结果 ω, 前 n 次出现 1 (正面) 的频率. 注意到 $\mathbb{E}[X_i] = 1/2$, 强大数定律表明, 对几乎所有的试验结果 ω, 其前 n 次出现 1 的频率都随着 n 增大收敛到 1/2, 也就是说随着 n 增加, 正反面出现的可能性越来越接近各占一半. 这就说明了期望, 或者概率, 确实反映了充分多次试验之后平均值的变化趋势, 与我们的直观相符, 也解释了对应概率空间中概率测度的数学定义的合理性. 此外, 受这个特例启发, 我们可以把独立同分布的随机变量序列看成对同一随机现象所做的重复的独立的试验或采样.

大数定律是一个典型的遍历论结果, 即一个随机变量对空间所有样本点取值的均值可以用一列独立同分布的随机变量在同一个样本点取值的算术平均值来近似. 由于在实际应用问题中, 往往很难构造概率测度 $\mathbb{P}$, 从而直接计算 $\mathbb{E}[X]$, 所以 $\mathbb{E}[X]$ 大都是通过独立同分布的随机变量序列 X_i (即重复试验), 利用大数定律得到的. 所以大数定律是诸多随机模拟方法 (详见第 26 讲) 的理论基础.

证明 (1) 设 $X_i : \Omega \to \mathbb{R}$. 为证明简单起见, 下面额外要求 $\mathbb{E}[|X_i|^4] < +\infty$, 而且 $m = 0$.

(2) 利用期望的线性,

$$\mathbb{E}\left[\left(\sum_{i=1}^{n} X_i\right)^4\right] = \sum_{i,j,k,l=1}^{n} \mathbb{E}[X_i X_j X_k X_l] = I_1 + I_2 + I_3,$$

其中 I_1 是对四个指标 i, j, k, l 中, 一个与其余三个不同时的所有情形求和. 设 i 与 j, k, l 均不相同 (j, k, l 中可以有相同的), 利用独立性, 以及 $\mathbb{E}[X_i] = 0$, 成立

$$\mathbb{E}[X_i X_j X_k X_l] = \mathbb{E}[X_i]\mathbb{E}[X_j X_k X_l] = 0.$$

所以 $I_1 = 0$.

此外, $I_2 = \sum\limits_{i=1}^{n} \mathbb{E}[|X_i|^4] = n\mathbb{E}[|X_1|^4]$, 代表对所有四个指标均相同的项求和.

剩下的就是四个指标中两两成双相同的项的情形:

$$I_3 = 3\sum_{i \neq j} \mathbb{E}[|X_i X_j|^2] = 3\sum_{i \neq j}\mathbb{E}[|X_i|^2]\mathbb{E}[|X_j|^2]$$

$$= 3\sum_{i \neq j}\mathbb{E}[|X_1|^2]\mathbb{E}[|X_1|^2] = 3(n^2 - n)\mathbb{E}[|X_1|^2]^2.$$

注意系数 3 源于此时只有 (i) $i = j$, $k = l$, (ii) $i = k$, $j = l$, (iii) $i = l$, $j = k$ 这三种情形, 而所有 (i, j), i, $j = 1, 2, \cdots, n$ 且 $i \neq j$ 的点, 共有 $n^2 - n$ 个. 于是得到

$$\mathbb{E}\left[\left(\sum_{i=1}^{n} X_i\right)^4\right] = n\mathbb{E}[|X_1|^4] + 3(n^2 - n)\mathbb{E}[|X_1|^2]^2 \leqslant Cn^2,$$

这里常数 C 与 n 无关.

(3) 由 Chebyshev 不等式, 对任意 $\varepsilon > 0$, 成立

$$\mathbb{P}\left(\left|\frac{1}{n}\sum_{i=1}^{n} X_i\right| \geqslant \varepsilon\right) = \mathbb{P}\left(\left|\sum_{i=1}^{n} X_i\right| \geqslant n\varepsilon\right)$$

$$\leqslant \frac{1}{(n\varepsilon)^4}\mathbb{E}\left[\left|\sum_{i=1}^{n} X_i\right|^4\right] \leqslant \frac{Cn^2}{\varepsilon^4 n^4} = \frac{C}{\varepsilon^2}\frac{1}{n^2}.$$

根据 Borel-Cantelli 定理,

$$\mathbb{P}\left(\limsup_{n \to \infty}\left\{\left|\frac{1}{n}\sum_{i=1}^{n} X_i\right| \geqslant \varepsilon\right\}\right) = 0.$$

(4) 取 $\varepsilon = 1/k$, 上式表明存在零测集 $B_k = \limsup\limits_{n \to \infty}\left\{\left|\frac{1}{n}\sum_{i=1}^{n} X_i\right| \geqslant \frac{1}{k}\right\}$, 对任意样本点 $\omega \in \Omega \setminus B_k$, 只有有限个 n 使得 $\left|\frac{1}{n}\sum_{i=1}^{n} X_i(\omega)\right| \geqslant \frac{1}{k}$. 这表明[1]

$$\limsup_{n \to \infty}\left|\frac{1}{n}\sum_{i=1}^{n} X_i(\omega)\right| \leqslant \frac{1}{k}, \quad \forall \omega \in \Omega \setminus B_k.$$

(5) 令 $B = \bigcup_{k=1}^{\infty} B_k$, 则 $\mathbb{P}(B) = 0$, 且对任意的 $\omega \in \Omega \setminus B$, 上式对任意 $k = 1$, $2, \cdots$ 均成立. 令 $k \to \infty$, 就得到了

$$\limsup_{n \to \infty}\left|\frac{1}{n}\sum_{i=1}^{n} X_i(\omega)\right| = 0, \quad \text{a.s.} \quad \omega.$$

---

[1] 数列 $\{a_n\}$ 的上极限 $\limsup\limits_{n \to \infty} a_n$ 是 $\{a_n\}$ 的所有收敛子列的极限中最大的那个极限值 (约定可以取 $+\infty$).

这就证明了所要结论. □

6.5 中心极限定理

定理 5 (中心极限定理) 设 X_1, X_2, $\cdots$ 是独立同分布的实值随机变量, $\mathbb{E}[X_i] = m$, $\mathbb{V}[X_i] = \sigma^2 > 0$. 记 $S_n = X_1 + \cdots + X_n$, 则对任意 $-\infty < a < b < +\infty$, 成立

$$\lim_{n \to \infty} \mathbb{P}\left(a \leqslant \frac{S_n - nm}{\sqrt{n}\sigma} \leqslant b\right) = \frac{1}{\sqrt{2\pi}} \int_a^b \mathrm{e}^{-\frac{x^2}{2}} \, \mathrm{d}x.$$

注意到由于 X_1, $\cdots$, X_n, $\cdots$ 的独立性, 成立 $\mathbb{E}[S_n] = nm$, $\mathbb{V}[S_n] = n\sigma^2$. 该定理表明, 无论 X_i 服从何种分布, 只要大量重复实验, 对所得累积结果作规范化后的随机变量 $\frac{S_n - nm}{\sqrt{n}\sigma}$ (它的均值是 0, 方差是 1), 其概率分布函数的极限就是标准正态分布. 这也表明了正态分布在概率论和随机分析中的重要性.

证明 我们给出证明概要.

(1) 设 $m = 0$, $\sigma = 1$. 那么由特征函数的性质 (定理 3 的 (1)), 成立

$$\varphi_{\frac{S_n}{\sqrt{n}}}(\lambda) = \varphi_{\frac{X_1}{\sqrt{n}}}(\lambda) \cdots \varphi_{\frac{X_n}{\sqrt{n}}}(\lambda) = \left(\varphi_{\frac{X_1}{\sqrt{n}}}(\lambda)\right)^n = \left(\varphi_{X_1}\left(\frac{\lambda}{\sqrt{n}}\right)\right)^n,$$

其中 $\lambda \in \mathbb{R}$.

(2) 记 $\varphi(\mu) \doteq \varphi_{X_1}(\mu)$. 对 μ 充分小, 作 Taylor 展开, 得到

$$\varphi(\mu) = \varphi(0) + \varphi'(0)\mu + \frac{1}{2}\varphi''(0)\mu^2 + o(\mu^2).$$

注意到 $\varphi(0) = 1$, $\varphi'(0) = \mathrm{i}\mathbb{E}[X_1] = 0$, $\varphi''(0) = -\mathbb{E}[|X_1|^2] = -1$, 我们得到

$$\varphi_{X_1}(\lambda/\sqrt{n}) = 1 - \frac{\lambda^2}{2n} + o\left(\frac{\lambda^2}{n}\right).$$

于是当 $n \to \infty$ 时, 利用微积分中的一个基本极限 $\lim_{t \to 0}(1 + t)^{1/t} = \mathrm{e}$,

$$\varphi_{S_n/\sqrt{n}}(\lambda) = \left(1 - \frac{\lambda^2}{2n} + o\left(\frac{\lambda^2}{n}\right)\right)^n \to \mathrm{e}^{-\frac{1}{2}\lambda^2}.$$

回忆 $\mathrm{e}^{-\frac{1}{2}\lambda^2}$ 是标准正态分布 $N(0,1)$ 的特征函数. 进一步利用特征函数列收敛与分布函数列收敛的关系 (我们略去细节), 就可完成定理的证明. □

习题 1 对任意连续函数 f, 证明

$$\lim_{n\to\infty} \int_0^1 \cdots \int_0^1 f\left(\frac{x_1+\cdots+x_n}{n}\right) \mathrm{d}x_1 \cdots \mathrm{d}x_n = f\left(\frac{1}{2}\right).$$

习题 2 设 $f: [0,1] \to \mathbb{R}$ 是连续函数, 定义伯恩斯坦 (Bernstein) 多项式

$$b_n(x) \doteq \sum_{k=0}^n f\left(\frac{k}{n}\right) \mathrm{C}_n^k x^k (1-x)^{n-k},$$

其中 $\mathrm{C}_n^k = \dfrac{n!}{(n-k)!k!}$ 是组合数. 证明: 函数列 $\{b_n\}$ 一致收敛到 f.

第 7 讲　Brown 运动的概念

CHAPTER C

这一讲我们介绍 Brown 运动 (也称为 Wiener 过程) 的概念及其来源. 1827 年, 英国植物学家 Brown 在有花粉微粒的水溶液中观察到了花粉不停顿的无规则的运动. 不仅花粉颗粒, 其他悬浮在流体中的微粒, 例如悬浮在空气中的尘埃, 其运动轨迹也表现出类似的无规则特性. 现在把这种微粒的无规则运动称为 Brown 运动.

随着热力学和分子运动论的发展, 在 19 世纪后半期, 物理学家意识到, Brown 运动是流体分子热运动的宏观表现: ① 它们冲击小微粒的随机涨落导致了分子受到持续存在但强度很小的随机冲力, 表现出连续但高度不规则的运动路径; ② 不同花粉微粒的运动是无关的. 即使同一微粒, 在不同时间段的运动也无关. 1905 年, 爱因斯坦 (Einstein, 1879—1955) 和斯莫卢霍夫斯基 (Marian Smoluchowski, 1872—1917) 分别发表了一篇关于 Brown 运动理论的论文. 基于这种理论, 可以用 Brown 运动的扩散速度测算分子的大小和阿伏伽德罗 (Avogadro) 常数. 1908 年, 法国物理学家皮兰 (J. B. Perrin, 1870—1942) 的实验验证了该理论.

下面, 我们分别从宏观和微观两个角度形式地推导 Brown 运动所遵循的概率法则, 给出 Brown 运动的数学定义, 作为对 Brown 运动这个物理现象的数学模型. 当然, 要说明这个定义的合理性, 除了要推导出与物理观测相符的一些性质, 还必须证明满足这个定义的数学对象的存在性. 这将在后面介绍.

7.1　宏观描述: 扩散

考虑一维情形, 即假设一团花粉在一个很细的等截面且无限长的直管 (等同于 x-轴) 里运动. 从宏观角度讲, 人们关心的是花粉的 (数量或质量) 分布, 即函数 $u(x,t)$, 它表示在 t 时刻, 在 x 点处花粉的线密度. 这就是说, 在 t 时刻, 位于 x 点处, 长为 $\mathrm{d}x$ 的微元内的花粉数量 (或质量) 是 $u(x,t)\,\mathrm{d}x$. 设初始时刻花粉都放在原点, 即 $u(x,0) = \delta_0$, 这里 δ_0 是支集在原点的 Dirac 测度. [①]

　　怎样描述花粉的扩散呢? 直观来看, t 时刻位于 x 点处微元 dx 内的花粉 $u(x, t)\,dx$ 中有一部分经过时间 τ 跑到了包含 z 点, 长度为 dz 的微元内. 我们将这个比例记为 $f(z,\tau|x)\,dz$ (注意这个比例还和 dz 成正比, 所以可以这样写), 表示在微元 dz 内, 来自微元 dx 的花粉数量是 $(u(x,t)\,dx)f(z,\tau|x)dz$. 函数 $f(z,\tau|x)$ 称作概率转移函数. 这是刻画随机过程的一个重要概念.

　　为简单起见, 我们假设 $f(z,\tau|x)$ 只依赖于 $y = z - x$ 和 τ, 也就是说, 扩散在空间是匀齐的, 每个微元的花粉扩散到别的微元的数量 (质量) 比例, 只和距离远近及所花的时间有关, 和具体的空间位置无关. 所以下面我们把概率转移函数写作 $f(y,\tau)$, 并作以下假设:

$$\int_{\mathbb{R}} f(y,\tau)\,dy = 1, \quad \int_{\mathbb{R}} yf(y,\tau)\,dy = 0, \quad \int_{\mathbb{R}} y^2 f(y,\tau)\,dy = D\tau, \tag{7.1}$$

其中 $D > 0$ 是常数.

　　这里第一个积分代表花粉数量的守恒, 因为 $u(x,t)dx f(y,\tau)dy$ 代表 t 时刻 x 点所在微元 dx 内的花粉花费了 τ 时间跑到 $x+y$ 处长度为 dy 的微元内的数量, 关于 dy 积分就表示把散落在各个微元 dy 的花粉加起来, 它应当等于原来的花粉量 $u(x,t)dx$:

$$\int_{\mathbb{R}} (u(x,t)dx f(y,\tau))dy = u(x,t)dx \Rightarrow \int_{\mathbb{R}} f(y,\tau)\,dy = 1.$$

注意到按照定义, 概率转移函数是非负的, 所以可以把 $f(y,\tau)$ 看成一个依赖于时间的概率密度函数.

　　(7.1) 中的第二式表明该概率密度函数对应的期望为零, 代表着扩散与方向无关. 第三式相当于假设了该扩散的方差与时间成正比, 源于对 Brown 运动物理实验观测所得的结果.

---

　　① 这里 $u(x,t)$ 是函数, $u(x,0)$ 却是测度, 实际上牵涉一个根本的问题. 我们知道, 物理量可以分为两类: 一类是广延量, 如质量、动量、能量等; 一类是强度量, 如速度、压强、温度等. 从数学角度讲, 广延量是物理空间上的各种测度, 而强度量则是两个绝对连续的测度之间的 Radon-Nikodym 导数. 例如, 在这里, 质量究其本质而言是直线上的一种测度, 反映一定范围 (比如某个区间) 内所包含的物质的量, 而速度就是动量测度关于质量测度的 Radon-Nikodym 导数. 我们常用的质量密度, 比如上述函数 u, 则是质量测度关于 Lebesgue 测度的 Radon-Nikodym 导数, 所以一般都是作为 Lebesgue 可测函数来理解的.

　　物理中的守恒定律表征的都是作为广延量的守恒量关于时间的演化规律, 所以本质上都应当是测度所满足的方程. 引入密度函数将守恒定律写成微分方程 (实现了局部化), 为应用微积分等经典数学分析工具带来了巨大的便利. 但从物理角度讲, 这也带来了局限性. 像这里, 初始时刻质量集中在原点, 需要用 Dirac 测度来表示, 而 Dirac 测度关于 Lebesgue 测度并不绝对连续, 所以这里的初值不能简化为一个函数. 也就是说, 从物理角度讲, 本质上应当建立和研究测度满足的方程. 近年来基于测度论和随机分析理论, 在这方面已取得了很多进展.

下面来求解 $u(x,t)$. 首先推测它满足的微分方程. 在 $t+\tau$ 时刻, 位于 x 处的微元 $\mathrm{d}x$ 内的花粉都是从 t 时刻位于其他处的微元 $\mathrm{d}y$ 扩散来的, 从而

$$u(x, t+\tau)\,\mathrm{d}x = \int_{\mathbb{R}} u(y,t)\,\mathrm{d}y\, f(x-y, \tau)\,\mathrm{d}x,$$

注意右端是关于 y 积分的. 形式上约掉 $\mathrm{d}x$, 并作 Taylor 展开, 利用 (7.1), 就有

$$\begin{aligned}
u(x, t+\tau) &= \int_{-\infty}^{+\infty} u(y,t) f(x-y, \tau)\,\mathrm{d}y = \int_{-\infty}^{+\infty} u(x-z, t) f(z, \tau)\,\mathrm{d}z \\
&= \int_{-\infty}^{+\infty}\left(u(x,t) - u_x(x,t)z + \frac{1}{2}u_{xx}(x,t)z^2 + \cdots\right) f(z, \tau)\,\mathrm{d}z \\
&= u(x,t) + \frac{1}{2}u_{xx}(x,t)D\tau + \cdots,
\end{aligned}$$

从而

$$\frac{u(x, t+\tau) - u(x,t)}{\tau} = \frac{1}{2}Du_{xx}(x,t) + \cdots.$$

令 $\tau \to 0$, 忽略其他项, 便得到扩散方程

$$u_t = \frac{1}{2}Du_{xx}.$$

考虑到初始条件 $u(x,0) = \delta_0(x)$, 利用扩散方程的基本解[①], 可得

$$u(x,t) = \frac{1}{\sqrt{2\pi Dt}}\mathrm{e}^{-\frac{x^2}{2Dt}}. \tag{7.2}$$

换言之, 花粉颗粒在细管中的分布服从正态分布 $N(0, Dt)$.

7.2 微观描述: 随机游走

在微观角度, 人们关心的是某个花粉颗粒 ω 在时刻 t 的位置 $X(t) = X(t, \omega)$. 将 ω 视作样本点, 则 $X(t)$ 就是一个随机过程, 下面说明它的概率密度函数就是上面的函数 $u(x,t)$. 显然, 这种微观的角度包含了 Brown 运动更多的细节信息.

先将问题离散化, 构造近似 $X(t)$ 的一列随机过程 $X^{(n)}(t)$, $n = 1, 2, \cdots$. 把 $\mathbb{R} \times \mathbb{R}^+$ 离散为格点 $\{(m\Delta x, k\Delta t): \ m \in \mathbb{Z}, \ k = 0, 1, 2, \cdots\}$, 其中步长

---

① 回忆标准扩散方程 $u_t = a\Delta u$, 其基本解为 $\frac{1}{(4\pi at)^{d/2}}\mathrm{e}^{-\frac{|x|^2}{4at}}$ (d 是空间维数, 这里 $d = 1$), 恰是正态分布 $N(0, 2at)$ 的概率密度函数.

$\Delta x > 0,\ \Delta t > 0.$ 在 $t = 0$ 时, 将一个花粉微粒 ω 放在原点. 在任意时刻 $n\Delta t$, 设微粒位于 $m\Delta x$, 它每过 Δt 时间就向左或向右移动 Δx 距离, 概率均为 $1/2$, 并在时刻 $(n+1)\Delta t$, 到达新的位置 $(m+1)\Delta x$ 或 $(m-1)\Delta x$ (不能停在原地不动). 这样的随机过程叫作随机游走.

记 $p(m, n)$ 为花粉微粒在 $n\Delta t$ 时刻位于 $m\Delta x$ 点的概率, 则

$$p(m, 0) = \begin{cases} 0, & m \neq 0, \\ 1, & m = 0, \end{cases}$$

而且有递推关系式

$$p(m, n+1) = \frac{1}{2} p(m-1, n) + \frac{1}{2} p(m+1, n).$$

由此, 若选择步长使得成立

$$\frac{(\Delta x)^2}{\Delta t} = D,$$

其中 $D > 0$ 是个固定的常数, 则

$$\frac{p(m, n+1) - p(m, n)}{\Delta t} = \frac{D}{2} \frac{p(m-1, n) - 2p(m, n) + p(m+1, n)}{(\Delta x)^2}.$$

这里左边就是微分方程数值解理论中常用的 (关于时间变量的) 一阶前向差分格式, 右边是 (关于空间变量的) 二阶中心差分格式. 固定 (x, t), 设 $\Delta t \to 0$ (从而 $\Delta x \to 0$), 且 $m\Delta x \to x$, $n\Delta t \to t$, 并且 $p(m, n) \to u(x, t)$, 就得到极限函数 $u(x, t)$ 满足的方程 $u_t = \dfrac{D}{2} u_{xx}$. 形式上来看, 可以猜测 $u(x, t)\,\mathrm{d}x$ 就是该花粉微粒在 t 时刻位于 x 处 $\mathrm{d}x$ 长区间内的概率.

我们再来看微粒 ω 的运动轨迹.[①] 设 $t = n\Delta t$, 引入随机变量 $X^{(n)}(t)$, 表示花粉微粒在时刻 t 的位置. 我们把 $X^{(n)}(t)$ 分解为一些更简单的随机变量. 考虑满足 Bernoulli 分布的随机变量 X_i, $i = 1, 2, \cdots$, 其中 $\mathbb{P}(X_i = 0) = \mathbb{P}(X_i = 1) = 1/2$, 那么 $\mathbb{E}[X_i] = 1/2$, $\mathbb{V}[X_i] = 1/4$. $X_i(\omega)$ 取 0 或 1 分别表示在 $i\Delta t$ 时刻微粒向左或右运动. 注意 $t = n\Delta t$, 则

---

① 我们看到, 对随机过程 (比如这里典型的 Brown 运动), 有两种描述方式: 一种是 "宏观" 的, 侧重刻画其概率分布函数如何随着时间演化, 工具往往是确定性的偏微分方程, 比如本讲推导并求解的热方程; 一种是 "微观" 的, 侧重刻画轨道的性质, 比如已知当前轨道处于某一状态, 那它在下一个时刻处在另一个状态的概率是多少? 在试验观测中, 往往只是看到一条或有限的若干条轨道, 而且这些具体的轨道都是试验上不可重复的, 但科学研究又强调可重复性, 需要从不可重复的具体轨道中提取出可以重复的统计规律, 即 "宏观" 描述. 所以这两种描述各有价值, 都非常重要. 认识到这一点, 有助于理解已有结果的价值, 以及提出有意义的新问题.

$$S_n = \sum_{i=1}^{n} X_i$$

表示花粉总共向右移动的次数, 从而

$$X^{(n)}(t) = S_n \Delta x + (n - S_n)(-\Delta x) = (2S_n - n)\Delta x,$$

它是一列独立同分布的随机变量的和加上一个确定量. 由于 $\mathbb{E}[S_n] = n/2$, $\mathbb{V}[S_n] = n/4$, 则

$$\mathbb{E}[X^{(n)}(t)] = 2\Delta x \mathbb{E}[S_n] - n\Delta x = 0,$$

$$\mathbb{V}[X^{(n)}(t)] = 4(\Delta x)^2 \mathbb{V}[S_n] = n(\Delta x)^2 = t\frac{(\Delta x)^2}{\Delta t} = Dt.$$

进一步, 注意到

$$X^{(n)}(t) = (2S_n - n)\Delta x = \left(\frac{S_n - \dfrac{n}{2}}{\sqrt{\dfrac{n}{4}}}\right)\sqrt{n}\Delta x$$

$$= \left(\frac{S_n - \dfrac{n}{2}}{\sqrt{\dfrac{n}{4}}}\right)\sqrt{\frac{t}{\Delta t}(\Delta x)^2}$$

$$= \sqrt{Dt}\left(\frac{S_n - \dfrac{n}{2}}{\sqrt{\dfrac{n}{4}}}\right),$$

根据中心极限定理, 对固定的 $t > 0$,

$$\lim_{\substack{n\to\infty \\ t=n\Delta t \\ \frac{(\Delta x)^2}{\Delta t}=D}} \mathbb{P}(a \leqslant X^{(n)}(t) \leqslant b)$$

$$= \lim_{n\to\infty} \mathbb{P}\left(\frac{a}{\sqrt{Dt}} \leqslant \frac{S_n - \dfrac{n}{2}}{\sqrt{\dfrac{n}{4}}} \leqslant \frac{b}{\sqrt{Dt}}\right)$$

$$= \frac{1}{\sqrt{2\pi}}\int_{\frac{a}{\sqrt{Dt}}}^{\frac{b}{\sqrt{Dt}}} e^{-\frac{x^2}{2}}\,dx = \frac{1}{\sqrt{2\pi Dt}}\int_a^b e^{-\frac{x^2}{2Dt}}\,dx.$$

这就说明了如果在某种意义下 $X^{(n)}(t)$ 收敛到随机过程 $X(t)$, 则成立

$$X(t) \frown N(0, \ Dt), \tag{7.3}$$

而函数 $u(x,t)$ 就是 $X(t)$ 的概率密度函数. 这个随机过程 $X(t)$ 可以看作 Brown 运动的数学模型. 读者可以阅读文献 [15] 的第六章学习这种通过近似序列取极限构造 Brown 运动的方法.

7.3　Brown 运动的定义及其有限维分布

基于以上两节从物理角度作形式推导得到的有关 Brown 运动的特性, 我们给出如下 Brown 运动的数学定义.

定义 1 (标准 Brown 运动)　一个实值的几乎所有轨道都连续的随机过程 $W(\cdot)$ 称为 Brown 运动, 如果

(1) $W(0) = 0$　a.s.;

(2) $W(t) - W(s) \frown N(0, t-s), \forall t \geqslant s \geqslant 0$;

(3) $\forall 0 < t_1 < t_2 < \cdots < t_n, W(t_1), W(t_2) - W(t_1), \cdots, W(t_n) - W(t_{n-1})$ 独立.

这里要求 (1) 就是前面所述花粉都从原点出发的假设. 当然, 由于前面对扩散匀齐性的假设, 从任何别的点 x_0 出发的 Brown 运动可以表示为 $W(t) + x_0$. 条件 (2) 源于 (7.3), 而 (3) 来自物理观察以及对 (7.3) 在不同时间段的类推. 我们将在第 10 讲具体构造出 Brown 运动, 说明符合上述要求的随机过程确实存在. 下面先利用上述定义, 介绍 Brown 运动的性质, 包括期望、方差及相关系数等.

例 1　设 $W(\cdot)$ 是一维 Brown 运动, 则 $\mathbb{E}[W(t)] = 0, \mathbb{E}[W(t)^2] = t$, 且 $\mathbb{E}[W(t) \cdot W(s)] = t \wedge s = \min\{t, \ s\}$.

证明　由定义中的 (1) 和 (2), 前两个结论是显然的. 设 $t \geqslant s \geqslant 0$, 那么

$$\mathbb{E}[W(t)W(s)] = \mathbb{E}[(W(t) - W(s))W(s)] + \mathbb{E}[W^2(s)]$$

$$= \mathbb{E}[W(t) - W(s)]\mathbb{E}[W(s)] + \mathbb{E}[W^2(s)]$$

$$= 0 \times 0 + \mathbb{E}[W^2(s)] = s = t \wedge s.$$

这里用到了 $W(t) - W(s)$ 与 $W(s)$ 的独立性. 由此, $W(t)$ 与 $W(s)$ 的相关系数为 $\dfrac{t \wedge s}{\sqrt{st}} = \sqrt{s/t}$ (如果 $0 < s < t$).　　　　　　　　　　　　　□

注意　对任意 $0 < t_1 < \cdots < t_n, i = 1, \cdots, n$, 随机变量 $W(t_1), \cdots, W(t_n)$ 并不是独立的, 因为微粒在 t_{i+1} 时刻的位置显然与它在 t_i 时刻的位置有关. 如

何计算 $W(t_1)$, $\cdots$, $W(t_n)$ 的联合概率密度函数呢? 这可通过计算概率 $\mathbb{P}(a_1 \leqslant W(t_1) \leqslant b_1, \cdots, a_n \leqslant W(t_n) \leqslant b_n)$ 得到, 也就是说, 分析对所有 $i = 1, \cdots, n$, 在 t_i 时刻, 微粒在区间 $[a_i, b_i]$ 中的可能性有多大.

由 Brown 运动的定义, 对 $n = 1$, 我们知道

$$\mathbb{P}(a_1 \leqslant W(t_1) \leqslant b_1) = \int_{a_1}^{b_1} \frac{\mathrm{e}^{-\frac{x_1^2}{2t_1}}}{\sqrt{2\pi t_1}} \mathrm{d}x_1.$$

现在给定 $W(t_1) = x_1$ (相当于将上述 Brown 运动的定义中的 $W(t)$ 换作 $W(t) + x_1$), 其中 $a_1 \leqslant x_1 \leqslant b_1$, 则在 $[t_1, t_2]$ 时间段 Brown 运动应服从分布 $N(x_1, t_2 - t_1)$, 从而 $a_2 \leqslant W(t_2) \leqslant b_2$ 的概率为

$$\int_{a_2}^{b_2} \frac{\mathrm{e}^{-\frac{|x_2 - x_1|^2}{2(t_2 - t_1)}}}{\sqrt{2\pi(t_2 - t_1)}} \mathrm{d}x_2.$$

于是, [1]

$$\mathbb{P}(a_1 \leqslant W(t_1) \leqslant b_1, \ a_2 \leqslant W(t_2) \leqslant b_2)$$
$$= \int_{a_1}^{b_1} \int_{a_2}^{b_2} g(x_1, t_1 |\, 0) g(x_2, t_2 - t_1 |\, x_1) \,\mathrm{d}x_2 \mathrm{d}x_1,$$

其中概率转移函数

$$g(x, t |\, y) \doteq \frac{1}{\sqrt{2\pi t}} \mathrm{e}^{-\frac{|x - y|^2}{2t}} \tag{7.4}$$

表示微粒从 y 点出发经时间 t 达到 x 点的概率. 一般地, 容易看出

$$\mathbb{P}(a_1 \leqslant W(t_1) \leqslant b_1, \ \cdots, \ a_n \leqslant W(t_n) \leqslant b_n)$$
$$= \int_{a_1}^{b_1} \cdots \int_{a_n}^{b_n} g(x_1, t_1 |\, 0) g(x_2, t_2 - t_1 |\, x_1)$$
$$\cdots \cdot g(x_n, t_n - t_{n-1} |\, x_{n-1}) \,\mathrm{d}x_n \cdots \mathrm{d}x_1. \tag{7.5}$$

这里的被积函数就是 $W(t_1)$, $\cdots$, $W(t_n)$ 的联合概率密度函数, 也被叫作 Brown 运动的有限维分布. 下面利用不同时间段 Brown 运动的独立性对此予以严格证明.

---

[1] 这里本质上相当于用了由条件概率计算概率的公式 $\mathbb{P}(B) = \mathbb{P}(B|A)\mathbb{P}(A)$, 由此可见条件概率在计算随机过程概率分布中的重要性. 当然, 对这里的计算结果, 定理 1 作了严格证明.

定理 1　设 $W(\cdot)$ 是一维 Brown 运动, 则对任意自然数 n, $0 = t_0 < t_1 < \cdots < t_n$, 以及任意的 Borel 可测函数 $f : \mathbb{R}^n \to \mathbb{R}$, 成立

$$\mathbb{E}[f(W(t_1), \cdots, W(t_n))]$$
$$= \int_{-\infty}^{+\infty} \cdots \int_{-\infty}^{+\infty} f(x_1, \cdots, x_n) g(x_1, t_1 \mid 0) g(x_2, t_2 - t_1 \mid x_1)$$
$$\cdots \cdot g(x_n, t_n - t_{n-1} \mid x_{n-1}) \, \mathrm{d}x_n \cdots \mathrm{d}x_1.$$

证明　记

$$X_i \doteq W(t_i), \quad Y_i \doteq X_i - X_{i-1}, \quad i = 1, \cdots, n,$$
$$h(y_1, \cdots, y_n) \doteq f(y_1, y_1 + y_2, \cdots, y_1 + \cdots + y_n).$$

利用变量替换 $y_1 = x_1, \cdots, y_i = x_i - x_{i-1}$ $(i = 2, \cdots, n)$ (它的雅可比 (Jacobi) 行列式为 1), 由随机变量 Y_i 的独立性, 以及 Y_i 的概率密度函数是 $g(y_i, t_i - t_{i-1} \mid 0) = g(x_i, t_i - t_{i-1} \mid x_{i-1})$ (这个等号从 (7.4) 直接验证), 从而 $Y_1, \cdots, Y_n$ 的联合概率密度函数就是它们各自概率密度函数的乘积, 于是

$$\mathbb{E}[f(W(t_1), \cdots, W(t_n))]$$
$$= \mathbb{E}[h(Y_1, \cdots, Y_n)]$$
$$= \int_{\mathbb{R}} \cdots \int_{\mathbb{R}} h(y_1, \cdots, y_n) g(y_1, t_1 \mid 0) g(y_2, t_2 - t_1 \mid 0)$$
$$\cdots \cdot g(y_n, t_n - t_{n-1} \mid 0) \, \mathrm{d}y_n \cdots \mathrm{d}y_1$$
$$= \int_{\mathbb{R}} \cdots \int_{\mathbb{R}} f(x_1, \cdots, x_n) g(x_1, t_1 \mid 0) g(x_2, t_2 - t_1 \mid x_1)$$
$$\cdots \cdot g(x_n, t_n - t_{n-1} \mid x_{n-1}) \, \mathrm{d}x_n \cdots \mathrm{d}x_1. \qquad \square$$

习题 1　设 $W(t)$ 是一维 Brown 运动, 证明对任意固定的 $s > 0$, $W(t+s) - W(s)$ 是 Brown 运动; 对任意正数 c, $cW(t/c^2)$ 也是 Brown 运动.

习题 2　设 $W(t)$ 是一维 Brown 运动, 记 $\tilde{W}(t) \doteq \begin{cases} tW\left(\dfrac{1}{t}\right), & t > 0, \\ 0, & t = 0. \end{cases}$ 证明: $\tilde{W}(t) - \tilde{W}(s) \sim N(0, \, t - s)$, $\forall 0 < s < t$.

第 8 讲　Brown 运动的基本性质

CHAPTER C

这一讲我们介绍 Brown 运动的一些基本性质, 以及高维 Brown 运动的概念.

8.1　白　噪　声

随机微分方程

$$\dot{X}(t) = b(X(t), t) + B(X(t), t)\xi(t) \tag{8.1}$$

从形式上看, 是普通的常微分方程

$$\dot{X}(t) = b(X(t), t) \tag{8.2}$$

附加一个随机项 $B(X(t), t)\xi(t)$ 得到的, 其中 $\xi(t)$ 是某种类型的标准的随机扰动, 系数 $B(X(t), t)$ 体现了系统对随机扰动的放大或缩小 (调制). 应当注意到 (8.1) 是依赖于样本点的一族方程, 关心的是解关于大部分样本点所具有的统计性质, 而 (8.2) 是单个的确定性的系统.

模型 (8.1) 的关键, 是如何合理地选取和定义 $\xi(t)$. Brown 运动 $W(t)$ 在随机分析理论中的重要性之一, 就体现在它的 "导数" $\dot{W}(t)$ 模拟了 "白噪声"——人们所关注的一类小规模但频繁发生的随机效应.

为此, 先介绍白噪声的概念. 回忆对给定的随机变量 X, Y, 其相关系数定义为

$$\mathrm{Corr}(X, Y) \doteq \frac{\mathbb{E}[(X - \mathbb{E}[X]) \cdot (Y - E[Y])]}{\sqrt{\mathbb{V}[X]\mathbb{V}[Y]}},$$

它就是向量 $X - \mathbb{E}[X]$, $Y - E[Y]$ 在 L^2 中的夹角的余弦, 它越接近于 1, 表面这两个向量越 (正) 线性相关. 对给定的随机过程 $X(t)$, 可定义其自相关函数

$$R(s, t) \doteq \mathrm{Corr}(X(s), \ X(t)),$$

来反映不同时刻采样 (不同的观察) 之间的相似程度, 由此可以提示找到周期信号等特殊信息. 特别地, 若 $R(s, t) = c(s - t)$, 就称 $X(t)$ 是一个宽平稳过程. 如果一个随机过程满足 $c(s - t) = c_0(s, t)\delta_0(s - t)$, 其中 $c_0(s, t)$ 是个数字, $\delta_0(\cdot)$ 是

支集在原点的 Dirac 测度, 这个过程就是一个白噪声过程, 因为只要 $t \neq s$, 就有 $c(t - s) = 0$, 即不同时刻的信号完全无关.

下面, 对固定的任意的 $t > 0$, 对任意的 $h > 0$, 考察函数

$$\varphi_h(s) \doteq \mathbb{E}\left[\left(\frac{W(t+h) - W(t)}{h}\right)\left(\frac{W(s+h) - W(s)}{h}\right)\right]$$

$$= \frac{1}{h^2}\big\{\mathbb{E}[W(t+h)W(s+h)] - \mathbb{E}[W(t+h)W(s)]$$

$$\quad - \mathbb{E}[W(t)W(s+h)] + \mathbb{E}[W(t)W(s)]\big\}$$

$$= \frac{1}{h^2}\big\{(t+h) \wedge (s+h) - (t+h) \wedge s - t \wedge (s+h) + t \wedge s\big\}$$

$$= \begin{cases} 0, & s \leqslant t - h, \\ \dfrac{1}{h^2}(s + h - t), & t - h < s \leqslant t, \\ \dfrac{1}{h^2}(h + t - s), & t < s \leqslant t + h, \\ 0, & s > t + h. \end{cases} \tag{8.3}$$

这是一个支集在 $[t - h,\, t + h]$ 中, 最大值点为 t, 最大值为 $\dfrac{1}{h}$ 的分段线性函数, 其积分恒为 1. 随着 $h \to 0$, 这种函数在广义函数意义下收敛到 $\delta_0(s - t)$. 如果从形式上看, 假若极限可以和积分换序[①], 就有

$$\mathbb{E}[\xi(t)\xi(s)] = \lim_{h \to 0} \varphi_h(s) = \delta_0(s - t), \tag{8.4}$$

所以从这个角度看, 可以认为 $\xi(t) = \dot{W}(t)$ 是白噪声.

因此, 有理由猜测, $\xi(t) = \dot{W}(t)$ 描述了极短时间内花粉微粒受到的随机的冲量, 造成了花粉微粒的无规则的 Brown 运动. Brown 运动是持续的, 小规模的随机干扰导致的结果. 但这里有一个初看之下不完美的事实: 第 9 讲要证明, Brown 运动几乎所有的轨道是几乎处处不可导的, 所以 $\xi(t) = \dot{W}(t)$ 在经典的意义下是不存在的. 透过这种表面的不完美性, 发现隐藏着的新的机制, 使得原来觉得不可能的事变得可能, 其实恰恰是随机分析理论引人入胜的魅力之一.

综上, 按照假设 $\xi(t) = \dot{W}(t)$, Itô 随机微分方程被形式地写作

$$\mathrm{d}X(t) = b(X(t),\, t)\mathrm{d}t + B(X(t),\, t)\,\mathrm{d}W(t),$$

---

① 请读者注意区分行文中, 哪些是数学上严格的 (像上面的 (8.3)); 哪些是猜测或不严格的解释 (像 (8.4) 式), 是用来说明某个看法或观点的直观上的合理性的. 这些观点或看法往往在最终都打磨成概念或公理, 成为理论体系或逻辑推导的出发点.

其中 $X(t)$ 是待求解的未知的随机过程. 一旦可以赋予上述表达式严格的定义, 它就成为随机微分方程数学理论的基础. 如第 1 讲所述, 其合理性最终要靠该理论的逻辑兼容性和具体应用实践的效果来检验.

另一方面, 上述假设也启发了构造 Brown 运动的一种方法. 先定义随机过程

$$\xi(t) \doteq \sum_{n=0}^{\infty} A_n \psi_n(t),$$

其中 $\{\psi_n(t)\}$ 是 $L^2([0,1])$ 的一组标准正交基, A_n 是一列独立的服从正态分布的随机变量. 关于 t 积分, 得到

$$W(t) \doteq \sum_{n=0}^{\infty} A_n \int_0^t \psi_n(s)\,\mathrm{d}s,$$

再验证它就是 Brown 运动. 在第 10 讲中, 这是通过取 ψ_n 为哈尔 (Haar) 函数, 从而 $s_k(t) \doteq \int_0^t \psi_n(s)\,\mathrm{d}s$ 是绍德尔 (Schauder) 函数来实现的.

8.2 高维 Brown 运动

定义 1 (高维 Brown 运动) 一个 $\mathbb{R}^n$ 值的随机过程 $W(t) = (W^1(t), \cdots, W^n(t))^{\mathrm{T}}$ 称为 n 维 Brown 运动 (或 Wiener 过程), 如果成立:

- 对任意 $k = 1, \cdots, n$, $W^k(t)$ 是一维 Brown 运动;
- σ-域 $\mathcal{W}^k \doteq \sigma(W^k(t) : t \geqslant 0)$ 是相互独立的, 其中 $k = 1, \cdots, n$.

注意后一个要求是说, Brown 运动的各分量之间都是独立的.

例 1 设 $W(t) = (W^1(t), \cdots, W^n(t))^{\mathrm{T}}$ 是 n 维 Brown 运动, 则

$$\mathbb{E}[W^k(t)W^l(s)] = (t \wedge s)\delta_{kl};$$
$$\mathbb{E}[(W^k(t) - W^k(s))(W^l(t) - W^l(s))] = (t - s)\delta_{kl},$$

这里 δ_{kl} 是克罗内克 (Kronecker) 记号: $\delta_{kl} = 1$, 若 $k = l$; $\delta_{kl} = 0$, 若 $k \neq l$.

证明 当 $k \neq l$ 时用各个分量的独立性; 当 $k = l$ 时用一维情形的结论. □

定理 1 (高维 Brown 运动的联合概率密度函数) 记 I_n 是 n 阶单位矩阵.

- 设 $W(\cdot)$ 是 n 维 Brown 运动, 则 $W(t) \sim N(0, tI_n)$, $t > 0$, 即

$$\mathbb{P}(W(t) \in A) = \frac{1}{(2\pi t)^{n/2}} \int_A \mathrm{e}^{-\frac{|x|^2}{2t}}\,\mathrm{d}x, \quad \forall A \in \mathcal{B}(\mathbb{R}^n).$$

- 对任意自然数 m 和连续函数 $f : \underbrace{\mathbb{R}^n \times \cdots \times \mathbb{R}^n}_{m \text{ 个}} \to \mathbb{R}$, 以及 $0 = t_0 < t_1 < \cdots < t_m$, 成立

$$\mathbb{E}[f(W(t_1), \cdots, W(t_m))]$$

$$= \int_{\mathbb{R}^n} \cdots \int_{\mathbb{R}^n} f(x_1, \cdots, x_m) g(x_1, t_1 | 0) g(x_2, t_2 - t_1 | x_1)$$

$$\cdots \cdot g(x_m, t_m - t_{m-1} | x_{m-1}) \, \mathrm{d}x_m \cdots \mathrm{d}x_1,$$

这里概率转移函数

$$g(x, t | y) = \frac{1}{(2\pi t)^{n/2}} \mathrm{e}^{-\frac{|x-y|^2}{2t}}$$

是正态分布 $N(y, tI_n)$ 的概率密度函数.

证明　这里只证明第一个论断. 第二个论断的证明和一维情形是类似的.

由定义, 对任意的 $t > 0$, $W^1(t)$, $\cdots$, $W^n(t)$ 是独立的服从正态分布的随机变量, 所以它们的联合概率密度函数应当是各自概率密度函数的乘积, 即对 $x = (x_1, \cdots, x_n) \in \mathbb{R}^n$,

$$f_{W(t)}(x) = f_{W^1(t)}(x_1) \cdots f_{W^n(t)}(x_n)$$

$$= \frac{1}{\sqrt{2\pi t}} \mathrm{e}^{-\frac{x_1^2}{2t}} \cdots \frac{1}{\sqrt{2\pi t}} \mathrm{e}^{-\frac{x_n^2}{2t}}$$

$$= \frac{1}{(2\pi t)^{n/2}} \mathrm{e}^{-\frac{|x|^2}{2t}} = g(x, t | 0). \qquad \square$$

8.3　Brown 运动的鞅和 Markov 性质

定理 2　Brown 运动是鞅.

证明　对一维 Brown 运动 $W(t)$, 记其历史为 $\mathcal{W}(t) \doteq \sigma(W(s) \mid 0 \leqslant s \leqslant t)$, 那么对任意的 $t \geqslant s \geqslant 0$, 成立

$$\mathbb{E}[W(t) | \mathcal{W}(s)] = \mathbb{E}[W(t) - W(s) | \mathcal{W}(s)] + \mathbb{E}[W(s) | \mathcal{W}(s)]$$

$$= \mathbb{E}[W(t) - W(s)] + W(s) = 0 + W(s) = W(s).$$

这里第一个等号用到了条件期望的线性性质; 第二个等号用到了 $W(t) - W(s)$ 与 $\mathcal{W}(s)$ 独立, 从而条件期望等于期望, 以及 $W(s)$ 关于 $\mathcal{W}(s)$ 可测, 从而条件期望就是它自己; 第三个等号用到了 Brown 运动的定义. 这就证明了 Brown 运动是鞅. $\square$

下面介绍马尔可夫 (Markov) 性质.

定义 2 (Markov 过程)　称随机过程 $X(t)$ 是 $\mathbb{R}^n$ 上的 Markov 过程, 如果对任意 Borel 集 $B \subset \mathbb{R}^n$, 以及任意 $0 \leqslant s \leqslant t$, 成立

$$\mathbb{P}(X(t) \in B \mid \mathcal{U}(s)) = \mathbb{P}(X(t) \in B \mid X(s)),$$

其中 $\mathcal{U}(s)$ 是形如 $X(\tau)^{-1}(B)$ (其中 $0 \leqslant \tau \leqslant s$, $B \in \mathcal{B}(\mathbb{R}^n)$) 的事件生成的 σ-域, 即随机过程 X 到时刻 s 为止的历史.

上面事件的条件概率是用对应示性函数的条件期望定义的: 对事件 A 来讲,

$$\mathbb{P}(A \mid \mathcal{U}(s)) \doteq \mathbb{E}[\chi_A \mid \mathcal{U}(s)].$$

由 Markov 性质, 给定随机过程 $X(\cdot)$ 到时刻 s 为止的历史, 预测未来 $X(t) \in B$ 的概率, 与仅仅知道 $X(s)$ 本身而作预测得到的结果相同, 即知道过去对预测未来没有帮助 (只要知道现在就可以). 换句话说, 这种随机过程没有记忆, 它只知道 $X(s)$ 的值, 但并不记得是如何到达 $X(s)$ 的, 反正这也不妨碍它将来的取值.

定理 3　n 维 Brown 运动是 Markov 过程, 且对任意 Borel 集 B, 以及任意 $0 \leqslant s \leqslant t$, 成立

$$\mathbb{P}(W(t) \in B \mid W(s)) = \frac{1}{(2\pi(t-s))^{n/2}} \int_B \mathrm{e}^{-\frac{|x - W(s)|^2}{2(t-s)}} \, \mathrm{d}x. \tag{8.5}$$

注意上式仍然是一个随机变量.

证明　这里只证明 (8.5). 定义

$$\varphi(y) \doteq \frac{1}{(2\pi(t-s))^{n/2}} \int_B \mathrm{e}^{-\frac{|x-y|^2}{2(t-s)}} \, \mathrm{d}x = \int_B g(x, t-s|y) \, \mathrm{d}x.$$

由条件期望的定义, 我们只需证明成立等式

$$\int_C \chi_{W(t) \in B} \, \mathrm{d}\mathbb{P} = \int_C \varphi(W(s)) \, \mathrm{d}\mathbb{P}, \quad \forall C \in \sigma(W(s)),$$

其中 $\sigma(W(s))$ 是随机变量 $W(s)$ 生成的 σ-域.

先从左边看. 设 $C \in \sigma(W(s))$, 则存在 Borel 集 $A \subset \mathbb{R}^n$ 使得 $C = \{W(s) \in A\}$. 那么对 $t > s$, 成立

$$\begin{aligned}
\int_C \chi_{W(t) \in B} \, \mathrm{d}\mathbb{P} &= \mathbb{P}(W(s) \in A, W(t) \in B) \\
&= \int_A \int_B g(y, s|0) g(x, t-s|y) \, \mathrm{d}x \mathrm{d}y \\
&= \int_A g(y, s|0) \left(\int_B g(x, t-s|y) \, \mathrm{d}x \right) \mathrm{d}y \\
&= \int_A g(y, s|0) \varphi(y) \, \mathrm{d}y.
\end{aligned}$$

从右边出发, 注意到 $C = \{W(s) \in A\}$, 而且 $W(s) \sim N(0,\ sI_n)$, 就成立

$$\int_C \varphi(W(s))\,\mathrm{d}\mathbb{P} = \int_\Omega \chi_A(W(s))\varphi(W(s))\,\mathrm{d}\mathbb{P}$$

$$= \int_{\mathbb{R}^n} \chi_A(y)\varphi(y)\frac{1}{(2\pi s)^{n/2}}\mathrm{e}^{-\frac{|y|^2}{2s}}\,\mathrm{d}y$$

$$= \int_A g(y,s|0)\varphi(y)\,\mathrm{d}y.$$

它和前一式右边一样. 结论得证.   □

Markov 性可以解释为什么 Brown 运动是连续的, 但是不可导: 因为微粒本身根本不记得自己是如何到达 $W(s)$ 点的, 所以离开 $W(s)$ 时也难以保证与到来时有相同的速度 (切线方向). 所以左右导数即使存在也未必相等, 导致几乎点点不可导. 20 世纪初, 一些实验物理学家在研究 Brown 运动时, 按照经典力学的思路, 都致力于测量出微粒运动的速度, 从而计算加速度. 但是无论怎样放大分辨率, 也观察不到 Brown 运动的微粒的路径有一段是直线; 分辨率越高, 就观察到越多的不规则运动. Einstein 和 Smoluchowski 指出, Brown 运动的微粒的运动速度不可能被直接观测到.   Perrin 在用实验验证了 Einstein 的理论后, 还将 Brown 运动的路径与魏尔斯特拉斯 (K. Weierstrass, 1815—1897) 此前构造出的处处连续但处处不可微的函数联系起来 [16]. 对 Brown 运动的研究再次展示了数学和物理的完美结合. 第 9 讲我们将介绍如何精确地刻画 Brown 运动轨道的正则性.

习题 1 设 $W(t)$ 是 Brown 运动, 证明: $\mathbb{E}[W^{2k}(t)] = \dfrac{(2k)!t^k}{2^k k!},\ \forall t > 0.$

习题 2 证明: 设 c 是常数, $0 < s < t$, 那么 $\mathbb{E}[\exp(c(W(s) - W(t)))] = \exp\left(\dfrac{1}{2}c^2(t-s)\right).$

习题 3 设 $U(t) = \mathrm{e}^{-t}W(\mathrm{e}^{2t})$, 则 $\mathbb{E}[U(t)U(s)] = \mathrm{e}^{-|t-s|},\ \forall t,\ s \in \mathbb{R}.$

习题 4 证明: 几乎必然成立 $\lim\limits_{m\to\infty}\dfrac{W(m)}{m} = 0.$

习题 5 证明 $W(t)^2 - t$ 和 $\mathrm{e}^{\lambda W_t - \frac{1}{2}\lambda^2 t}$ ($\lambda \in \mathbb{R}$) 关于 $W(t)$ 的历史 $\mathcal{W}(t)$ 都是鞅.

习题 6 置 $X(t) = \int_0^t W(s)\,\mathrm{d}s.$ 证明: $\mathbb{E}[X^2(t)] = \dfrac{t^3}{3}, \forall t > 0.$

第9讲 Brown 运动的轨道性质

CHAPTER

这一讲的主要结论是: 设 $W(t)$ 是概率空间 $(\Omega, \mathcal{F}, \mathbb{P})$ 上的 Brown 运动, 则对几乎所有样本点 $\omega \in \Omega$, 轨道 $t \mapsto W(t, \omega)$ 属于 Hölder 函数类 C^{γ}, 其中 $\gamma \in \left(0, \dfrac{1}{2}\right)$, 而对任意 $\alpha \geqslant \dfrac{1}{2}$, 它都不属于 C^{α}. 这里, 称函数 $f(t) \in C^{\gamma}(I)$, 其中 $I \subset \mathbb{R}$ 是个区间, 指

$$\|f\|_{C^{\gamma}(I)} \doteq \sup_{t \in I} |f(t)| + \sup_{s \neq t, s, t \in I} \frac{|f(s) - f(t)|}{|s - t|^{\gamma}} < \infty.$$

特别地, 虽然 Brown 运动的轨道是连续曲线, 但任意区间内的一阶变差都是无限的. 这就导致不能直接利用 Lebesgue-Stieltjes 积分来定义随机积分 $\displaystyle\int_0^t B(X(t), t)\, \mathrm{d}W(t)$.

9.1 Brown 运动轨道的 Hölder 连续性

为证明 Brown 运动轨道的 Hölder 连续性, 我们需要如下 Kolmogorov 定理. 这个定理的关键之处是通过整体的积分估计得到关于个体的点态估计.

定理 1 (Kolmogorov 定理) 设随机过程 $X(t)$ 几乎所有的轨道都连续, 且存在 $\alpha, \beta > 0$, $C \geqslant 0$, 使得

$$\mathbb{E}[|X(t) - X(s)|^{\beta}] \leqslant C|t - s|^{1+\alpha}, \quad \forall t,\ s \geqslant 0.$$

那么对任意的 $T > 0$, 几乎所有的 ω, 以及任意的 $\gamma \in (0, \alpha/\beta)$, 存在常数 $K = K(\omega, \gamma, T)$, 使得

$$|X(t, \omega) - X(s, \omega)| \leqslant K|t - s|^{\gamma}, \quad \forall 0 \leqslant s, t \leqslant T.$$

证明 (1) 为简单起见, 设 $T = 1$. 对一般情形分段讨论即可. 证明思路是将区间分为 2^n 段后, 先得到区间端点之间函数值增量的估计, 即下面的 (9.2) 式; 再对自变量是有理数情形, 得到连续模估计; 最后, 利用有理数的稠密性和 $X(t)$ 轨道的连续性, 对任意实自变量得到结论.

任取

$$0 < \gamma < \frac{\alpha}{\beta}. \tag{9.1}$$

对 $n = 1,\ 2,\ \cdots$，定义集合

$$A_n \doteq \left\{ \left| X\left(\frac{i+1}{2^n}\right) - X\left(\frac{i}{2^n}\right) \right| \geqslant \frac{1}{2^{n\gamma}} \ \text{对某个整数}\ 0 \leqslant i < 2^n \ \text{成立} \right\}.$$

注意这是若干个集合 (对某些 $i \in \{0,\ 1,\ \cdots,\ 2^n - 1\}$) 的并集, 则

$$\begin{aligned}
\mathbb{P}(A_n) &\leqslant \sum_{i=0}^{2^n-1} \mathbb{P}\left(\left| X\left(\frac{i+1}{2^n}\right) - X\left(\frac{i}{2^n}\right) \right| \geqslant \frac{1}{2^{n\gamma}} \right) \\
&\leqslant \sum_{i=0}^{2^n-1} \mathbb{E}\left[\left| X\left(\frac{i+1}{2^n}\right) - X\left(\frac{i}{2^n}\right) \right|^\beta \right] \left(\frac{1}{2^{n\gamma}}\right)^{-\beta} \quad \text{(Chebyshev 不等式)} \\
&\leqslant C \sum_{i=0}^{2^n-1} \left(\frac{1}{2^n}\right)^{1+\alpha} \left(\frac{1}{2^{n\gamma}}\right)^{-\beta} \quad \text{(假设条件)} \\
&= C 2^{n(-\alpha + \beta\gamma)}.
\end{aligned}$$

由 (9.1), $-\alpha + \beta\gamma < 0$, 从而 $\sum_n \mathbb{P}(A_n) < \infty$. 根据 Borel-Cantelli 定理,

$$\mathbb{P}\left(\limsup_{n \to \infty} A_n \right) = 0.$$

于是对几乎所有的样本点 $\omega \left(\text{即}\ \omega \in \Omega \setminus \limsup\limits_{n \to \infty} A_n,\right)$, 存在指标 $m = m(\omega)$, 使得当 $n \geqslant m$ 时, 成立

$$\left| X\left(\frac{i+1}{2^n}, \omega\right) - X\left(\frac{i}{2^n}, \omega\right) \right| \leqslant \frac{1}{2^{n\gamma}}, \quad \forall 0 \leqslant i < 2^n.$$

再考虑前面剩下的有限个指标 $n = 1,\ \cdots,\ m-1$, 基于 $X(t, \omega)$ 的连续性, 以及有界闭区间 $[0, 1]$ 上连续函数的有界性, 我们可断言: 存在常数 $K = K(\omega, \gamma)$, 使得

$$\left| X\left(\frac{i+1}{2^n}, \omega\right) - X\left(\frac{i}{2^n}, \omega\right) \right| \leqslant K \frac{1}{2^{n\gamma}}, \quad \forall 0 \leqslant i < 2^n, \quad \forall n \geqslant 1. \tag{9.2}$$

(2) 下面说明 (9.2) 隐含着对有理点成立 Hölder 连续性估计 (9.7).

取定使得 (9.2) 成立的任意一个 $\omega \in \Omega$. 对 $[0, 1]$ 内任意二进有理数[①] $t_1 < t_2$, 显然 $0 < t_2 - t_1 < 1$. 取 $n \geqslant 1$ 充分大, 使得

$$2^{-n} \leqslant t \doteq t_2 - t_1 < 2 \cdot 2^{-n}. \tag{9.3}$$

---

① 形如 $\sum\limits_{1 \leqslant q \leqslant m} p/2^q$ 的数, 其中 $p = 0$ 或 1, 称为二进有理数.

那么就有整数 i, j 满足如下要求:

$$t_1 \leqslant \frac{i}{2^n} \leqslant \frac{j}{2^n} \leqslant t_2.$$

由 (9.3), 就有

$$\frac{j-i}{2^n} \leqslant t < \frac{1}{2^{n-1}},$$

从而 $j = i$ 或 $j = i + 1$. 此外, t_1, t_2 可表示为

$$\begin{cases} t_1 = \dfrac{i}{2^n} - \dfrac{1}{2^{p_1}} - \cdots - \dfrac{1}{2^{p_k}}, & n < p_1 < \cdots < p_k, \\ t_2 = \dfrac{j}{2^n} + \dfrac{1}{2^{q_1}} + \cdots + \dfrac{1}{2^{q_l}}, & n < q_1 < \cdots < q_l. \end{cases}$$

下面要重复地利用 (9.2). 首先,

$$\left| X\left(\frac{j}{2^n}, \omega\right) - X\left(\frac{i}{2^n}, \omega\right) \right| \leqslant K \frac{j-i}{2^{n\gamma}} \leqslant K t^\gamma. \tag{9.4}$$

其次, 对 $r = 1, \cdots, k$, 成立

$$\left| X\left(\frac{i}{2^n} - \frac{1}{2^{p_1}} - \cdots - \frac{1}{2^{p_r}}, \omega\right) - X\left(\frac{i}{2^n} - \frac{1}{2^{p_1}} - \cdots - \frac{1}{2^{p_{r-1}}}, \omega\right) \right| \leqslant K \left| \frac{1}{2^{p_r}} \right|^\gamma.$$

由 t_1, t_2 的取法可知, $p_r > n$ 意味着 $p_r \geqslant n + r$. 于是

$$\left| X(t_1, \omega) - X\left(\frac{i}{2^n}, \omega\right) \right| \leqslant K \sum_{r=1}^{k} \left| \frac{1}{2^{p_r}} \right|^\gamma \leqslant \frac{K}{2^{n\gamma}} \sum_{r=1}^{\infty} \frac{1}{2^{r\gamma}}$$

$$= \frac{K'}{2^{n\gamma}} \leqslant K' t^\gamma. \tag{9.5}$$

上面最后的不等号用了 (9.3) 式. 同理可得

$$\left| X(t_2, \omega) - X\left(\frac{j}{2^n}, \omega\right) \right| \leqslant K' t^\gamma. \tag{9.6}$$

利用三角不等式以及 (9.4)—(9.6), 对任意二进有理数 t_1, t_2, 我们就得到了

$$|X(t_2, \omega) - X(t_1, \omega)| \leqslant K'' t^\gamma, \tag{9.7}$$

其中常数 K', K'' 都只依赖于 ω 和 γ. 由于假设对几乎所有的 ω, 轨道 $t \mapsto$ $X(t, \omega)$ 连续, 由二进有理数在 $[0, 1]$ 中的稠密性, 对 (9.7) 取极限, 可知对任意的 t_1, $t_2 \in [0, 1]$, (9.7) 成立.   □

上述定理假设了几乎所有轨道都连续. 第 10 讲具体构造的 Brown 运动将满足这一要求.

定理 2 (Brown 运动轨道的 Hölder 连续性) 对几乎所有 ω, $\forall T > 0$, 以及任意的 $\gamma \in (0, 1/2)$, Brown 运动 $W(t)$ 的轨道 $t \mapsto W(t, \omega) \in C^\gamma([0, T])$.

证明 设 $t > s$, 记 $r \doteq t - s$. 利用 $W(t) - W(s) \sim N(0, r)$, 不难算得, 对任意自然数 m,

$$
\begin{aligned}
\mathbb{E}\left[|W(t) - W(s)|^{2m}\right] &= \frac{1}{(2\pi r)^{\frac{n}{2}}} \int_{\mathbb{R}^n} |x|^{2m} \mathrm{e}^{-\frac{|x|^2}{2r}} \, \mathrm{d}x \\
&= \frac{1}{(2\pi)^{\frac{n}{2}}} r^m \int_{\mathbb{R}^n} |y|^{2m} \mathrm{e}^{-\frac{|y|^2}{2}} \, \mathrm{d}y \\
&= C r^m = C|t - s|^m.
\end{aligned}
$$

取 $\beta = 2m$, $\alpha = m - 1$, 用 Kolmogorov 定理, 得到 $W(t, \omega) \in C^\gamma([0, T])$, 其中只要选取 m 使得

$$
0 < \gamma < \frac{\alpha}{\beta} = \frac{m-1}{2m} = \frac{1}{2} - \frac{1}{2m}
$$

成立即可.   □

是否有 $W(t, \omega) \in C^{\frac{1}{2}}([0, T])$ 呢? 这是不成立的, 参见 [13, 第 328 页]. 精确的结论是: 对几乎所有样本点 ω, 及任意 t, 成立

$$
\limsup_{h \to 0} \frac{|W(t + h, \omega) - W(t, \omega)|}{\sqrt{h} \ln(\ln h^{-1})} = 1.
$$

9.2 处处变差无界性

定理 3 Brown 运动的轨道具有如下性质:

1) 对几乎所有的样本点 ω 及任意的 $\gamma \in \left(\frac{1}{2}, 1\right]$, 轨道 $t \mapsto W(t, \omega)$ 处处都不是 C^γ 连续的;

2) 对几乎所有 ω, 轨道 $t \mapsto W(t, \omega)$ 处处不可微, 且在任何区间上变差都是无界的.

证明 结论 2) 是结论 1) 的推论. 事实上, 如果 $t \mapsto W(t, \omega)$ 在某点可微, 则它在该点满足 $\gamma = 1$ 的 Hölder 连续性条件, 与 1) 矛盾; 若 $t \mapsto W(t, \omega)$ 在某区

间上变差有界, 则因有界变差函数几乎处处可导, 从而 $t \mapsto W(t, \omega)$ 在某点可导, 与前一结论矛盾. 下面证明 1). 基本思想还是构造恰当的集合并估计其测度为零.

(1) 我们只需考虑一维 Brown 运动 $W(t)$, $t \in [0, 1]$. 由于假设 $\gamma > 1/2$, 可取定充分大的自然数 N, 使得

$$N \cdot \left(\gamma - \frac{1}{2} \right) > 1. \tag{9.8}$$

假设样本点 ω 使得函数 $W(\cdot, \omega)$ 在区间 $(0, 1)$ 中某个点 s 处具有 γ 阶 Hölder 连续性, 即存在常数 $K > 0$, 使得

$$|W(t, \omega) - W(s, \omega)| \leqslant K|t - s|^\gamma, \quad \forall t \in [0, 1]. \tag{9.9}$$

注意这里的 s 和 K 都与 ω 有关添加 (对 $s = 0$ 或 $s = 1$ 可类似讨论.). 下面要看所有这样的 ω 落在什么样的集合中, 并估计这个集合的测度为零.

(2) 由于 $s \in (0, 1)$, 对任意自然数 n, 都存在整数 $i \leqslant n$, 使得 $s \in \left[\dfrac{i-1}{n}, \dfrac{i}{n} \right)$. 显然[①] $i = [ns] + 1$. 对 $j = i, i+1, \cdots, i+N-1$ 这 N 个指标, 由于 $s < 1$, 当 $n > \dfrac{1+N}{1-s}$ (只依赖于 s 和 N, 从而和 ω 有关) 时, 就成立 $\dfrac{j+1}{n} \leqslant \dfrac{i+N}{n} < s + \dfrac{1+N}{n} < 1$. 于是

$$
\begin{aligned}
& \left| W\left(\frac{j+1}{n}, \omega \right) - W\left(\frac{j}{n}, \omega \right) \right| \\
\leqslant\ & \left| W\left(\frac{j}{n}, \omega \right) - W(s, \omega) \right| + \left| W(s, \omega) - W\left(\frac{j+1}{n}, \omega \right) \right| \\
\leqslant\ & K \left(\left| s - \frac{j}{n} \right|^\gamma + \left| s - \frac{j+1}{n} \right|^\gamma \right) \\
=\ & \frac{K}{n^\gamma} \left(|sn - j|^\gamma + |sn - j - 1|^\gamma \right) \leqslant \frac{M}{n^\gamma}.
\end{aligned}
$$

这里利用 $|sn - j| \leqslant |i - 1 - (i + N - 1)| \leqslant N$, 可取自然数 $M = [2K(N+1)^\gamma] + 1$. 于是我们得到, 若 ω 满足 (9.9), 则存在常数 $M > 0$, 对所有充分大的 n, 及某个 $1 \leqslant i \leqslant n$, 成立

$$\omega \in A_{M,n}^i \doteq \left\{ \left| W\left(\frac{j+1}{n}, \omega \right) - W\left(\frac{j}{n}, \omega \right) \right| \leqslant \frac{M}{n^\gamma}, \ \forall j = i, \cdots, i+N-1 \right\}.$$

---

① $[a]$ 表示实数 a 的整数部分, 即不大于 a 的最大整数. 例如 $[3.1] = 3$.

(3) 综上, 我们看到满足 (9.9) 的所有样本点 ω 必然包含在如下集合中:

$$\bigcup_{M=1}^{\infty} \bigcup_{k=1}^{\infty} \bigcap_{n=k}^{\infty} \bigcup_{i=1}^{n} A_{M,n}^{i}, \tag{9.10}$$

这里 $\bigcup_{M=1}^{\infty}$ 表示 "存在常数 $M > 0$", $\bigcup_{k=1}^{\infty} \bigcap_{n=k}^{\infty}$ 表示 "对所有充分大的 n", $\bigcup_{i=1}^{n}$ 表示 "对某个 $1 \leqslant i \leqslant n$".

(4) 下面说明上述集合的测度为零. 首先估计 $A_{M,n}^{i}$ 的测度. 注意到 $W\left(\dfrac{j+1}{n}\right)$ $- W\left(\dfrac{j}{n}\right)$ $(j = i, \cdots, i+N-1)$ 的独立性, 且均服从正态分布 $N\left(0, \dfrac{1}{n}\right)$, 则

$$\mathbb{P}(A_{M,n}^{i}) = \prod_{j=i}^{i+N-1} \mathbb{P}\left(\left|W\left(\frac{j+1}{n}\right) - W\left(\frac{j}{n}\right)\right| \leqslant \frac{M}{n^{\gamma}}\right)$$

$$= \mathbb{P}\left(\left|W\left(\frac{1}{n}\right)\right| \leqslant \frac{M}{n^{\gamma}}\right)^{N}.$$

另一方面,

$$\mathbb{P}\left(\left|W\left(\frac{1}{n}\right)\right| \leqslant \frac{M}{n^{\gamma}}\right) = \frac{1}{\sqrt{\dfrac{2\pi}{n}}} \int_{-\frac{M}{n^{\gamma}}}^{\frac{M}{n^{\gamma}}} e^{-\frac{nx^2}{2}} \,\mathrm{d}x$$

$$= \frac{1}{\sqrt{2\pi}} \int_{-Mn^{\frac{1}{2}-\gamma}}^{Mn^{\frac{1}{2}-\gamma}} e^{-\frac{y^2}{2}} \,\mathrm{d}y$$

$$\leqslant \frac{2M}{\sqrt{2\pi}} n^{\frac{1}{2}-\gamma} = C n^{\frac{1}{2}-\gamma}. \tag{9.11}$$

(注意 N 起到了放大衰减的作用, 它带来的额外衰减抵消了 (9.12) 中 n 个项求和且 $n \to \infty$ 带来的困难.) 所以

$$\mathbb{P}(A_{M,n}^{i}) \leqslant C^{N} n^{N(\frac{1}{2}-\gamma)},$$

其中常数 C 依赖于 K, N, γ, ω.

现在固定 k, M, 注意对任意的 $n \geqslant k$, 都有 $\bigcap_{n=k}^{\infty} \bigcup_{i=1}^{n} A_{M,n}^{i} \subset \bigcup_{i=1}^{n} A_{M,n}^{i}$, 从而 $\mathbb{P}\left(\bigcap_{n=k}^{\infty} \bigcup_{i=1}^{n} A_{M,n}^{i}\right) \leqslant \mathbb{P}\left(\bigcup_{i=1}^{n} A_{M,n}^{i}\right)$, 于是

$$\mathbb{P}\left(\bigcap_{n=k}^{\infty} \bigcup_{i=1}^{n} A_{M,n}^{i}\right) \leqslant \liminf_{n \to \infty} \mathbb{P}\left(\bigcup_{i=1}^{n} A_{M,n}^{i}\right)$$

$$\leqslant \liminf_{n\to\infty} \sum_{i=1}^{n} \mathbb{P}(A_{M,n}^i) \leqslant \liminf_{n\to\infty} n C^N n^{N(\frac{1}{2}-\gamma)}$$

$$= C^N \liminf_{n\to\infty} \frac{1}{n^{N(\gamma-\frac{1}{2})-1}} = 0, \tag{9.12}$$

其中最后的等号用到了 (9.8) 式. 由于上式对任意 k, M 均成立, 由测度的次可列可加性, 就得到

$$\mathbb{P}\left(\bigcup_{M=1}^{\infty} \bigcup_{k=1}^{\infty} \bigcap_{n=k}^{\infty} \bigcup_{i=1}^{n} A_{M,n}^i\right) = 0.$$

这就证明了结论 1). □

习题 1 证明: 不存在与样本点无关的常数 K, 使得对任意 s, $t \in [0, 1]$, 成立 $|W(s, \omega) - W(t, \omega)| \leqslant K|s - t|^\gamma$.

C 第 10 讲　Brown 运动的构造

HAPTER

本讲介绍一种构造性方法, 来证明 Brown 运动的存在性.

定理 1 (一维 Brown 运动的存在性)　设 $(\Omega, \mathcal{F}, \mathbb{P})$ 是一个概率空间, 其上存在可列无限个服从标准正态分布 $N(0, 1)$ 的独立的随机变量 $\{A_n\}_{n=1}^{\infty}$, 则 Ω 上存在一维 Brown 运动 $W(t)$ $(t \geqslant 0)$, 且对几乎所有的 $\omega \in \Omega$, 路径 $t \mapsto W(t, \omega)$ 是连续的.

定理中要求的随机变量 A_n 可以通过均匀分布来构造 (参见文献 [18]). 该定理的证明分两大步. 首先对 $t \in [0, 1]$ 构造 $W(t)$; 特别地, 由于 $\{A_n\}$ 是可列无限的, 可将其分为可列个不相交的可列集, 从而构造出可列个独立的 $[0, 1]$ 上的 Brown 运动. 然后, 利用这可列个 Brown 运动的独立性, 将它们拼接起来, 就得到了 $t \in [0, +\infty)$ 上的 Brown 运动. 这里的关键是第一步, 它又可分为如下三部分:

(1)　形式上考虑白噪声过程 $\xi(t, \omega) \doteq \sum_{n=0}^{\infty} A_n(\omega) h_n(t)$, 其中 $\{h_n(t)\}$ 是 $L^2([0,1])$ 上的一组标准正交基. (实际上取 Haar 函数. 注意不必讨论这个级数的收敛性.)

(2)　令 $W(t, \omega) \doteq \sum_{n=0}^{\infty} A_n(\omega) \int_0^t h_n(\tau) \, \mathrm{d}\tau$, 利用 A_n 关于 n 的增长估计, 以及 Schauder 函数 $\int_0^t h_n(\tau) \, \mathrm{d}\tau$ 支集的特殊性质, 证明该随机级数对几乎所有的 ω, 在 $t \in [0, 1]$ 上一致收敛.

(3)　验证上述 $W(t) = W(t, \omega)$ 确实满足 Brown 运动的定义. 这里是用特征函数的办法.

10.1　Haar 函数和 Schauder 函数

首先我们给出 Haar 函数的定义.

定义 1 (Haar 函数)　称定义在 $[0, 1]$ 上的如下函数族 $\{h_k(t)\}_{k=0}^{\infty}$ 为 Harr 函数:

$$h_0(t) \doteq 1;$$

$$h_1(t) \doteq \begin{cases} 1, & 0 \leqslant t < \dfrac{1}{2}, \\[2mm] -1, & \dfrac{1}{2} \leqslant t < 1; \end{cases}$$

设 $2^n \leqslant k < 2^{n+1}$, $n = 1, 2, \cdots$,

$$h_k(t) \doteq \begin{cases} 2^{\frac{n}{2}}, & \dfrac{k - 2^n}{2^n} \leqslant t < \dfrac{k - 2^n + \frac{1}{2}}{2^n}, \\[3mm] -2^{\frac{n}{2}}, & \dfrac{k - 2^n + \frac{1}{2}}{2^n} \leqslant t < \dfrac{k - 2^n + 1}{2^n}, \\[3mm] 0, & \text{其他点}. \end{cases}$$

引理 1 $\{h_k(\cdot)\}_{k=0}^{\infty}$ 构成 $L^2([0,1])$ 的标准正交基.

证明 (1) $\{h_k(\cdot)\}_{k=0}^{\infty}$ 构成 $L^2([0,1])$ 的标准正交函数组. 事实上, 容易得出

$$\int_0^1 h_k(t)^2 \, \mathrm{d}t = 2^n \left(\frac{1}{2^{n+1}} + \frac{1}{2^{n+1}} \right) = 1.$$

当 $l > k$ 时, 如果 h_l, h_k 对应同一个 n, 即 $2^n \leqslant k < l < 2^{n+1}$, 则它们的支集不相交, 从而 $h_k h_l = 0$; 若它们对应不同的 n, 则 h_k 在 h_l 的支集上是常数, 从而, 若 $2^n \leqslant k < 2^{n+1}$, 则

$$\int_0^1 h_k(t) h_l(t) \, \mathrm{d}t = \pm 2^{n/2} \int_0^1 h_l(t) \, \mathrm{d}t = 0.$$

(2) 完备性. 设 $f \in L^2([0,1])$, 且 $\forall k$, 成立 $\int_0^1 f h_k \, \mathrm{d}t = 0$, 要证明几乎处处有 $f = 0$.

事实上, $k = 0$ 的情形对应 $\int_0^1 f \, \mathrm{d}t = 0$; 对 $k = 1$, 得到 $\int_0^{\frac{1}{2}} f \, \mathrm{d}t - \int_{\frac{1}{2}}^1 f \, \mathrm{d}t = 0$, 从而 $\int_0^{\frac{1}{2}} f \, \mathrm{d}t = \int_{\frac{1}{2}}^1 f \, \mathrm{d}t = 0$. 对一般的 k, 上述条件意味着

$$\int_{\frac{k}{2^{n+1}}}^{\frac{k+1}{2^{n+1}}} f \, \mathrm{d}t = 0, \quad \forall 0 \leqslant k < 2^{n+1}.$$

那么, 对任意二进有理数 $0 \leqslant s < r \leqslant 1$, 都成立

$$\int_s^r f(t)\,\mathrm{d}t = 0.$$

由 Lebesgue 微分定理[①], 对 a.e. $t \in [0,1]$, $f(t) = 0$.　　　　　　　□

定义 2 (Schauder 函数)　对 $k = 0, 1, \cdots$, 称

$$s_k(t) \doteq \int_0^t h_k(s)\,\mathrm{d}s$$

为 $[0,1]$ 上的第 k 个 Schauder 函数.

不难看出, s_k 都是连续函数. 它们的图像是高为 $2^{-\frac{n}{2}-1}$, 底落在区间 $\left[\dfrac{k-2^n}{2^n},\right.$
$\left.\dfrac{k-2^n+1}{2^n}\right]$ 上的三角形 "帐篷", 且

$$\max_{0 \leqslant t \leqslant 1} |s_k(t)| = 2^{-\frac{n}{2}-1}, \quad \text{如果} \quad 2^n \leqslant k < 2^{n+1}. \tag{10.1}$$

引理 2　对任意的 $0 \leqslant t, s \leqslant 1$, 成立

$$\sum_{k=0}^{\infty} s_k(t)s_k(s) = t \wedge s \doteq \min\{s, t\}.$$

证明　对 $0 \leqslant s \leqslant 1$, 定义阶梯形截断函数

$$\varphi_s(\tau) \doteq \begin{cases} 1, & \tau \in [0, s], \\ 0, & \tau \in (s, 1]. \end{cases}$$

它就是区间 $[0, s]$ 的示性函数. 不失一般性, 不妨设 $s \leqslant t$, 那么 $\varphi_t(\tau)\varphi_s(\tau) = \varphi_s(\tau)$,

$$\int_0^1 \varphi_t(\tau)\varphi_s(\tau)\,\mathrm{d}\tau = \int_0^1 \varphi_s(\tau)\,\mathrm{d}\tau = s = \sum_{k=0}^{\infty} a_k b_k, \tag{10.2}$$

其中最后一个等号是将向量内积用其关于标准正交基的坐标分量的内积表示得到的:

$$a_k \doteq \int_0^1 \varphi_t(\tau)h_k(\tau)\,\mathrm{d}\tau = \int_0^t h_k(\tau)\,\mathrm{d}\tau = s_k(t),$$

[①] Lebesgue 微分定理: 设函数 f 在区间 $[a, b]$ 上 Lebesgue 可积, 那么在 Lebesgue 测度意义下 $[a, b]$ 中几乎所有的点 x_0 都是 Lebesgue 点, 即成立 $f(x_0) = \lim\limits_{(h_1+h_2)\to 0} \dfrac{1}{h_1+h_2} \int_{x_0-h_1}^{x_0+h_2} f(x)\,\mathrm{d}x$.

$$b_k \doteq \int_0^1 \varphi_s(\tau) h_k(\tau) \, \mathrm{d}\tau = \int_0^s h_k(\tau) \, \mathrm{d}\tau = s_k(s).$$

于是从 (10.2) 就得到结论. □

引理 3 给定数列 $\{a_k\}_{k=0}^\infty$, 若存在常数 $C > 0$ 以及 $\delta \in \left[0, \dfrac{1}{2}\right)$ 使得

$$|a_k| \leqslant Ck^\delta, \quad k = 1, 2, \cdots,$$

则级数 $\displaystyle\sum_{k=0}^\infty a_k s_k(t)$ 在 $[0, 1]$ 上绝对收敛且一致收敛, 从而也是 $[0, 1]$ 上的连续函数.

证明 令

$$b_n \doteq \max_{2^n \leqslant k < 2^{n+1}} |a_k| \leqslant C(2^{n+1})^\delta.$$

注意到对 $2^n \leqslant k < 2^{n+1}$, $s_k(\cdot)$ 的支集互不相交, 从而对任意固定的 $t \in [0, 1]$, 下面级数中当 $2^n \leqslant k < 2^{n+1}$ 时只对某一个指标为 k 的项非零, 其余项全部是零. 于是

$$\sum_{k=2^m}^\infty |a_k| |s_k(t)| \leqslant \sum_{n=m}^\infty b_n \max_{2^n \leqslant k < 2^{n+1}, 0 \leqslant t \leqslant 1} |s_k(t)|$$

$$\leqslant C \sum_{n=m}^\infty (2^{n+1})^\delta 2^{-\frac{n}{2}-1} \leqslant C2^{\delta-1} \sum_{n=m}^\infty 2^{(\delta-\frac{1}{2})n}.$$

这里第二个不等号用到了 (10.1), 而最后一个数项级数由于 $\delta < 1/2$, 是收敛的. 用优级数判别法即得结论. □

10.2 Brown 运动的构造

首先给出如下有关服从正态分布的随机变量序列取值的渐近性态的估计.

引理 4 设 $\{A_k\}_{k=1}^\infty$ 是一列服从标准正态分布 $N(0, 1)$ 的随机变量. 则对几乎所有的 ω, 成立

$$|A_k(\omega)| = O\left(\sqrt{\ln k}\right), \quad k \to \infty.$$

证明 对 $k = 2, 3, \cdots$ 及任意的 $x > 0$, 不难得到

$$\mathbb{P}(|A_k| \geqslant x) = \frac{2}{\sqrt{2\pi}} \int_x^\infty e^{-\frac{s^2}{2}} \, \mathrm{d}s \leqslant \frac{2}{\sqrt{2\pi}} e^{-\frac{x^2}{4}} \int_x^\infty e^{-\frac{s^2}{4}} \, \mathrm{d}s$$

$$\leqslant \left(\frac{2}{\sqrt{2\pi}} \int_0^\infty e^{-\frac{s^2}{4}} \, \mathrm{d}s\right) e^{-\frac{x^2}{4}} = Ce^{-\frac{x^2}{4}}.$$

显然 C 与 k 无关. 取 $x = 4\sqrt{\ln k}$, 就成立

$$\mathbb{P}\left(|A_k| \geqslant 4\sqrt{\ln k}\right) \leqslant Ce^{-4\ln k} = \frac{C}{k^4}.$$

由于级数 $\sum\limits_{k=1}^{\infty} \dfrac{1}{k^4}$ 收敛, 根据 Borel-Cantelli 定理,

$$\mathbb{P}\left(\limsup_{k \to \infty} \left\{|A_k| \geqslant 4\sqrt{\ln k}\right\}\right) = 0,$$

即事件 $\left\{|A_k| \geqslant 4\sqrt{\ln k}\right\}$ 无限次发生的概率为零. 也就是说, 对 a.s. ω, 存在常数 $K = K(\omega)$, 当 $k > K(\omega)$ 时, $|A_k(\omega)| \leqslant 4\sqrt{\ln k}$. $\square$

下面对 $t \in [0, 1]$, 定义

$$W(t) \doteq \sum_{k=0}^{\infty} A_k s_k(t).$$

注意到存在常数 $C > 1$ 使得当 $k \geqslant 1$ 时 $\sqrt{\ln k} \leqslant Ck^{1/4}$, 由引理 3, 对几乎所有的 ω, $W(t, \omega)$ 都存在, 而且是关于 t 的连续函数.

定理 2 (Brown 运动的构造)　设 $\{A_k\}_{k=0}^{\infty}$ 是概率空间 $(\Omega, \mathcal{F}, \mathbb{P})$ 上一列独立的服从标准正态分布 $N(0, 1)$ 的随机变量, 则

$$W(t, \omega) \doteq \sum_{k=0}^{\infty} A_k(\omega)s_k(t), \quad 0 \leqslant t \leqslant 1$$

对 a.s. ω, 关于时间 t 一致收敛, 且

- $W(\cdot)$ 关于 $0 \leqslant t \leqslant 1$ 是 Brown 运动;
- 路径 $t \mapsto W(t, \omega)$ 连续.

证明　(1) 由引理 4 可知第二个论断成立. 下面给出第一个论断的证明. 我们依次验证 Brown 运动定义中的三个要求全部成立.

由于 $s_k(0) = 0$, $W(0) = 0$ 是显然的.

(2) 对 $t > s \geqslant 0$, 证明

$$W(t) - W(s) \sim N(0, t-s).$$

为此, 我们要用对付正态分布随机变量的利器——特征函数. 事实上, 利用服从正态分布的独立的随机变量的和的特征函数是它们各自特征函数的积的性质 (这里涉及收敛的无限和与无穷乘积, 该结论仍成立),

$$\mathbb{E}\left[e^{i\lambda(W(t)-W(s))}\right]=\mathbb{E}\left[e^{i\lambda\sum\limits_{k=0}^{\infty}A_k\left(s_k(t)-s_k(s)\right)}\right]=\prod_{k=0}^{\infty}\mathbb{E}\left[e^{i\lambda A_k\left(s_k(t)-s_k(s)\right)}\right]$$

$$=\prod_{k=0}^{\infty}e^{-\frac{\lambda^2}{2}\left(s_k(t)-s_k(s)\right)^2}=e^{-\frac{\lambda^2}{2}\sum\limits_{k=0}^{\infty}\left(s_k(t)-s_k(s)\right)^2}$$

$$=e^{-\frac{\lambda^2}{2}\sum\limits_{k=0}^{\infty}\left(s_k(t)^2-2s_k(t)s_k(s)+s_k(s)^2\right)}$$

$$=e^{-\frac{\lambda^2}{2}(t-2s+s)}=e^{-\frac{\lambda^2}{2}(t-s)},$$

其中第二个等号用到了 A_k 的独立性; 第三个等号用到了 $N(0, \sigma^2)$ 随机变量的特征函数是 $e^{-\frac{1}{2}\lambda^2\sigma^2}$; 第六个等号用到了引理 2. 根据特征函数与概率分布函数的一一对应关系. 最后的结论表明, $W(t)-W(s)\sim N(0,t-s)$.

(3) 增量独立性. 对 $m=1, 2, \cdots$, 设 $0=t_0<t_1<\cdots<t_m$, 证明

$$\mathbb{E}\left[e^{i\sum\limits_{j=1}^{m}\lambda_j\left(W(t_j)-W(t_{j-1})\right)}\right]=\prod_{j=1}^{m}e^{-\frac{\lambda_j^2}{2}\cdot(t_j-t_{j-1})}. \tag{10.3}$$

该式左端是随机变量组 $W(t_1)$, $W(t_2)-W(t_1)$, $\cdots$, $W(t_m)-W(t_{m-1})$ 对应的特征函数, 即

$$\int_{\mathbb{R}^m}e^{i\sum\limits_{j=1}^{m}\lambda_j x_j}\,\mathrm{d}F_{W(t_1),W(t_2)-W(t_1),\cdots,W(t_m)-W(t_{m-1})}(x_1,\ x_2,\ \cdots,\ x_m).$$

(10.3) 的右端是 $W(t_1)$, $W(t_2)-W(t_1)$, $\cdots$, $W(t_m)-W(t_{m-1})$ 的各自的特征函数的乘积, 即

$$\prod_{j=1}^{m}\int_{\mathbb{R}}e^{i\lambda_j x_j}\,\mathrm{d}F_{W(t_j)-W(t_{j-1})}(x_j)$$

$$=\int_{\mathbb{R}^m}e^{i\sum\limits_{j=1}^{m}\lambda_j x_j}\,\mathrm{d}F_{W(t_1)}(x_1)\cdots\mathrm{d}F_{W(t_m)-W(t_{m-1})}(x_m).$$

如果 (10.3) 成立, 利用特征函数唯一确定概率分布函数, 就得到

$$F_{W(t_1),W(t_2)-W(t_1),\cdots,W(t_m)-W(t_{m-1})}(x_1,\ x_2,\ \cdots,\ x_m)$$

$$=F_{W(t_1)}(x_1)\cdots F_{W(t_m)-W(t_{m-1})}(x_m),$$

这便证明了 $W(t_1)$, $W(t_2)-W(t_1)$, $\cdots$, $W(t_m)-W(t_{m-1})$ 的独立性.

下面对 $m = 2$ 的情形验证 (10.3). 对一般的 m 可类似计算, 技巧是一样的:

$$
\mathbb{E}\left[e^{i\left(\lambda_1 W(t_1) + \lambda_2 (W(t_2) - W(t_1))\right)}\right]
$$

$$
= \mathbb{E}\left[e^{i(\lambda_1 - \lambda_2)W(t_1) + i\lambda_2 W(t_2)}\right]
$$

$$
= \mathbb{E}\left[e^{i(\lambda_1 - \lambda_2)\sum\limits_{k=0}^{\infty} A_k s_k(t_1) + i\lambda_2 \sum\limits_{k=0}^{\infty} A_k s_k(t_2)}\right]
$$

$$
= \mathbb{E}\left[e^{i\sum\limits_{k=0}^{\infty} A_k \left((\lambda_1 - \lambda_2)s_k(t_1) + \lambda_2 s_k(t_2)\right)}\right]
$$

$$
= \prod_{k=0}^{\infty} \mathbb{E}\left[e^{iA_k\left((\lambda_1 - \lambda_2)s_k(t_1) + \lambda_2 s_k(t_2)\right)}\right] \quad \text{(用独立性)}
$$

$$
= \prod_{k=0}^{\infty} e^{-\frac{1}{2}\left((\lambda_1 - \lambda_2)s_k(t_1) + \lambda_2 s_k(t_2)\right)^2}
$$

$$
= e^{-\frac{1}{2}\sum\limits_{k=0}^{\infty}\left((\lambda_1 - \lambda_2)s_k(t_1) + \lambda_2 s_k(t_2)\right)^2}
$$

$$
= e^{-\frac{1}{2}\sum\limits_{k=0}^{\infty}\left((\lambda_1 - \lambda_2)^2 s_k(t_1)^2 + \lambda_2^2 s_k(t_2)^2 + 2(\lambda_1 - \lambda_2)\lambda_2 s_k(t_1)s_k(t_2)\right)}
$$

$$
= e^{-\frac{1}{2}\left((\lambda_1 - \lambda_2)^2 t_1 + \lambda_2^2 t_2 + 2(\lambda_1 - \lambda_2)\lambda_2 t_1\right)} \quad \text{(用引理 2)}
$$

$$
= e^{-\frac{1}{2}\left((\lambda_1^2 - \lambda_2^2)t_1 + \lambda_2^2 t_2\right)}
$$

$$
= e^{-\frac{1}{2}\left(\lambda_1^2 t_1 + \lambda_2^2 (t_2 - t_1)\right)}.
$$

这就验证了 (10.3) 成立.　　　　　　　　　　　　　　　　　　　　　　　　　□

定理 3 (Brown 运动的存在性)　设概率空间 $(\Omega, \mathcal{F}, \mathbb{P})$ 上有可列无限个独立的服从 $N(0,1)$ 分布的随机变量, 则存在定义在该空间上的 Brown 运动 $W(t)$, $t \geqslant 0$.

证明　将 $\{A_n\}$ 分为可列无限个子集, 每个子集包含可列个随机变量. 对每个子集用定理 2, 就可以构造出可列个定义在 $[0, 1]$ 上的 Brown 运动 $W^n(\cdot)$, $n = 1, 2, \cdots$. 它们是独立的. 于是我们可依次归纳地定义

$$
W(t) \doteq W(n-1) + W^n(t - (n-1)), \quad n-1 \leqslant t \leqslant n.
$$

不难验证, 由此得到的 $W(t)$ 确实满足 Brown 运动的定义.　　　　　　　　　□

我们希望读者通过对 Brown 运动数学理论的初步学习, 理解第 1 讲介绍的科学研究的方法. 人们观察到花粉微粒在流体中的不规则运动后, 一度认为这是生命体的一种自主运动 (这就是提出了一种假说), 但是 Brown 通过大量实验观

测 (用花粉标本、无机物粒子等做实验), 确定这是一种物理现象, 否定了上述假说. 实验发现了这种不规则运动的一些物理特性 (例如, 温度越高, 运动就越活跃等). 随着热力学的发展, 有人提出 Brown 运动与分子热运动有关. 但决定性的突破是 Einstein 提出的量化了的假设. 他提出了描述 Brown 运动的关键概念——概率转移函数, 用一些简单而且看上去也合理的假设, 形式上推导出了 Brown 运动的概率转移函数与正态分布的概率密度函数的关系, 提出了可以从实验角度检验这些假设的办法 (测算 Avogadro 常数), 并由 Perrin 的实验结果所证实. 这就使得 Einstein 的假设被作为物理理论得到承认.

但这只是 Brown 运动科学理论的真正开端, 而不是终结. 在物理理论的基础上, 人们提出了 Brown 运动的数学概念 (这也是一种假设), 它是一种特殊的随机过程. 那么这个假设 (数学概念) 是否合理, 需要从理论和实践两个角度去检验. 从理论上讲, 关键就是这种数学对象是否确实存在, 也就是构造 Brown 运动. 从实践角度讲, 就是从这个概念推导它所蕴含的数学信息, 如概率密度转移函数是否和 Einstein 的已经被证实了的学说相符; 推导不同时刻采样的联合概率密度函数, 与实验结果对比; 证明轨道的不可微性质等, 与已有实验观察结论相符, 等等. 这种科学理论是量化的、精确的, 提供了用物理实验和观察无法确定的更多信息 (如轨道的小于 1/2 阶的 Hölder 连续性), 可以用于精准地计算和预测. 现在, Brown 运动作为科学理论的一部分, 已经成为一种可靠的描述随机现象的工具, 被用来模拟和研究其他现象, 如金融市场的价格波动等, 并取得了一些成功.

除了本讲介绍的方法 (参见 [12] 2.3 节), 以及第 7 讲提及的紧性方法 (通过随机游走构建近似随机过程, 再对该近似随机过程序列取收敛子列的极限得到 Brown 运动, 参见 [15] 第六章), 还有一种重要的构造 Brown 运动的方法, 即路径空间上的 Wiener 测度 (参见 [12] 2.2 节). 我们对此略作介绍.

由于花粉微粒不是数学对象, 在数学理论中其实是不能作为样本点的. 然而, 花粉微粒的运动轨迹作为连续曲线是数学对象. 从数学角度讲, 也完全可以把花粉微粒与它的运动轨迹等同起来. 换句话说, 我们可以把无限维的线性空间 $C_0([0,\infty)) \doteq \{\omega(\cdot) \in C([0,\infty)) : \omega(0) = 0\}$ 作为样本空间 Ω, 构造适当的 σ-域 $\mathcal{F}$ 及 $(\Omega, \mathcal{F})$ 上的概率测度 $\mathbb{P}$, 使得 $\omega \mapsto \omega(t)$ 就是 Brown 运动, 即 $W(t, \omega) \doteq \omega(t)$. 这里的关键是要成立 (7.5) 式:

$$\mathbb{P}(a_1 \leqslant W(t_1) \leqslant b_1, \cdots, a_n \leqslant W(t_n) \leqslant b_n)$$

$$= \int_{a_1}^{b_1} \cdots \int_{a_n}^{b_n} g(x_1, t_1 \mid 0) g(x_2, t_2 - t_1 \mid x_1)$$

$$\cdots \cdot g(x_n, t_n - t_{n-1} \mid x_{n-1}) \, \mathrm{d}x_n \cdots \mathrm{d}x_1.$$

也就是说, 对任意自然数 n, 以及 $0 < t_1 < \cdots < t_n$, $a_i < b_i$, $i = 1, \cdots, n$, 满足要求 $a_1 \leqslant \omega(t_1) \leqslant b_1, \cdots, a_n \leqslant \omega(t_n) \leqslant b_n$ 的所有曲线 $\omega(t)$ 组成的集合 $E \subset \Omega$ 要关于 $\mathbb{P}$ 可测, 且

$$\mathbb{P}(E) = \int_{a_1}^{b_1} \cdots \int_{a_n}^{b_n} g(x_1, t_1 \mid 0) g(x_2, t_2 - t_1 \mid x_1)$$

$$\cdots \cdot g(x_n, t_n - t_{n-1} \mid x_{n-1}) \, \mathrm{d}x_n \cdots \mathrm{d}x_1.$$

上述形式的集合 E 叫作柱形集. 注意上式右端其实确定了 $\mathbb{R}^n$ 上的一个概率测度 $\mathbb{P}_n$. 显然, $\mathbb{P}$ 应当定义在所有柱形集生成的 σ-域 $\mathcal{F}$ 上. 可以证明, $\mathcal{F}$ 就是 $C_0([0, \infty))$ 的 Borel σ-域, 而 $\mathbb{P}$ 可以通过实变函数课程讲过的构造测度的 Carathéodory 方法, 从上述有限维测度 $\mathbb{P}_n$ 扩张到无限维的可测空间 $(\Omega, \mathcal{F})$ 上. 概率空间 $(\Omega, \mathcal{F}, \mathbb{P})$ 就是 Brown 运动的数学模型, 测度 $\mathbb{P}$ 也称作 Wiener 测度.

事实上, 从分布的角度看, 任何随机过程都对应于其轨道空间上的一个概率测度, 参见 [19] 2.1 节.

习题 1 请对 $k = 1, 2, 3, 4, 5, 6$, 画出 $h_k(t)$ 和 $s_k(t)$ 的图像.

习题 2 证明: 对任意的 $\varepsilon > 0$, 以及几乎所有的样本点 ω, 当 $t \to \infty$ 时, 成立

$$|W(t, \omega)| = O\left(t^{\frac{1}{2} + \varepsilon}\right).$$

[提示: 用鞅不等式.]

第 2 部分

随机积分和随机微分方程

第 11 讲　Paley-Wiener-Zygmund 随机积分

从本讲开始, 我们介绍 Itô 的随机积分理论, 这是随机微分方程理论的基础. 作为特例, 我们先介绍比较简单的佩利-维纳-赞格蒙 (Paley-Wiener-Zygmund) 随机积分, 即形如 $\int_0^T g(t)\,\mathrm{d}W(t)$ 的积分 (被积函数是确定性的). 将分两步定义: 首先考虑 $g(t)$ 是连续可微函数的情形, 它可通过分部积分转化为我们在第 3 讲介绍过的 Stieltjes 积分或 Riemann 积分来定义. 我们探讨这样定义的随机积分作为线性算子的性质, 利用连续可微函数在 $L^2([0,T])$ 中的稠密性, 通过有界线性算子的保范延拓, 对一般的 $g \in L^2([0,T])$ 定义 $\int_0^T g(t)\,\mathrm{d}W(t)$. 这种从简单到复杂考虑问题的思路在数学中是非常重要的, 对后面理解 Itô 随机积分的定义极为关键.

11.1　光滑被积函数的 Paley-Wiener-Zygmund 随机积分

定义 1 (Paley-Wiener-Zygmund 随机积分)　设 $W(t)$ 是概率空间 Ω 上的 Brown 运动, 而 $g : [0, T] \to \mathbb{R}$ 是连续可微的函数, 且 $g(T) = 0$. 定义 (随机) 积分

$$\int_0^T g(t)\,\mathrm{d}W(t) \doteq -\int_0^T g'(t)W(t)\,\mathrm{d}t.$$

注意积分 $\int_0^T g(t)\,\mathrm{d}W(t)$ 仍然是个随机变量: 设 $\omega \in \Omega$, 则

$$\left(\int_0^T g(t)\,\mathrm{d}W(t)\right)(\omega) \doteq -\int_0^T g'(t)W(t,\omega)\,\mathrm{d}t.$$

由于对 a.s. ω, $W(t, \omega)$ 关于 t 连续, $g'(t)$ 连续, 所以右端是个 Riemann 积分. 该积分关于 ω 的可测性源于可测函数的线性组合及点态收敛极限均可测.

下面给出 Paley-Wiener-Zygmund 积分的重要性质, 它们对一般的随机积分都成立, 是拓展随机积分定义的关键 (或者说其中体现了随机的好的效应).

定理 1　随机积分 $\displaystyle\int_0^T g(t)\,\mathrm{d}W(t)$ 满足

(1) $\mathbb{E}\left[\displaystyle\int_0^T g(t)\,\mathrm{d}W(t)\right]=0$;

(2) $\mathbb{E}\left[\left(\displaystyle\int_0^T g(t)\,\mathrm{d}W(t)\right)^2\right]=\displaystyle\int_0^T g(t)^2\,\mathrm{d}t.$

证明　(1) 由上述定义和富比尼 (Fubini) 定理, 以及 $W(t)\sim N(0,t)$, 成立

$$\mathbb{E}\left[\int_0^T g\,\mathrm{d}W\right]=-\mathbb{E}\left[\int_0^T g'W\,\mathrm{d}t\right]=-\int_0^T g'(t)\mathbb{E}[W(t)]\,\mathrm{d}t=0.$$

(2) 由 $\mathbb{E}[W(t)W(s)]=t\wedge s$, 多次使用分部积分, 可得

$$\mathbb{E}\left[\left(\int_0^T g\,\mathrm{d}W\right)^2\right]=\mathbb{E}\left[\left(\int_0^T g'(t)W(t)\,\mathrm{d}t\right)\left(\int_0^T g'(s)W(s)\,\mathrm{d}s\right)\right]$$

$$=\mathbb{E}\left[\int_0^T\int_0^T g'(t)g'(s)W(t)W(s)\,\mathrm{d}s\mathrm{d}t\right]$$

$$=\int_0^T\int_0^T g'(t)g'(s)\mathbb{E}[W(t)W(s)]\,\mathrm{d}s\mathrm{d}t\quad\text{(Fubini 定理)}$$

$$=\int_0^T\int_0^T g'(t)g'(s)\cdot(t\wedge s)\,\mathrm{d}s\mathrm{d}t$$

$$=\int_0^T g'(t)\left(\int_0^t g'(s)(t\wedge s)\,\mathrm{d}s+\int_t^T g'(s)(t\wedge s)\,\mathrm{d}s\right)\mathrm{d}t$$

$$=\int_0^T g'(t)\left(\int_0^t g'(s)s\,\mathrm{d}s+t\int_t^T g'(s)\,\mathrm{d}s\right)\mathrm{d}t$$

$$=\int_0^T g'(t)\left(sg(s)|_0^t-\int_0^t g(s)\,\mathrm{d}s+tg(T)-tg(t)\right)\mathrm{d}t$$

$$=-\int_0^T g'(t)\left(\int_0^t g(s)\,\mathrm{d}s\right)\mathrm{d}t$$

$$=-g(t)\int_0^t g(s)\,\mathrm{d}s\Big|_{t=0}^{t=T}+\int_0^T g(t)g(t)\,\mathrm{d}t$$

$$=\int_0^T g(t)^2\,\mathrm{d}t.$$

这里第一个等号后, 将平方用不同被积变量写出的技巧会多次用到.　　　□

由以上估计式及 Paley-Wiener-Zygmund 积分的定义, 利用下面的泛函分析定理, 就可以对更一般的函数 g, 定义其关于 Brown 运动的随机积分.

11.2 稠定有界线性算子的保范延拓

下面的定理在分析学中有许多重要的应用.

定理 2 设 X, Y 是实 Banach 空间, S 是 X 的稠密的线性子空间. 又设 $T: S \to Y$ 是有界线性算子, 即 T 是线性算子, 且成立 $C \doteq \sup\limits_{x \in S, x \neq 0} \dfrac{\|Tx\|_Y}{\|x\|_X} < \infty$, 则存在有界线性算子 $\bar{T}: X \to Y$, 使得 $\bar{T}|_S = T$, 且 $C = \sup\limits_{x \in X, x \neq 0} \dfrac{\|\bar{T}x\|_Y}{\|x\|_X}$. 称 $\bar{T}$ 是 T 在 X 上的保范线性延拓.

证明 (1) 对任意 $x \in X$, 由稠密性的定义, 存在 $\{x_n\} \subset S$, 使得

$$\lim_{n \to \infty} \|x_n - x\|_X = 0.$$

特别地, $\{x_n\}$ 是 X 中的 Cauchy 列.

(2) 由 C 的定义, 以及 S 是线性子空间, 成立

$$\|Tx_n - Tx_m\|_Y = \|T(x_n - x_m)\|_Y \leqslant C \|x_n - x_m\|_X,$$

那么 $\{Tx_n\}$ 是 Y 中 Cauchy 列. 由于 Y 是 Banach 空间, 它是完备的, 即存在 $y \in Y$ 使得 $\lim\limits_{n \to \infty} Tx_n = y$. 我们定义 $\bar{T}x \doteq y$.

(3) 下面说明上述定义的合理性, 即 y 可以唯一地由 x 确定, 而与 $\{x_n\}$ 的选取无关.

设 $\{x_n'\}$ 是 S 中收敛到 x 的另一个点列, 与之对应 Tx_n' 在 Y 中收敛到 y'. 我们需要证明 $y = y'$.

为此, 考虑点列 $\{z_n\} \doteq \{x_1, x_1', x_2, x_2', \cdots, x_n, x_n', \cdots\}$, 则 z_n 也收敛到 x, 从而 Tz_n 在 Y 中有唯一的极限 z. 但 $\{Tx_n\}$, $\{Tx_n'\}$ 都是 $\{Tz_n\}$ 的子列, 由极限的唯一性, 可得 $y = z = y'$.

(4) $\bar{T}$ 是 T 的延拓, 即当 $x \in S$ 时, $\bar{T}x = Tx$. 事实上, 此时取 $x_n = x$ 即可.

(5) $\bar{T}: X \to Y$ 是线性的. 事实上, 设 $\{x_n\} \subset S$ 且 $x_n \to x$, 则对任意的 $k \in \mathbb{R}$, $kx_n \to kx$, 从而

$$\bar{T}(kx) = \lim_{n \to \infty} T(kx_n) = k \lim_{n \to \infty} T(x_n) = k\bar{T}(x).$$

另一方面, 设 $\{y_n\} \subset S$ 且 $y_n \to y$, 则 $x_n + y_n \to x + y$, 于是

$$\bar{T}(x + y) = \lim_{n \to \infty} T(x_n + y_n) = \lim_{n \to \infty} Tx_n + \lim_{n \to \infty} Ty_n = \bar{T}x + \bar{T}y.$$

(6) 保范性. 记 $C_1 \doteq \sup\limits_{x \in X,\, x \neq 0} \dfrac{\|\bar{T}x\|_Y}{\|x\|_X}$. 由于 $\bar{T}$ 是 T 的延拓, 自然地有 $C_1 \geqslant C$. 另一方面,

$$\|\bar{T}x\|_Y = \lim_{n \to \infty} \|Tx_n\|_Y \leqslant C \lim_{n \to \infty} \|x_n\|_X = C \|x\|_X,$$

故对任意 $x \in X$, $\dfrac{\|\bar{T}x\|_Y}{\|x\|_X} \leqslant C$. 从而由上确界的定义, $C_1 \leqslant C$. 这证明了 $C_1 = C$.

$\square$

11.3　Paley-Wiener-Zygmund 随机积分的定义

现在考虑 Banach 空间 $X = L^2([0, T])$, $Y = L^2(\Omega, \mathbb{P})$, 以及 $S = C_{0*}^1([0, T])$ $\Big($连续可微且在端点 T 取值为零的函数组成的实 Banach 空间, 范数为 $\|f\|_S \doteq$ $\max\limits_{x \in [0, T]} |f(x)|$, 即一致收敛范数$\Big)$. 由实变函数知识, 连续函数在 X 中稠密; 由数学分析知识, 多项式函数在有界闭区间上的连续函数中, 关于一致收敛稠密, 从而也在 X 中稠密. 于是 C^∞ 函数在 X 中稠密. 现对任意 $f \in C^1([0, T])$, 通过在 $t = T$ 处任意小邻域内适当修改, 可保证存在 $f_n \in C_{0*}^1([0, T])$ 在 X 中按范数收敛到 f. 所以 S 在 X 中稠密.

现在定义 $T : S \to Y$ 如下: 对 $g \in S$,

$$(Tg)(\omega) \doteq \int_0^T g(t)\, \mathrm{d}W(t, \omega), \quad \forall \omega \in \Omega.$$

显然 T 是线性的, 且由定理 1, T 是有界的, 范数为 1. 所以它可延拓为 $X \to Y$ 的有界线性算子 $\bar{T}$, 且 $\|\bar{T}\| = 1$. 特别地, 由于 X, Y 都是 Hilbert 空间, $\bar{T}$ 其实是一个等距映射, 且保持内积: 若 g, $h \in X$,

$$\mathbb{E}\left[\left(\int_0^T g\, \mathrm{d}W\right)\left(\int_0^T h\, \mathrm{d}W\right)\right] = \int_0^T gh\, \mathrm{d}t.$$

回顾定理 2 的证明, 对 $g \in L^2([0, T])$, 任取一列 $g_n \in C_{0*}^1([0, T])$, 使得

$$g_n(T) = 0, \quad \|g_n - g\|_{L^2} \to 0,$$

也可直接定义

$$\int_0^T g\, \mathrm{d}W \doteq \lim_{n \to \infty} \int_0^T g_n\, \mathrm{d}W \quad (L^2(\Omega, \mathbb{P})).$$

由于在 $L^2(\Omega, \mathbb{P})$ 范数下, 收敛的函数列必有子列几乎处处收敛, 所以左边的积分对几乎所有的样本点 $\omega \in \Omega$ 都存在. 这样, 虽然对某些极端的样本点可能确实无法定义随机积分, 但统计表明这样的样本点构成的集合是零测集, 这也体现出随机或统计意义下好的效应. 这是随机积分理论之所以能够建立, 实现 "山重水复疑无路, 柳暗花明又一村" 的关键所在.

习题 1 求随机积分 $\displaystyle\int_0^t s \,\mathrm{d}W(s)$, 并计算它的期望和方差.

习题 2 设函数 $g: [0, T] \to \mathbb{R}$ 连续可微, $g(0) = g(T) = 0$. 求 $\displaystyle\int_0^T g(t)\mathrm{d}W(t)$ 的概率密度函数.

习题 3 为了从牛顿 (Newton) 力学角度解释 Brown 运动, 郎之万 (Langevin, 1872—1946) 提出了如下描述液体中微粒运动速度的 (随机) 微分方程

$$\frac{\mathrm{d}v}{\mathrm{d}t} = -\beta v + \dot{W}(t),$$

其中 $-\beta v$ 代表微粒运动受到的摩擦阻力 (β 是正的常数), 白噪声 $\dot{W}(t)$ 描述微粒受到的随机的冲击力.

(1) 说明该方程的解为 $v(t) = v_0 \mathrm{e}^{-\beta t} + W(t) - \beta \displaystyle\int_0^t \mathrm{e}^{-\beta(t-s)} W(s) \,\mathrm{d}s$, 从而, 从原点出发的微粒运动路径为 $x_\beta(t) = \displaystyle\int_0^t \mathrm{e}^{-\beta(t-s)} W(s) \,\mathrm{d}s$;

(2) 计算 $v(t)$, $x(t)$ 的期望和方差;

(3) 证明 $\displaystyle\lim_{\beta \to \infty} \beta x_\beta(t) = W(t)$.

C
HAPTER
第 12 讲 $\int_0^T W\mathrm{d}W$

设 $W(t)$ 是概率空间 $(\Omega, \mathcal{F}, \mathbb{P})$ 上的 Brown 运动. 这一讲我们从 Riemann 和的角度探究随机积分 $\int_0^T W(t, \omega)\,\mathrm{d}W(t, \omega)$ 的定义和它的值, 帮助读者体会定义 Itô 积分, 建立 Itô 等距的关键点, 即利用被积函数与 Brown 运动增量间的独立性, 极大地简化计算. 这需要分割区间后作 Riemann 和时, 将被积函数在相对固定的点取值, 而不是在小区间中任意的点取值. 这有助于读者在第 13 讲理解, 为何要引入关于 Brown 运动非预测的 σ-域流及关于其适应的随机过程的一般概念. 此外, 请读者进一步认识 Riemann 和在平方积分 (统计) 意义下收敛, 而不是关于样本点的点态收敛这个重要发现. 本讲的结果也是建立 Itô 乘法法则 (普通函数乘积求导的 Leibniz 法则的推广) 的基础.

12.1 平方变差

与微积分中定义定积分类似, 首先对区间 $[0, T]$ 作划分. 记

$$P \doteq \{0 = t_0 < t_1 < \cdots < t_m = T\}, \quad |P| \doteq \max_{0 \leqslant k \leqslant m-1} |t_{k+1} - t_k|. \qquad (12.1)$$

任取 $\lambda \in [0, 1]$, 令

$$\tau_k \doteq (1 - \lambda)t_k + \lambda t_{k+1} \in [t_k, t_{k+1}], \quad k = 0, \cdots, m-1.$$

作 Riemann 和

$$R = R(P, \lambda, \omega) \doteq \sum_{k=0}^{m-1} W(\tau_k, \omega)(W(t_{k+1}, \omega) - W(t_k, \omega)), \quad \text{a.s. } \omega \in \Omega.$$

我们用 $|P| \to 0$ 时 R 的极限来定义随机积分

$$\int_0^T W(t, \omega)\,\mathrm{d}W(t, \omega).$$

注意它还是个随机变量, 要对几乎所有的 $\omega \in \Omega$ 有定义.

为此, 先证明如下重要定理.

定理 1（平方变差）　设 $[a, b] \subset [0, +\infty)$. 对 $n \in \mathbb{N}$, 作划分

$$P_n \doteq \{a = t_0^n < t_1^n < \cdots < t_{m_n}^n = b\},$$

且 $\lim\limits_{n \to \infty} |P_n| = 0$. 则当 $n \to \infty$ 时, 在 $L^2(\Omega) \doteq L^2(\Omega, \mathbb{P})$ 中成立

$$\sum_{k=0}^{m_n-1} \left[W(\tau_k^n) - W(t_k^n)\right]^2 \to \lambda(b - a),$$

其中 $\tau_k^n \doteq (1 - \lambda)t_k^n + \lambda t_{k+1}^n$.

我们注意到, 如果 $W(\cdot)$ 是连续且有界变差的函数, 那么上述平方变差必然为零 (与数学分析中判别 Riemann 积分收敛时对二阶余项的处理类似). 这里平方变差不是零, 体现了白噪声在时间上累积产生的 (通过积分收敛体现出来的) 宏观效应. 这一项也是将要定义的 Itô 积分多余出来的修正项的来源.

证明　(1) 记

$$Q_n \doteq \sum_{k=0}^{m_n-1} [W(\tau_k^n) - W(t_k^n)]^2,$$

则

$$Q_n - \lambda(b - a) = \sum_{k=0}^{m_n-1} \left[(W(\tau_k^n) - W(t_k^n))^2 - (\tau_k^n - t_k^n)\right].$$

下面证明 Q_n 在 $L^2(\Omega)$ 中收敛到 $\lambda \cdot (b - a)$, 即

$$\lim_{n \to \infty} \mathbb{E}[(Q_n - \lambda(b - a))^2] = 0.$$

(2) 首先

$$\mathbb{E}[(Q_n - \lambda(b - a))^2]$$

$$= \sum_{k=0}^{m_n-1} \sum_{j=0}^{m_n-1} \mathbb{E}\left[\left((W(\tau_k^n) - W(t_k^n))^2 - (\tau_k^n - t_k^n)\right)\left((W(\tau_j^n) - W(t_j^n))^2 - (\tau_j^n - t_j^n)\right)\right]$$

$$= \sum_{\substack{0 \leqslant k,j \leqslant m_n-1, \\ k \neq j}} \mathbb{E}\left[\left((W(\tau_k^n) - W(t_k^n))^2 - (\tau_k^n - t_k^n)\right)\left((W(\tau_j^n) - W(t_j^n))^2 - (\tau_j^n - t_j^n)\right)\right]$$

$$+ \sum_{k=0}^{m_n-1} \mathbb{E}\left[\left((W(\tau_k^n) - W(t_k^n))^2 - (\tau_k^n - t_k^n)\right)^2\right]$$

$$= A_1 + A_2.$$

对于 A_1, 因为 $k \neq j$, 由 Brown 运动的定义和划分取法, 知道 $W(\tau_k^n) - W(t_k^n)$ 与 $W(\tau_j^n) - W(t_j^n)$ 独立, 从而它们与确定性函数的复合也独立. 于是

$$A_1 = \sum_{\substack{0 \leqslant k,\,j \leqslant m_n-1, \\ k \neq j}} \mathbb{E}\left[\left((W(\tau_k^n) - W(t_k^n))^2 - (\tau_k^n - t_k^n)\right)\right]$$

$$\cdot \mathbb{E}\left[\left((W(\tau_j^n) - W(t_j^n))^2 - (\tau_j^n - t_j^n)\right)\right]$$

$$= \sum_{\substack{0 \leqslant k,\,j \leqslant m_n-1, \\ k \neq j}} \left(\mathbb{E}\left[(W(\tau_k^n) - W(t_k^n))^2\right] - (\tau_k^n - t_k^n)\right)$$

$$\cdot \left(\mathbb{E}\left[(W(\tau_j^n) - W(t_j^n))^2\right] - (\tau_j^n - t_j^n)\right)$$

$$= 0.$$

这里最后一个等号利用了 $W(t) - W(s) \sim N(0,\ t-s)$.

(3) 下面计算 A_2.

$$A_2 = \mathbb{E}\left[\left((W(\tau_k^n) - W(t_k^n))^2 - (\tau_k^n - t_k^n)\right)^2\right]$$

$$= \mathbb{E}\left[\left((\tau_k^n - t_k^n)\left(\frac{(W(\tau_k^n) - W(t_k^n))^2}{\tau_k^n - t_k^n} - 1\right)\right)^2\right]$$

$$= (\tau_k^n - t_k^n)^2 \mathbb{E}[((Y_k^n)^2 - 1)^2],$$

其中定义了随机变量

$$Y_k^n \doteq \frac{W(\tau_k^n) - W(t_k^n)}{\sqrt{\tau_k^n - t_k^n}}.$$

显然 $Y_k^n \sim N(0,1)$, 从而

$$\mathbb{E}[((Y_k^n)^2 - 1)^2] = \frac{1}{\sqrt{2\pi}} \int_{-\infty}^{\infty} (y^2-1)^2 \mathrm{e}^{-\frac{y^2}{2}}\,\mathrm{d}y = C$$

是一个与 n, k 无关的常数. 那么

$$A_2 = \sum_{k=0}^{m_n-1} C(\tau_k^n - t_k^n)^2.$$

因此, 当 $|P_n| \to 0$ 时,

$$\mathbb{E}[(Q_n - \lambda(b-a))^2] = A_2 = C \sum_{k=0}^{m_n-1} (\tau_k^n - t_k^n)^2$$

$$= C|P_n| \sum_{k=0}^{m_n-1} (\tau_k^n - t_k^n) \leqslant C\lambda|P_n|(b-a) \to 0. \qquad \square$$

例 1 利用上述结果证明 $W(t)$ 处处变差无界.

证明 取 $\lambda = 1$, 由上述定理, 当 $n \to \infty$ 时, $|P_n| \to 0$. 于是

$$\sum_{k=0}^{m_n-1} (W(t_{k+1}^n) - W(t_k^n))^2 \to b-a \quad (\text{在 } L^2(\Omega) \text{ 中}).$$

根据实变函数中的结论, 按 L^2 范数收敛的函数列必有子列几乎处处收敛, 则存在子列 $\{n_j\}$ 使得对 a.s. $\omega \in \Omega$, 成立

$$\lim_{j \to \infty} \sum_{k=0}^{m_{n_j}-1} \left(W(t_{k+1}^{n_j}, \omega) - W(t_k^{n_j}, \omega) \right)^2 = b-a.$$

注意到对几乎所有的 ω, $W(t, \omega) \in C^\gamma$ $(0 < \gamma < 1/2)$. 对这样的 ω, 由上式可知

$$b-a \leqslant K(\omega) \limsup_{j \to \infty} |P_{n_j}|^\gamma \sum_{k=0}^{m_{n_j}-1} |W(t_{k+1}^{n_j}, \omega) - W(t_k^{n_j}, \omega)|,$$

其中常数 $K(\omega)$ 只依赖于 ω. 由于 $|P_{n_j}| \to 0$, 这就表明对 (12.1) 定义的所有区间划分 P,

$$\sup_P \sum_{k=0}^{m-1} |W(t_{k+1}, \omega) - W(t_k, \omega)| = +\infty. \qquad \square$$

12.2 Riemann 和的 L^2 收敛性

本节证明如下定理.

定理 2 设 P_n 是 $[0, T]$ 的划分, $\lambda \in [0, 1]$,

$$R_n \doteq \sum_{k=0}^{m_n-1} W(\tau_k^n)\big(W(t_{k+1}^n) - W(t_k^n)\big),$$

则在 $L^2(\Omega)$ 中成立

$$\lim_{n \to \infty} R_n = \frac{1}{2}W(T)^2 + \left(\lambda - \frac{1}{2}\right)T.$$

由此, 对 Brown 运动的随机积分, Riemann 和的收敛是 $L^2(\Omega)$ 积分意义下, 而非点态意义下的, 且极限与划分的小区间中的点 τ_k^n 的选取有关. 取 $\lambda = 0$, 可得 Itô 意义下随机积分的值为

$$\int_0^T W\,\mathrm{d}W = \frac{W^2(T)}{2} - \frac{T}{2};$$

取 $\lambda = \dfrac{1}{2}$, 可得斯特拉托诺维奇 (Stratonovich) 意义下随机积分的值为

$$\int_0^T W \circ \mathrm{d}W = \frac{W^2(T)}{2}.$$

可以看到, Stratonovich 随机积分与普通积分更加接近. 我们以后会简要说明, Stratonovich 随机积分服从普通的链式法则, 所以在物理和几何中用得多 (这些场合下要求计算结果与坐标选取无关); Itô 随机积分可以对更广泛的随机变量定义, 多余的项 $-\dfrac{T}{2}$ 体现了随机性的宏观影响, 这在金融等领域被广泛应用, 其 Itô 链式法则与普通链式法则相比多出一些项. 由此, 可以建立这两种随机积分之间的对应关系, 只要知道其中一种随机积分, 就可以用公式算出另一种.

证明 (1) 将 R_n 转化为 $\lambda = 0$ 的情形, 即如下的 $B_1 \doteq \sum_{k=0}^{m_n-1} W(t_k^n)\big(W(t_{k+1}^n) - W(t_k^n)\big)$. 这是真正 Itô 积分的项. 事实上,

$$R_n = \sum_{k=0}^{m_n-1} W(\tau_k^n)\big(W(t_{k+1}^n) - W(t_k^n)\big)$$

$$= \sum_{k=0}^{m_n-1} W(t_k^n)\big(W(t_{k+1}^n) - W(t_k^n)\big)$$

$$+ \sum_{k=0}^{m_n-1} \big(W(\tau_k^n) - W(t_k^n)\big)\big(W(t_{k+1}^n) - W(t_k^n)\big)$$

$$= \sum_{k=0}^{m_n-1} W(t_k^n)\big(W(t_{k+1}^n) - W(t_k^n)\big)$$

$$+ \sum_{k=0}^{m_n-1} \big(W(\tau_k^n) - W(t_k^n)\big)\big(W(t_{k+1}^n) - W(\tau_k^n)\big)$$

$$+ \sum_{k=0}^{m_n-1} \big(W(\tau_k^n) - W(t_k^n)\big)\big(W(\tau_k^n) - W(t_k^n)\big)$$

$$\doteq B_1 + B_2 + B_3.$$

(2) 下面分别研究 B_1, B_2, B_3 在 $L^2(\Omega)$ 中的极限. 首先考虑 B_3, 由定理 1, 当 $n \to \infty$ 时,

$$B_3 \to \lambda T \quad (\text{在 } L^2(\Omega) \text{ 中}).$$

其次考虑 B_2. 注意到 $W(t_{k+1}^n) - W(\tau_k^n)$ 和 $W(\tau_k^n) - W(t_k^n)$ 是独立的, 且当 $k \neq j$ 时, $(W(\tau_k^n) - W(t_k^n))$, $(W(t_{k+1}^n) - W(\tau_k^n))$, $W(\tau_j^n) - W(t_j^n)$, $W(t_{j+1}^n) - W(\tau_j^n)$ 这四个随机变量是互相独立的, 那么

$$\mathbb{E}[B_2^2] = \mathbb{E}\left[\left(\sum_{k=0}^{m_n-1} \left(W(\tau_k^n) - W(t_k^n)\right)\left(W(t_{k+1}^n) - W(\tau_k^n)\right)\right)^2\right]$$

$$= \sum_{\substack{0 \leqslant k,j \leqslant m_n-1, \\ k \neq j}} \mathbb{E}\left[\left((W(\tau_k^n) - W(t_k^n))(W(t_{k+1}^n) - W(\tau_k^n))\right)\right.$$

$$\left. \cdot \left((W(\tau_j^n) - W(t_j^n))(W(t_{j+1}^n) - W(\tau_j^n))\right)\right]$$

$$+ \sum_{k=0}^{m_n-1} \mathbb{E}\left[\left(W(\tau_k^n) - W(t_k^n)\right)\left(W(t_{k+1}^n) - W(\tau_k^n)\right)^2\right]$$

$$= \sum_{\substack{0 \leqslant k,j \leqslant m_n-1, \\ k \neq j}} \underbrace{\mathbb{E}[(W(\tau_k^n) - W(t_k^n))]}_{=0} \cdot \mathbb{E}[(W(t_{k+1}^n) - W(\tau_k^n))]$$

$$\cdot \mathbb{E}[W(\tau_j^n) - W(t_j^n)] \cdot \mathbb{E}[W(t_{j+1}^n) - W(\tau_j^n)]$$

$$+ \sum_{k=0}^{m_n-1} \mathbb{E}[(W(\tau_k^n) - W(t_k^n))^2] \cdot \mathbb{E}[(W(t_{k+1}^n) - W(\tau_k^n))^2]$$

$$= \sum_{k=0}^{m_n-1} \mathbb{E}[(W(\tau_k^n) - W(t_k^n))^2] \cdot \mathbb{E}[(W(t_{k+1}^n) - W(\tau_k^n))^2]$$

$$= \sum_{k=0}^{m_n-1} (\tau_k^n - t_k^n)(t_{k+1}^n - \tau_k^n)$$

$$= \sum_{k=0}^{m_n-1} (1-\lambda)(t_{k+1}^n - t_k^n)\lambda(t_{k+1}^n - t_k^n)$$

$$= \lambda(1-\lambda) \sum_{k=0}^{m_n-1} (t_{k+1}^n - t_k^n)^2$$

$$\leqslant \lambda(1-\lambda)T|P_n| \to 0.$$

即, 在 $L^2(\Omega)$ 中, 当 $n \to \infty$ 时, $B_2 \to 0$.

最后考虑 B_1. 这是 Itô 随机积分本质的一项. 利用等式 $a(b-a) = \dfrac{b^2 - a^2}{2} - \dfrac{(b-a)^2}{2}$, 有

$$
\begin{aligned}
B_1 &= \sum_{k=0}^{m_n-1} W(t_k^n)\big(W(t_{k+1}^n) - W(t_k^n)\big) \\
&= \frac{1}{2} \sum_{k=0}^{m_n-1} \Big(W(t_{k+1}^n)^2 - W(t_k^n)^2\Big) - \frac{1}{2} \sum_{k=0}^{m_n-1} \Big(W(t_{k+1}^n) - W(t_k^n)\Big)^2 \\
&\doteq B_{11} - B_{12}.
\end{aligned}
$$

由定理 1, 成立[①]

$$
\lim_{n\to\infty} B_{12} = \frac{1}{2}T \quad (\text{在 } L^2(\Omega) \text{ 中}).
$$

对 B_{11}, 利用它前后项抵消的特性, 成立

$$
B_{11} = \frac{1}{2}\big(W(T)^2 - W(0)^2\big) = \frac{1}{2}W(T)^2.
$$

综上, 可得当 $n \to \infty$ 时 $R_n \to \dfrac{1}{2}W(T)^2 + \left(\lambda - \dfrac{1}{2}\right)T$ (在 $L^2(\Omega)$ 中收敛).

(3) 注意到 B_{11} 是作标准 Riemann 积分总会出现的项, 它不需要通过对样本点作期望获得; 而 B_{12}, 如前所述, 是 Itô 修正项, 是 Itô 随机积分所特有的.   □

在 Itô 随机积分中, 取 $\lambda = 0$ (即取区间左端点) 的目的, 是对一大类 "非预测" (non-anticipating) 的随机过程 $G(\cdot)$, 定义随机积分 $\int_0^T G\,\mathrm{d}W$: 如果 t 代表时间, 由于在 $[t_k, t_{k+1}]$ 上 W 是不可预测的, 那么, 对于 G, 用已知的 $G(t_k)$ 代入近似的 Riemann 和中, 就会有一些取其他的 λ 时所没有的优点, 比如能保证 Itô 随机积分仍是一个鞅.

请读者对比第 3 讲定理 5 的结论. 经典点态意义下无法合理定义的积分 $\int_0^T g\,\mathrm{d}W$ 或 $\int_0^T W\,\mathrm{d}W$, 现在可以有意义了, 原因是利用了统计的优势, 或者说随机所具有的良好效应: 关于所有样本点做积分或取期望, 就可以忽略那些不好的样本点. 在恰当的测度下, 这些不好的样本点组成的是零测集. 此外, 适当的独立性的条件也非常关键.

① 注意, 如果 W 连续且变差有界, 该项就是零.

习题 1 利用基于 Riemann 和对 Itô 随机积分的定义方式, 证明:

$$\int_0^T W^2(t)\,\mathrm{d}W(t) = \frac{1}{3}W^3(T) - \int_0^T W(t)\,\mathrm{d}t.$$

习题 2 对后向积分

$$(\mathrm{B})\int_0^T W(t)\,\mathrm{d}W(t) \doteq \lim_{\delta \to 0} \sum_{i=1}^{n-1} W(t_{i+1})[W(t_{i+1}) - W(t_i)],$$

其中 $\delta = \max\limits_{i=1,\cdots,n-1} |t_{i+1} - t_i|$, 证明: $(\mathrm{B})\int_0^T W(t)\,\mathrm{d}W(t) = \int_0^T W(t)\,\mathrm{d}W(t) + T.$

第 13 讲 Itô 随机积分及其性质

这一讲对一般的随机过程, 定义其关于 Brown 运动的 Itô 随机积分, 并介绍作为随机过程的 Itô 积分的一些基本性质, 如 Itô 等距、轨道连续性和鞅等. 这是随机微分方程理论的基础.

13.1 非预测 σ-域流和相适应随机过程

给定概率空间 $(\Omega, \mathcal{F}, \mathbb{P})$ 上的一个 Brown 运动 $W(t)$. 我们引入如下 σ-域流的概念, 来保证随机积分的 Riemann 和中所需要的独立性条件.

定义 1 (1) 称由形如 $W^{-1}(s)(B)$ (其中 $0 \leqslant s \leqslant t$, B 是 $\mathbb{R}$ 中的 Borel 集) 的事件生成的 $\mathcal{F}$ 的子 σ-域

$$\mathcal{W}(t) \doteq \sigma(\{W(s) \mid 0 \leqslant s \leqslant t\})$$

为 Brown 运动 $W(\cdot)$ 到时刻 t 的 <u>历史</u> (history);

(2) 称 σ-域

$$\mathcal{W}^+(t) \doteq \sigma(\{W(s) - W(t) \mid s > t\})$$

为 Brown 运动 $W(\cdot)$ 在时刻 t 的 <u>未来</u> (future).

定义 2 (非预测 σ-域流 (filtration)) $\mathcal{F}$ 的一族子 σ-域 $\{\mathcal{F}(t)\}_{t \geqslant 0}$ 称为关于 Brown 运动 $W(\cdot)$ 的 <u>非预测 σ-域流</u>, 如果它包含所有 $\mathbb{P}$-零测集的任意子集, 而且满足条件:

(a) $\mathcal{F}(t) \supseteq \mathcal{F}(s)$, $\forall t \geqslant s \geqslant 0$;

(b) $\mathcal{F}(t) \supseteq \mathcal{W}(t)$, $\forall t \geqslant 0$;

(c) $\mathcal{F}(t)$ 与 $\mathcal{W}^+(t)$ 独立, 其中 $t \geqslant 0$.

例如, 可以取

$$\mathcal{F}(t) = \sigma(\{W(s), X_0, \mathbb{P}\text{-零测集的子集} \mid 0 \leqslant s \leqslant t\}),$$

其中 X_0 是与 $\mathcal{W}^+(0)$ 独立的随机变量. 形式上, 我们可认为 $\mathcal{F}(t)$ 包含了到时刻 t 为止可用的所有信息, 所以它也被称作 Brown 运动 $W(t)$ 的自然信息流.

定义 3 随机过程 $G(t)$ 称为关于 σ-域流 $\mathcal{F}(t)$ 是 <u>适应</u> 的, 如果对任意的 $t \geqslant 0$, $G(t)$ 是 $\mathcal{F}(t)$-可测的.

这个概念是说 $G(t)$ 只依赖于 σ-域 $\mathcal{F}(t)$ 所包含的信息. 以下总假设 $\mathcal{F}(t)$ 是一个关于给定的 Brown 运动 $W(t)$ 非预测的 σ-域流, 而被积分的随机过程 $G(t)$ 关于 $\mathcal{F}(t)$ 是适应的.

为了定义 Itô 随机积分 $\left(\int_0^T G\,\mathrm{d}W\right)(\omega) = \int_0^T G(t,\omega)\,\mathrm{d}W(t,\omega)$, 还需要 $G(t,\omega)$ 对 t 和 ω 两个变量关于非预测 σ-域流 $\mathcal{F}(t)$ 有某种联合可测性, 称为循序可测 (progressively measurable), 即对任意的 $t \in [0,T]$, 随机变量 $G(s,\omega)\chi_{[0,t]\times\Omega}(s,\omega)$ 是 $\mathcal{M}([0,t])\times\mathcal{F}(t)$ 可测的. 这里 $\mathcal{M}([0,t])$ 是区间 $[0,t]$ 上 Lebesgue 可测集组成的 σ-域, 参见 [18, 4.4.2 节]. 我们忽略这些技术性的细节, 把重点放在想法和所发现的事实上.

下述是被积分的随机过程涉及的两个函数空间.

定义 4　(1) $\mathbb{L}^2(0,T)$: 满足 $\mathbb{E}\left[\int_0^T |G|^2\,\mathrm{d}t\right] < \infty$ 的循序可测的随机过程 $G(\cdot)$ 组成的 Hilbert 空间. 准确地说, 该空间也就是 $L^2(\Omega,\mathbb{P};L^2(0,T)) = L^2(\Omega \times [0,T],\,\mathrm{d}\mathbb{P}\times\mathrm{d}t)$.

(2) $\mathbb{L}^1(0,T)$: 满足 $\mathbb{E}\left[\int_0^T |F|\,\mathrm{d}t\right] < \infty$ 的循序可测的随机过程 $F(\cdot)$ 组成的 Banach 空间. 该空间也就是 $L^1(\Omega,\mathbb{P};L^1(0,T)) = L^1(\Omega \times [0,T],\,\mathrm{d}\mathbb{P}\times\mathrm{d}t)$.

13.2　简单随机过程的 Itô 积分

在定义关于一般测度的积分时, 与 Riemann 和类似的就是先考虑简单函数的积分.

定义 5 (简单随机过程的 Itô 积分)　设 $G \in \mathbb{L}^2(0,T)$, 且存在区间划分 $P : \{0 = t_0 < t_1 < \cdots < t_m = T\}$ 使得

$$G(t) = G_k, \quad t_k \leqslant t < t_{k+1} \quad (k = 0, \cdots, m-1),$$

其中 G_k 是 $\mathcal{F}(t_k)$-可测的随机变量. 定义

$$\int_0^T G\,\mathrm{d}W \doteq \sum_{k=0}^{m-1} G_k(\omega)\cdot\big(W(t_{k+1},\omega) - W(t_k,\omega)\big)$$

为随机过程 $G(\cdot)$ 在 $[0,T]$ 上的 <u>Itô 随机积分</u>.

不难看出上述定义是有意义的, 它是对样本点逐点定义的, $\int_0^T G\,\mathrm{d}W$ 仍然是个随机变量.

定理 1　对任意 $a, b \in \mathbb{R}$, $G, H \in \mathbb{L}^2(0, T)$ 是简单随机过程, 成立如下等式:

(1) $\displaystyle\int_0^T (aG + bH)\,\mathrm{d}W = a\int_0^T G\,\mathrm{d}W + b\int_0^T H\,\mathrm{d}W$;

(2) $\displaystyle\mathbb{E}\left[\int_0^T G\,\mathrm{d}W\right] = 0$;

(3) $\displaystyle\mathbb{E}\left[\left(\int_0^T G\,\mathrm{d}W\right)^2\right] = \mathbb{E}\left[\int_0^T G^2\,\mathrm{d}t\right]$ (Itô 等距).

上面第三个等式说明: 线性算子 $T : G \mapsto \displaystyle\int_0^T G\,\mathrm{d}W$ 是定义在 $\mathbb{L}^2(0, T)$ 的 (由简单函数组成的) 线性子空间上, 到 $L^2(\Omega, \mathbb{P})$ 的等距映射. 只要说明简单函数在 $\mathbb{L}^2(0, T)$ 中的稠密性 (这需要循序可测的条件), 它就可以保范延拓为 $\mathbb{L}^2(0, T)$ 到 $L^2(\Omega, \mathbb{P})$ 的等距映射, 从而可以对一般的 $G \in \mathbb{L}^2(0, T)$, 定义 Itô 随机积分.

证明　(i) 由定义, 存在新的区间划分使得 $aG + bH$ 仍然是简单函数, 利用定义可证明结论 (1).

(ii) 下面证明 (2). 利用对 $t \in [t_k, t_{k+1})$ 成立 $G(t) = G_k$, 且 G_k 是 $\mathcal{F}(t_k)$-可测的, 则由于 $\mathcal{F}(t_k)$ 与 $\mathcal{W}^+(t_k)$ 独立, 而 $W(t_{k+1}) - W(t_k)$ 是 $\mathcal{W}^+(t_k)$-可测的, 从而 G_k 与 $W(t_{k+1}) - W(t_k)$ 独立. 根据期望的性质和上述随机积分的定义, 可得

$$\mathbb{E}\left[\int_0^T G\,\mathrm{d}W\right] = \sum_{k=0}^{m-1} \mathbb{E}[G_k(W(t_{k+1}) - W(t_k))]$$

$$= \sum_{k=0}^{m-1} \mathbb{E}[G_k] \cdot \mathbb{E}[(W(t_{k+1}) - W(t_k))] = 0.$$

最后一个等式利用了 $\mathbb{E}[W(t_{k+1}) - W(t_k)] = 0$.

(iii) 结论 (3) 的证明进一步说明了如何应用独立性. 由 $G(t)$ 关于非预测 σ-域流 $\mathcal{F}(t)$ 的适应性, 以及 Brown 运动的性质, 对 $j < k$, G_j, G_k, $W(t_{j+1}) - W(t_j)$ 三者分别和 $W(t_{k+1}) - W(t_k)$ 独立, 从而 $G_j G_k(W(t_{j+1}) - W(t_j))$ 和 $W(t_{k+1}) - W(t_k)$ 独立. 利用这一性质,

$$\mathbb{E}\left[\left(\int_0^T G\,\mathrm{d}W\right)^2\right]$$

$$= \sum_{k,j=0}^{m-1} \mathbb{E}\left[G_j G_k\big(W(t_{j+1}) - W(t_j)\big)\big(W(t_{k+1}) - W(t_k)\big)\right]$$

$$= \sum_{\substack{0 \leqslant k, j \leqslant m-1, \\ k > j}} \underbrace{\mathbb{E}[G_j G_k(W(t_{j+1}) - W(t_j))]}_{< \infty} \underbrace{\mathbb{E}[(W(t_{k+1}) - W(t_k))]}_{=0}$$

$$+ \sum_{\substack{0 \leqslant k, j \leqslant m-1, \\ k < j}} \underbrace{(*)}_{=0} + \sum_{k=0}^{m-1} \mathbb{E}\left[G_k^2(W(t_{k+1}) - W(t_k))^2\right]$$

$$= \sum_{k=0}^{m-1} \mathbb{E}[G_k^2(W(t_{k+1}) - W(t_k))^2] \quad (\text{利用 } G_k \text{ 与 } W(t_{k+1}) - W(t_k) \text{ 独立})$$

$$= \sum_{k=0}^{m-1} \mathbb{E}[G_k^2] \cdot \mathbb{E}[(W(t_{k+1}) - W(t_k))^2]$$

$$(\text{利用 } W(t_{k+1}) - W(t_k) \sim N(0, t_{k+1} - t_k))$$

$$= \sum_{k=0}^{m-1} \mathbb{E}[G_k^2](t_{k+1} - t_k) = \mathbb{E}\left[\sum_{k=0}^{m-1} G(t_k)^2(t_{k+1} - t_k)\right]$$

$$= \mathbb{E}\left[\int_0^T G^2 \, dt\right].$$

请读者自己补充写出上面式子中的项 $(*)$, 并说明它为零.

(iv) 最后说明 $j < k$ 时,

$$\mathbb{E}\left[G_j G_k\big(W(t_{j+1}) - W(t_j)\big)\right] < \infty.$$

利用柯西-施瓦茨 (Cauchy-Schwarz) 不等式, 以及 G_j 与 $W(t_{j+1}) - W(t_j)$ 独立, 有

$$\mathbb{E}[G_j G_k(W(t_{j+1}) - W(t_j))]$$

$$\leqslant \left(\mathbb{E}\left[G_k{}^2\right]\right)^{\frac{1}{2}} \left(\mathbb{E}\left[G_j{}^2(W(t_{j+1}) - W(t_j))^2\right]\right)^{\frac{1}{2}}$$

$$= \left(\mathbb{E}\left[G_k{}^2\right]\right)^{\frac{1}{2}} \left(\mathbb{E}\left[G_j{}^2\right]\right)^{\frac{1}{2}} \left(\mathbb{E}\left[(W(t_{j+1}) - W(t_j))^2\right]\right)^{\frac{1}{2}}$$

$$= (t_{j+1} - t_j)^{\frac{1}{2}} \mathbb{E}\left[G_k{}^2\right]^{\frac{1}{2}} \mathbb{E}[G_j{}^2]^{\frac{1}{2}} < \infty.$$

注意 如果不利用独立性, 仅依据 G_j, G_k, $(W(t_{j+1}) - W(t_j)) \in L^2(\Omega)$, 上述期望未必有限. 对 $j > k$ 的情形, 请读者自己补充论证. 这就完成了 (3) 的证明.

$\square$

13.3   一般随机过程的 Itô 积分

定理 2 (简单函数逼近)   对任意 $G \in \mathbb{L}^2(0, T)$, 存在一列简单函数 G_n, 使得

$$\lim_{n \to \infty} \mathbb{E}\left[\int_0^T |G_n - G|^2 \, \mathrm{d}t\right] = 0. \tag{13.1}$$

证明   下面只给出概要, 具体参见 [17, 3.3 节] 或 [12, 第 132 页 3.2 A 段].
(1) 如果 $t \mapsto G(t, \omega)$ 对 a.s. ω 连续, 置

$$G_n(t) \doteq G\left(\frac{k}{n}T\right), \quad \frac{k}{n}T \leqslant t < \frac{k+1}{n}T \quad (k = 0, \cdots, n-1).$$

(2) 对 $G \in \mathbb{L}^2(0, T)$, 置 $G_n(t) \doteq 2^n \int_{t-2^{-n}}^t G(s) \, \mathrm{d}s$ (其中 $s < 0$ 时定义 $G(s) = 0$), 得到一列 $G_n \in \mathbb{L}^2(0, T)$, 它在 $\mathbb{L}^2(0, T)$ 中收敛到 G, 且对几乎所有的 ω, $G_n(t, \omega)$ 关于 t 连续. □

由第 11 讲介绍的稠定有界线性算子保范延拓定理和上述稠密性质, 对 $G \in \mathbb{L}^2(0, T)$, 定义其 Itô 随机积分为

$$\int_0^T G \, \mathrm{d}W \doteq \lim_{n \to \infty} \int_0^T G_n \, \mathrm{d}W \quad (\text{在 } L^2(\Omega, \mathbb{P}) \text{ 中收敛}).$$

定理 3   对任意 $a, b \in \mathbb{R}$, $G, H \in \mathbb{L}^2(0, T)$, 成立如下等式:
(1) $\int_0^T (aG + bH) \, \mathrm{d}W = a \int_0^T G \, \mathrm{d}W + b \int_0^T H \, \mathrm{d}W$;

(2) $\mathbb{E}\left[\int_0^T G \, \mathrm{d}W\right] = 0$;

(3) $\mathbb{E}\left[\left(\int_0^T G \, \mathrm{d}W\right)^2\right] = \mathbb{E}\left[\int_0^T G^2 \, \mathrm{d}t\right]$;

(4) $\mathbb{E}\left[\left(\int_0^T G \, \mathrm{d}W\right)\left(\int_0^T H \, \mathrm{d}W\right)\right] = \mathbb{E}\left[\int_0^T GH \, \mathrm{d}t\right]$.

证明   结论 (1), (3) 由稠定有界线性算子保范延拓定理保证. 根据平行四边形法则 $\left(\text{即 } ab = \frac{1}{2}[(a+b)^2 - a^2 - b^2] \text{ 的推广}\right)$, Hilbert 空间上等距线性算子必保持内积, 所以结论 (4) 成立. 再由 $L^2(\Omega) \subset L^1(\Omega)$, 不难证明结论 (2). 事实上,

$$\mathbb{E}\left[\int_0^T G \, \mathrm{d}W\right] = \mathbb{E}\left[\int_0^T (G - G_n) \, \mathrm{d}W\right] + \underbrace{\mathbb{E}\left[\int_0^T G_n \, \mathrm{d}W\right]}_{=0}$$

$$\leqslant \left(\mathbb{E}\left[\left(\int_0^T (G - G_n)\, \mathrm{d}W \right)^2 \right] \right)^{\frac{1}{2}}$$

$$= \left(\mathbb{E}\left[\int_0^T (G - G_n)^2\, \mathrm{d}t \right] \right)^{\frac{1}{2}} \to 0 \quad (n \to \infty).$$

这里的不等号是用了 Cauchy-Schwarz 不等式, 最后一个等号用了 Itô 等距 (3), 而最后的极限用了 (13.1) 式.　　　　　　　　　　　　　　　　　　□

还可以对更大空间 $\mathbb{M}^2(0, T)$ 中的随机过程, 定义其 Itô 积分 (例如见 [20], 6.5 节), 这里

$$\mathbb{M}^2(0, T) \doteq \left\{ G(\cdot) \,\middle|\, G(\cdot) \text{ 是循序可测的,} \right.$$

$$\left. \text{且对几乎所有的 } \omega \text{ 成立} \int_0^T G(t, \omega)^2\, \mathrm{d}t < \infty \right\}.$$

由 Fubini 定理, 可知 $\mathbb{L}^2(0, T) \subset \mathbb{M}^2(0, T)$. 可以证明, 对 $G \in \mathbb{M}^2(0, T)$, 存在简单函数 G_n, 使得对几乎所有的样本点, 成立

$$\lim_{n \to \infty} \int_0^T |G - G_n|^2\, \mathrm{d}t = 0.$$

于是可以定义

$$\int_0^T G\, \mathrm{d}W \doteq \lim_{n \to \infty} \int_0^T G_n\, \mathrm{d}W,$$

上式右边极限是依概率意义下收敛的. 特别地, 若 $G \in \mathbb{M}^2(0, T)$ 的轨道 $t \mapsto G(t, \omega)$ 对几乎所有的 ω 都是连续的, 则 Riemann 和的极限

$$\sum_{k=0}^{m_n - 1} G(t_k^n)(W(t_{k+1}^n) - W(t_k^n)) \to \int_0^T G\, \mathrm{d}W, \quad n \to \infty$$

在依概率收敛意义下成立, 其中 $P_n = \{0 = t_0^n < t_1^n < \cdots < t_{m_n}^n = T\}$ 是 $[0, T]$ 的任意划分, 要求当 $n \to \infty$ 时它的分割细度 $|P_n| \to 0$. 这与第 12 讲 $\int_0^T W\, \mathrm{d}W$ 的定义相符.

如果 $0 \leqslant a < b < c \leqslant T$, 那么 Itô 积分有如下积分区间可加性:

$$\int_a^b G\mathrm{d}W + \int_b^c G\mathrm{d}W = \int_a^c G\mathrm{d}W.$$

这只需令 $G_1(t) = G(t)\chi_{a \leqslant t \leqslant b}(t)$, $G_2(t) = G(t)\chi_{b \leqslant t \leqslant c}(t)$, 再用 Itô 等距的线性即可证明. 和数学分析中定积分不同, 由于非预测 σ-域流关于时间具有单调性, 因此不能直接定义 $\int_b^a G\mathrm{d}W$, 其中 $b > a$. 所以在随机分析中倒向随机微分方程的理论并不是本书介绍的随机微分方程理论的简单推广. 关于倒向随机微分方程, 参见 [21], 第二章.

13.4 Itô 不定积分

定义 6 对 $G \in \mathbb{L}^2(0, T)$, 定义如下随机过程 (也称为 Itô 过程)

$$I(t) \doteq \int_0^t G\,\mathrm{d}W = \int_0^t G(s)\,\mathrm{d}W(s), \qquad 0 \leqslant t \leqslant T.$$

注意 $I(0) = 0$. 它是 $\mathcal{F}(t)$-可测的.

定理 4 (1) 若 $G \in \mathbb{L}^2(0, T)$, 则 $I(t)$ 关于 σ-域流 $\mathcal{F}(t)$ 是鞅;

(2) $I(t)$ 有一个几乎所有轨道都连续的修正版本 $J(t)$, 即对任意 $t \in [0, T]$, 都成立 $\mathbb{P}(\{I(t) = J(t)\}) = 1$, 且 $t \mapsto J(t, \omega)$ 对几乎所有 ω 都连续.

这两条性质对后面建立随机微分方程理论都很重要. 我们顺便提及如下刻画两个随机过程的相近程度的概念.

(a) 称随机过程 X, Y <u>不可区分</u>, 如果它们几乎所有的轨道都相同: $\mathbb{P}(\omega \in \Omega : X(t, \omega) = Y(t, \omega), \forall t \geqslant 0) = 1$.

(b) 称随机过程 Y 是 X 的<u>修正</u> (modification), 如果对任意给定的 $t \geqslant 0$, 都成立 $\mathbb{P}(X(t) = Y(t)) = 1$.

(c) 称 X 和 Y <u>有相同的有限维分布</u>, 如果对任意的 $0 \leqslant t_1 < t_2 < \cdots < t_n < \infty$ 和 $A \in \mathcal{B}(\mathbb{R}^n)$, 都有 $\mathbb{P}[(X(t_1), \cdots, X(t_n)) \in A] = \mathbb{P}[(Y(t_1), \cdots, Y(t_n)) \in A]$.

显然, (a) $\Rightarrow$ (b) $\Rightarrow$ (c).

证明 对 (1), 即证明, 如果 $t > s \geqslant 0$, 那么 $\mathbb{E}[I(t) \mid \mathcal{F}(s)] = I(s)$. 利用随机积分关于积分区间的可加性, $\mathbb{E}[I(t) \mid \mathcal{F}(s)] = \mathbb{E}[I(s) \mid \mathcal{F}(s)] + \mathbb{E}\left[\int_s^t G(\tau)\,\mathrm{d}W(\tau) \mid \mathcal{F}(s)\right]$. 由于 $I(s)$ 是 $\mathcal{F}(s)$-可测的简单随机变量通过乘法和加法得到 Riemann 和, 再通过 L^2 极限实现的, 所以 $I(s)$ 是 $\mathcal{F}(s)$-可测的, 故 $\mathbb{E}[I(s) \mid \mathcal{F}(s)] = I(s)$. 下面证明

$$\mathbb{E}\left[\int_s^t G(\tau)\,\mathrm{d}W(\tau) \mid \mathcal{F}(s)\right] = 0. \tag{13.2}$$

为此, 只需要说明对简单随机过程 $G(\cdot)$, 相应的 Riemann 和具有上述性质. 对一般情形, 利用条件期望的投影算子刻画以及投影算子的有界性, 便可得证.

用定义 5 的记号, 先证明 $\mathbb{E}[G(t_k)(W(t_{k+1}) - W(t_k)) \mid \mathcal{F}(t_k)] = 0$. 事实上, 注意到 $G(t_k)$ 是 $\mathcal{F}(t_k)$-可测的, 则由条件期望的性质 (第 5 讲定理 1 的 (3)),

$$\mathbb{E}[G(t_k)(W(t_{k+1}) - W(t_k)) \mid \mathcal{F}(t_k)]$$
$$= G(t_k)\mathbb{E}[(W(t_{k+1}) - W(t_k)) \mid \mathcal{F}(t_k)]$$
$$= G(t_k)\mathbb{E}[W(t_{k+1}) - W(t_k)] = 0.$$

这里根据 $\mathcal{F}(t)$ 的非预测性, 知道 $W(t_{k+1}) - W(t_k)$ 关于 $\mathcal{F}(t_k)$ 独立, 由第 5 讲定理 1 的 (4) 可得第二个等号成立.

于是, 设 $t_k \geqslant s$, 则 $\mathcal{F}(s) \subset \mathcal{F}(t_k)$, 由第 5 讲定理 1 的 (5),

$$\mathbb{E}[G(t_k)(W(t_{k+1}) - W(t_k)) \mid \mathcal{F}(s)]$$
$$= \mathbb{E}[\mathbb{E}[G(t_k)(W(t_{k+1}) - W(t_k)) \mid \mathcal{F}(t_k)] \mid \mathcal{F}(s)]$$
$$= 0.$$

这样, 对 $[s, t]$ 上由 Riemann 和给出的 $\int_s^t G(\tau)\,dW$, (13.2)式成立.

下面结论 (2) 的证明用到了有关 $I(t)$ 的鞅不等式. 基本思想依然是通过 Borel-Cantelli 定理, 实现从积分式中提取出点态信息.

① 由定义, 存在一列简单函数 $G^n \in \mathbb{L}^2(0, T)$:

$$G^n(s) = G_k^n, \quad t_k^n \leqslant s < t_{k+1}^n,$$

使得 $n \to \infty$ 时,

$$\mathbb{E}\left[\int_0^T |G^n - G|^2 \,dt\right] \to 0. \tag{13.3}$$

记 $I^n(t) = \int_0^t G^n \,dW$, $0 \leqslant t \leqslant T$, 那么当 $t_k^n \leqslant t < t_{k+1}^n$ 时,

$$I^n(t) = \sum_{i=0}^{k-1} G_i^n \cdot (W(t_{i+1}^n) - W(t_i^n)) + G_k^n \cdot (W(t) - W(t_k^n)).$$

由于最后一项中 Brown 运动 $W(t)$ 的几乎所有轨道都连续, 从而 $I^n(t)$ 的几乎所有轨道也连续.

② 由于 $I^n(\cdot)$ 是鞅, 从而 $|I^n - I^m|^2$ 是下鞅. 由鞅不等式,

$$\mathbb{P}\left(\sup_{0 \leqslant t \leqslant T} |I^n(t) - I^m(t)| > \varepsilon\right) = \mathbb{P}\left(\sup_{0 \leqslant t \leqslant T} |I^n(t) - I^m(t)|^2 > \varepsilon^2\right)$$

$$\leqslant \frac{1}{\varepsilon^2} \mathbb{E}\left[|I^n(T) - I^m(T)|^2\right] = \frac{1}{\varepsilon^2} \mathbb{E}\left[\left(\int_0^T (G^n - G^m)\, \mathrm{d}W\right)^2\right]$$

$$= \frac{1}{\varepsilon^2} \mathbb{E}\left[\int_0^T |G^n - G^m|^2\, \mathrm{d}t\right].$$

取 $\varepsilon = 2^{-k}$, 由 (13.3), 存在 n_k 使得对所有的 $m,\, n \geqslant n_k$,

$$\mathbb{P}\left(\sup_{0 \leqslant t \leqslant T} |I^n(t) - I^m(t)| > 2^{-k}\right) \leqslant 2^{2k} \mathbb{E}\left[\int_0^T |G^n - G^m|^2\, \mathrm{d}t\right] \leqslant \frac{1}{k^2}.$$

可取 $n_{k+1} \geqslant n_k \geqslant n_{k-1} \geqslant \cdots$ 且 $n_k \to \infty$.

③ 令

$$A_k \doteq \left\{\sup_{0 \leqslant t \leqslant T} |I^{n_k}(t) - I^{n_{k+1}}(t)| > \frac{1}{2^k}\right\},$$

则 $\mathbb{P}(A_k) \leqslant 1/k^2$. 由 Borel-Cantelli 定理, $\mathbb{P}\left(\limsup_{k \to \infty} A_k\right) = 0$, 即对几乎所有的 ω, 存在 $k_0(\omega)$, 使得当 $k \geqslant k_0(\omega)$ 时,

$$\sup_{0 \leqslant t \leqslant T} |I^{n_k}(t, \omega) - I^{n_{k+1}}(t, \omega)| \leqslant \frac{1}{2^k}.$$

这说明对几乎所有的 ω, $I^{n_k}(\cdot, \omega)$ 在 $[0, T]$ 上一致收敛, 从而其极限 $J(t, \omega) \doteq \lim_{k \to \infty} I^{n_k}(t, \omega)$ 对几乎所有样本点 ω 都是 t 的连续函数.

另一方面, 注意到按照 Itô 积分的定义, 对任意固定的 $t \in [0, T]$, $I^{n_k}(t)$ 在 $L^2(\Omega, \mathbb{P})$ 中收敛到 $I(t)$, 所以它有子列, 对几乎所有的 ω, 收敛到 $I(t, \omega)$. 根据数列极限的唯一性, 去掉一个与 t 有关的 $\mathbb{P}$-零测集后, 对剩下的所有 $\omega \in \Omega$, 成立 $I(t, \omega) = J(t, \omega)$, 即 $\mathbb{P}(\{I(t) = J(t)\}) = 1$ 对任意的 $t \in [0, T]$ 成立. 这就证明了 $I(t)$ 有一个几乎所有轨道都连续的修正 $J(t)$. □

习题 1　设 $W(t)$ 是 n 维 Brown 运动. 证明: $\mathbb{E}\left[(W(t) - W(s))^4\right] = (2n + n^2)(t - s)^2$.

习题 2　定义二阶积分

$$\int_0^T f(t)\, [\mathrm{d}W(t)]^2 \doteq \lim_{\delta \to 0} \sum_{i=0}^{n-1} f(t_i)[W(t_{i+1}) - W(t_i)]^2,$$

其中 $0 = t_0 < t_1 < \cdots < t_n = T$, 而 $\delta \doteq \max_i |t_{i+1} - t_i|$. 证明:

$$\int_0^T f(t) \, [\mathrm{d}W(t)]^2 = \int_0^T f(t) \, \mathrm{d}t.$$

习题 3 设 $f \in L^2([0, T])$ 且 $\int_0^T f(s) \, \mathrm{d}W(s) = 0$. 证明: f 几乎处处为零.

第 14 讲　Itô 乘积法则和 Itô 链式法则; Fokker-Planck 方程

CHAPTER

本讲介绍随机微分的概念, 以及计算随机微分常用的两个工具: Itô 乘积法则和 Itô 链式法则. 这是通常的求函数乘积的微分的 Leibniz 法则和求复合函数导数的链式法则在随机微分情形的对应公式. 这两个法则在应用中非常重要, 也是通过变量替换求解随机微分方程的基础, 务必要熟练掌握. 作为一个典型应用, 本讲最后介绍如何从 Itô 链式法则推导 Itô 过程的概率密度函数所满足的偏微分方程.

我们总假设 $W(t)$ 是给定的概率空间 $(\Omega, \mathcal{F}, \mathbb{P})$ 上的一个 Brown 运动, 而 $\mathcal{F}(\cdot)$ 是关于 $W(t)$ 非预测的 σ-域流 (第 13 讲定义 2).

定义 1(随机微分)　设 $X(t)$ 是实值随机过程, 且对任意 $0 \leqslant s \leqslant r \leqslant T$, 成立

$$X(r) = X(s) + \int_s^r F(t)\,\mathrm{d}t + \int_s^r G(t)\,\mathrm{d}W(t),$$

其中 $F \in \mathbb{L}^1(0, T)$, $G \in \mathbb{L}^2(0, T)$, 则称当 $0 \leqslant t \leqslant T$ 时, $X(t)$ 满足随机微分方程

$$\mathrm{d}X = F\mathrm{d}t + G\mathrm{d}W.$$

注意, 随机微分只是随机积分等式的一个简便的形式上的写法, 不像数学分析中的普通微分那样, 可以通过极限来严格定义. 但如果 $G \equiv 0$, 那么上面的微分就是微积分课程中学过的标准的微分, 其对应的积分就是标准的定积分. 此外, 上述定义也隐含着约定 $\displaystyle\int_s^r \mathrm{d}X(t) = X(r) - X(s)$.

14.1　Itô 乘积法则

我们从如下简单的引理出发.

引理 1　(1) $\mathrm{d}(W^2) = 2W\mathrm{d}W + \mathrm{d}t$;

(2) $\mathrm{d}(tW) = W\mathrm{d}t + t\mathrm{d}W$.

证明 (1) 类似前面 $\int_0^T W\,\mathrm{d}W = \frac{1}{2}W^2(T) - \frac{T}{2}$ 的证明过程, 可知

$$\int_s^r W\,\mathrm{d}W = \frac{1}{2}(W^2(r) - W^2(s)) - \frac{1}{2}(r - s),$$

右边形式上写为 $\int_s^r \frac{1}{2}\mathrm{d}(W^2) - \frac{1}{2}\int_s^r \mathrm{d}t$, 即得所证.

(2) 不妨设 $s = 0$. 对区间 $[0, r]$ 作划分 $P^n \doteq \{0 = t_0^n < t_1^n < \cdots < t_{m_n}^n = r\}$, 要求 $n \to \infty$ 时它的分割细度 $|P^n| \to 0$, 则依定义,

$$\int_0^r t\,\mathrm{d}W \xlongequal{L^2(\Omega)} \lim_{n\to\infty} \sum_{k=0}^{m_n-1} t_k^n(W(t_{k+1}^n) - W(t_k^n)).$$

于是, 存在子列 $n_j \to \infty$, 使得对几乎所有的样本点 ω, 成立

$$\int_0^r t\,\mathrm{d}W(t,\omega) = \lim_{j\to\infty} \sum_{k=0}^{m_{n_j}-1} t_k^{n_j}\left(W(t_{k+1}^{n_j},\omega) - W(t_k^{n_j},\omega)\right).$$

另一方面, 由于 $W(t,\omega)$ 连续, 作普通 Riemann 积分, 就有

$$\int_0^r W(t,\omega)\,\mathrm{d}t = \lim_{n\to\infty} \sum_{k=0}^{m_n-1} W(t_{k+1}^n,\omega) \cdot (t_{k+1}^n - t_k^n).$$

取 $n = n_j$, 上面两式相加, 得到

$$\int_0^r t\,\mathrm{d}W + \int_0^r W\,\mathrm{d}t = \lim_{j\to\infty} \sum_{k=0}^{m_{n_j}-1} \left(t_{k+1}^{n_j} W(t_{k+1}^{n_j}) - t_k^{n_j} W(t_k^{n_j})\right)$$

$$= rW(r) - 0 \times W(0) = rW(r)$$

在几乎处处意义下成立. □

下面给出本讲的第一个重要定理.

定理 1 (Itô 乘积法则) 设 $F_i \in \mathbb{L}^1(0, T)$, $G_i \in \mathbb{L}^2(0, T)$, $i = 1, 2$,

$$\mathrm{d}X_1 = F_1\mathrm{d}t + G_1\mathrm{d}W, \quad \mathrm{d}X_2 = F_2\mathrm{d}t + G_2\mathrm{d}W,$$

则

$$\mathrm{d}(X_1 X_2) = X_1\mathrm{d}X_2 + X_2\mathrm{d}X_1 + G_1 G_2\mathrm{d}t.$$

与普通微分的 Leibniz 法则对比, 上面的乘积法则多了一个 Itô 修正项 $G_1 G_2 \mathrm{d}t$. 此外, 由上述结论就可得到如下随机积分的分部积分公式

$$\int_s^r X_2 \mathrm{d}X_1 = X_1 X_2 |_s^r - \int_s^r X_1 \mathrm{d}X_2 - \int_s^r G_1 G_2 \, \mathrm{d}t.$$

特别地, 可知 Paley-Wiener-Zygmund 随机积分的定义

$$\int_0^T g \mathrm{d}W = -\int_0^T W(t) g'(t) \, \mathrm{d}t, \quad g(T) = 0, y \in C^1([0,T])$$

与 Itô 随机积分的定义是相容的.

证明　(1) 考虑简单的常值随机过程情形. 取定 $0 \leqslant r \leqslant T$. 设 $X_1(0) = X_2(0) = 0$, $F_i(t) = F_i$, $G_i(t) = G_i$, $i = 1, 2$, 其中 F_i, G_i 是与时间无关的随机变量, 且 $\mathcal{F}(0)$-可测. 于是

$$X_i(t) = F_i t + G_i W(t), \quad t \geqslant 0, \quad i = 1, 2,$$

从而

$$\int_0^r X_2 \, \mathrm{d}X_1 + X_1 \, \mathrm{d}X_2 + G_1 G_2 \, \mathrm{d}t$$

$$= \int_0^r \left(X_2(F_1 \mathrm{d}t + G_1 \mathrm{d}W) + X_1(F_2 \mathrm{d}t + G_2 \mathrm{d}W) + G_1 G_2 \mathrm{d}t \right)$$

$$= \int_0^r (X_1 F_2 + X_2 F_1) \, \mathrm{d}t + \int_0^r (X_1 G_2 + X_2 G_1) \, \mathrm{d}W + \int_0^r G_1 G_2 \, \mathrm{d}t$$

$$= \int_0^r \left[(F_1 t + G_1 W)F_2 + (F_2 t + G_2 W)F_1 \right] \mathrm{d}t$$

$$\quad + \int_0^r \left[(F_1 t + G_1 W)G_2 + (F_2 t + G_2 W)G_1 \right] \mathrm{d}W + G_1 G_2 r$$

$$= \int_0^r 2 F_1 F_2 t \, \mathrm{d}t + \int_0^r (F_1 G_2 + F_2 G_1) W \, \mathrm{d}t + \int_0^r (F_1 G_2 + F_2 G_1) t \, \mathrm{d}W$$

$$\quad + \int_0^r 2 G_1 G_2 W \, \mathrm{d}W + G_1 G_2 r$$

$$= F_1 F_2 r^2 + (F_1 G_2 + F_2 G_1) \underbrace{\left(\int_0^r W \, \mathrm{d}t + \int_0^r t \, \mathrm{d}W \right)}_{=rW(r)}$$

$$\quad + 2 G_1 G_2 \underbrace{\int_0^r W \, \mathrm{d}W}_{=\frac{1}{2}W(r)^2 - \frac{1}{2}r} + G_1 G_2 r$$

$$= F_1F_2r^2 + (F_1G_2 + F_2G_1)rW(r) + G_1G_2W^2(r)$$
$$= (F_1r + G_1W(r))(F_2r + G_2W(r))$$
$$= X_1(r)X_2(r).$$

其中, 带下括号的两项利用了引理 1.

(2) 上面当 $s = 0$, $X_1(0) = X_2(0) = 0$, F_1, F_2, G_1, G_2 与 t 无关时, 证明了

$$\int_0^r X_2\,\mathrm{d}X_1 + X_1\,\mathrm{d}X_2 + G_1G_2\,\mathrm{d}t = X_1(r)X_2(r).$$

对 $s \geqslant 0$, $X_1(s)$, $X_2(s)$, F_1, F_2, G_1, G_2 为任意 $\mathcal{F}(s)$-可测随机变量的情形, 可证明类似结果:

$$\int_s^r X_2\,\mathrm{d}X_1 + X_1\,\mathrm{d}X_2 + G_1G_2\,\mathrm{d}t = X_1(r)X_2(r) - X_1(s)X_2(s). \tag{14.1}$$

(3) 设 F_i, G_i ($i = 1, 2$) 是简单函数, 对使得 F_i, G_i 成为与时间无关的随机变量的每一个区间 $[t_k, t_{k+1})$, 利用上一步的结论, 将所得结果再按时间区间依次相加, 依然可得所证结论, 即上面 (14.1).

(4) 一般情形. 取两列简单随机过程 $F_i^n \in \mathbb{L}^1(0, T)$, $G_i^n \in \mathbb{L}^2(0, T)$, 使得

$$\mathbb{E}\left[\int_0^T |F_i^n - F_i|\,\mathrm{d}t\right] \to 0, \quad \mathbb{E}\left[\int_0^T |G_i^n - G_i|^2\,\mathrm{d}t\right] \to 0, \quad n \to \infty, \quad i = 1, 2.$$

定义

$$X_i^n(t) \doteq X_i(0) + \int_0^t F_i^n\,\mathrm{d}s + \int_0^t G_i^n\,\mathrm{d}W, \quad i = 1, 2,$$

则当 $n \to \infty$ 时, $X_i^n(t)$ 在 $L^1(\Omega, \mathbb{P})$ 中收敛到 $X_i(t)$. 对 X_1^n, X_2^n 应用第 3 步的结论, 就有

$$\int_s^r X_2^n\,\mathrm{d}X_1^n + X_1^n\,\mathrm{d}X_2^n + G_1^nG_2^n\,\mathrm{d}t = X_1^n(r)X_2^n(r) - X_1^n(s)X_2^n(s).$$

两边取极限, 得到

$$\int_s^r X_2\,\mathrm{d}X_1 + X_1\,\mathrm{d}X_2 + G_1G_2\,\mathrm{d}t = X_1(r)X_2(r) - X_1(s)X_2(s).$$

这里略去极限过程的证明细节. □

下面的结论是 Itô 链式法则的一个特例, 在 14.2 节证明 Itô 链式法则时要用到.

引理 2　设 $\mathrm{d}X = F\,\mathrm{d}t + G\,\mathrm{d}W$, $F \in \mathbb{L}^1(0, T)$, $G \in \mathbb{L}^2(0, T)$. 则对 $m = 1, 2, \cdots$, 成立

$$\mathrm{d}(X^m) = mX^{m-1}\,\mathrm{d}X + \frac{1}{2}m(m-1)X^{m-2}G^2\,\mathrm{d}t.$$

证明　用数学归纳法. 对 $m = 1, 2$, 直接运用 Itô 乘积法则. 现在假设结论对 $m - 1$ 成立 $(m = 3,\ 4,\ \cdots)$, 那么

$$\begin{aligned}
\mathrm{d}(X^{m-1}) &= (m-1)X^{m-2}\,\mathrm{d}X + \frac{1}{2}(m-1)(m-2)X^{m-3}G^2\,\mathrm{d}t \\
&= \left((m-1)X^{m-2}F + \frac{1}{2}(m-1)(m-2)X^{m-3}G^2\right)\mathrm{d}t \\
&\quad + (m-1)X^{m-2}G\,\mathrm{d}W.
\end{aligned}$$

由 Itô 乘积法则,

$$\begin{aligned}
\mathrm{d}(X^m) &= \mathrm{d}(X^{m-1}X) = X\mathrm{d}(X^{m-1}) + X^{m-1}\mathrm{d}X + (m-1)X^{m-2}G \cdot G\,\mathrm{d}t \\
&= X\left((m-1)X^{m-2}\,\mathrm{d}X + \frac{1}{2}(m-1)(m-2)X^{m-3}G^2\,\mathrm{d}t\right) \\
&\quad + X \cdot X^{m-2}\mathrm{d}X + (m-1)X^{m-2}G^2\,\mathrm{d}t \\
&= mX^{m-1}\mathrm{d}X + \frac{1}{2}m(m-1)X^{m-2}G^2\,\mathrm{d}t.
\end{aligned}$$

所以结论对 m 也成立.　　　　　　　　　　　　　　　　　　　　□

14.2　Itô 链式法则

下面给出本讲的第二个重要定理.

定理 2 (Itô 链式法则)　设 X 是 Ω 上的随机过程, $F \in \mathbb{L}^1([0, T])$, $G \in \mathbb{L}^2([0, T])$, 且

$$\mathrm{d}X = F\mathrm{d}t + G\mathrm{d}W.$$

又设函数 $u = u(x, t)\colon \mathbb{R} \times [0, T] \to \mathbb{R}$ 存在有界且连续的偏导函数 u_t, u_x, u_{xx}. 定义随机过程

$$Y(t) \doteq u(X(t), t),$$

那么成立

$$\mathrm{d}Y(t) = \mathrm{d}u(X(t), t)$$

$$= u_t(X(t), t)\mathrm{d}t + u_x(X(t), t)\mathrm{d}X(t) + \underbrace{\frac{1}{2}u_{xx}(X(t), t)G^2(t)\,\mathrm{d}t}_{\text{Itô 修正项}}$$

$$= \left(u_t + u_x F + \frac{1}{2}u_{xx}G^2\right)\mathrm{d}t + u_x G\mathrm{d}W. \tag{14.2}$$

在上面公式中, u_t, u_x, u_{xx} 的自变量都是 $(X(t),\ t)$. 按随机微分的记号, (14.2) 实际上是指如下等式成立: 对任意的 $0 \leqslant s \leqslant r \leqslant T$, 在 $L^2(\Omega)$ 中, 或几乎处处意义下,

$$u(X(r),\ r) - u(X(s),\ s)$$
$$= \int_s^r \left(u_t(X(t), t) + u_x(X(t), t)F(t) + \frac{1}{2}u_{xx}(X(t), t)G^2(t)\right)\,\mathrm{d}t$$
$$+ \int_s^r u_x(X(t), t)G(t)\,\mathrm{d}W(t). \tag{14.3}$$

根据 Itô 积分的性质,

$$X(t) = X(0) + \int_0^t F\,\mathrm{d}s + \int_0^t G\,\mathrm{d}W$$

对几乎所有样本点都具有连续的轨道, 又根据 u 的条件, $u_t(X(t), t)$, $u_x(X(t), t)$, $u_{xx}(X(t), t)$ 对几乎所有样本点, 关于 t 都是连续的, 从而 (14.3) 中积分都是有意义的.

证明　(1) 根据 Itô 乘积法则, 对 $m = 1, 2, \cdots$, 已经证明了

$$\mathrm{d}X^m = mX^{m-1}\mathrm{d}X + \frac{1}{2}m(m - 1)X^{m-2}G^2\,\mathrm{d}t.$$

利用随机微分的线性性质, 对 x 的任意多项式 $f(x)$, Itô 链式法则成立. 又设 $g(t)$ 是 t 的多项式, 则随机微分就是普通的微分:

$$\mathrm{d}g(t) = g'(t)\,\mathrm{d}t.$$

(2) 设函数 $u(x, t) = (f \otimes g)(x, t) \doteq f(x)g(t)$, 其中 f, g 均为多项式. 利用 Itô 乘积法则, 此时 Itô 修正项为零, 从而

$$\mathrm{d}u(X(t), t) = f(X(t))g'(t)\,\mathrm{d}t + g(t)\,\mathrm{d}f(X(t))$$
$$= u_t\,\mathrm{d}t + g(t)\left(f'(X(t))\,\mathrm{d}X + \frac{1}{2}f''(X(t))G^2(t)\,\mathrm{d}t\right)$$

$$= u_t \, \mathrm{d}t + u_x \, \mathrm{d}X + \frac{1}{2} u_{xx} G^2 \, \mathrm{d}t.$$

于是, 若

$$u(x, t) = \sum_{k=1}^{n} f_k(x) g_k(t), \tag{14.4}$$

其中 f_k, g_k 都是多项式, 则 Itô 链式法则也成立.

(3) 对定理中给定的 $u(x, t)$, 由斯通-魏尔斯特拉斯 (Stone-Weierstrass) 定理 (例如见 [13]2.5 节, 定理 2.5.2), 存在形如式 (14.4) 的一列函数 u^n, 使得在 $\mathbb{R} \times [0, T]$ 的任意紧致子集上, u^n, u_t^n, u_x^n, u_{xx}^n 分别一致收敛到 u, u_t, u_x, u_{xx}.

对任意的 $0 \leqslant r \leqslant T$, 由第 2 步的结论, 几乎处处成立等式

$$u^n(X(r), r) - u^n(X(0), 0)$$

$$= \int_0^r \left(u_t^n(X(t), t) + u_x^n(X(t), t)F(t) + \frac{1}{2} u_{xx}^n(X(t), t)G^2(t) \right) \mathrm{d}t$$

$$+ \int_0^r u_x^n(X(t), t)G(t) \, \mathrm{d}W(t).$$

令 $n \to \infty$, 注意到对固定的样本点, $\{X(r) \mid r \in [0, T]\}$ 有界, 可得

$$u(X(r), r) - u(X(0), 0)$$

$$= \int_0^r \left(u_t(X(t), t) + u_x(X(t), t)F(t) + \frac{1}{2} u_{xx}(X(t), t)G^2(t) \right) \mathrm{d}t$$

$$+ \int_0^r u_x(X(t), t)G(t) \, \mathrm{d}W(t).$$

这就证明了 Itô 链式法则. □

14.3　Fokker-Planck 方程

本节给出 Itô 链式法则的应用: 推导 Fokker-Planck 方程.

由第 7 讲 (7.2) 式, 我们知道 Brown 运动的概率密度函数满足热方程. 那么对一般的 Itô 过程 $X(t)$:

$$\mathrm{d}X(t) = b(X(t), t)\mathrm{d}t + \sigma(X(t), t)\mathrm{d}W(t), \quad X(0) = X_0,$$

其中 $b(x, t) \in C^1(\mathbb{R} \times \mathbb{R}_+)$, $\sigma(x, t) \in C^2(\mathbb{R} \times \mathbb{R}_+)$, 假设 $X(t)$ 的概率密度函数是光滑函数 $p(x, t)$, 那么 $p(x, t)$ 是否也满足某个确定性的偏微分方程呢? 这里介绍基于 Itô 链式法则的一种推导方法.

记 $C_c^\infty(\mathbb{R})$ 是 $\mathbb{R}$ 上具有紧支集的光滑函数 $\varphi(x)$ 的全体. 对任意给定的 $\varphi \in C_c^\infty(\mathbb{R})$, 考虑 Ω 上的随机过程 $\varphi(X(t))$. 由 Itô 链式法则, 成立

$$\mathrm{d}\varphi(X(t)) = \varphi'(X(t))b(X(t),t)\mathrm{d}t + \frac{1}{2}\varphi''(X(t))\sigma^2(X(t),t)\mathrm{d}t$$
$$+ \varphi'(X(t))\sigma(X(t),t)\mathrm{d}W(t),$$

也即

$$\varphi(X(t)) - \varphi(X(0)) = \int_0^t \left(\varphi'(X(s))b(X(s),s) + \frac{1}{2}\varphi''(X(s))\sigma^2(X(s),s) \right)\mathrm{d}s$$
$$+ \int_0^t \varphi'(X(s))\sigma(X(s),s)\,\mathrm{d}W(s).$$

在 Ω 上积分上式 (取期望), 利用 Itô 积分期望为零的性质:

$$\mathbb{E}\left[\int_0^t \varphi'(X(s))\sigma(X(s),s)\,\mathrm{d}W(s) \right] = 0,$$

就得到

$$\mathbb{E}[\varphi(X(t))]$$
$$= \mathbb{E}[\varphi(X_0)] + \mathbb{E}\left[\int_0^t \left(\varphi'(X(s))b(X(s),s) + \frac{1}{2}\varphi''(X(s))\sigma^2(X(s),s) \right)\mathrm{d}s \right]$$
$$= \int_{\mathbb{R}} \varphi(x)p(x,0)\,\mathrm{d}x + \int_0^t \mathbb{E}\left[\varphi'(X(s))b(X(s),s) + \frac{1}{2}\varphi''(X(s))\sigma^2(X(s),s) \right]\mathrm{d}s$$
$$= \int_{\mathbb{R}} \varphi(x)p(x,0)\,\mathrm{d}x + \int_0^t \int_{\mathbb{R}} \left(\varphi'(x)b(x,s) + \frac{1}{2}\varphi''(x)\sigma^2(x,s) \right)p(x,s)\,\mathrm{d}x\,\mathrm{d}s.$$
$$(14.5)$$

这里利用了由概率密度函数 $p(x,t)$ 计算期望的公式

$$\mathbb{E}[\varphi(X(t))] = \int_{\mathbb{R}} \varphi(x)p(x,t)\,\mathrm{d}x. \tag{14.6}$$

利用 (14.5) 和 (14.6), 可以得到对任意 $\varphi \in C_c^\infty(\mathbb{R})$ 成立的方程

$$\int_{\mathbb{R}} \varphi(x)p(x,t)\,\mathrm{d}x - \int_{\mathbb{R}} \varphi(x)p(x,0)\,\mathrm{d}x$$

$$= \int_0^t \int_{\mathbb{R}} \left(\varphi'(x) b(x, s) + \frac{1}{2} \varphi''(x) \sigma^2(x, s) \right) p(x, s) \, dx \, ds. \tag{14.7}$$

假设偏导函数 p_t, p_x, p_{xx} 都连续, 对上式左端用 Newton-Leibniz 公式以及积分换序, 对右端关于 x 作分部积分, 利用 $\varphi(x)$ 的支集的紧性, 边界项为零, 得到

$$\int_0^t \int_{\mathbb{R}} \varphi(x) \partial_s p(x, s) \, dx \, ds$$

$$= \int_0^t \int_{\mathbb{R}} \varphi(x) \left(\partial_x (-b(x, s) p(x, s)) + \frac{1}{2} \partial_{xx} (\sigma^2(x, s) p(x, s)) \right) \, dx \, ds.$$

由 φ 的任意性, 即可得到 $p(x, t)$ 满足如下福克-普朗克 (Fokker-Planck) 方程

$$\partial_t p(x, t) - \frac{1}{2} \partial_{xx} (\sigma^2(x, t) p(x, t)) + \partial_x (b(x, t) p(x, t)) = 0. \tag{14.8}$$

当 $\sigma > 0$ 时, 该方程是一个二阶抛物型方程. 特别地, 对 $b \equiv 0, \sigma \equiv \sqrt{D}$ 的情形, 就得到第 7 讲推出的热方程.

此外, 值得注意的是, 只要 b 和 σ 是有界函数, 那么 (14.7) 对关于 x 可积, 关于 t 弱连续的函数 $p(x, t)$ 也是有意义的, 从而 (14.7) 自然地定义了 (14.8) 的满足初始条件 $p(x, t)|_{t=0} = p(x, 0)$ 的弱解.

习题 1　证明: $Y(t) = e^{\frac{t}{2}} \cos(W(t))$ 是鞅.

习题 2　证明: $\int_0^T W^2 \, dW = \frac{1}{3} W(T)^3 - \int_0^T W \, dt$, $\int_0^T W^3 \, dW = \frac{1}{4} W(T)^4 - \frac{3}{2} \int_0^T W^2 \, dt$.

习题 3　证明 $\mathbb{E}[e^{\int_0^T g \, dW}] = e^{\frac{1}{2} \int_0^T g^2 \, ds}$.

习题 4　设 $u = u(x, t)$ 满足 $u_t + \frac{1}{2} u_{xx} = 0$. 证明: $\mathbb{E}[u(W(t), t)] = u(0, 0)$.

习题 5　(1) 证明 $e^{W(t)} = 1 + \frac{1}{2} \int_0^t e^{W(s)} \, ds + \int_0^t e^{W(s)} \, dW(s)$;

(2) 证明 $\mathbb{E}[e^{W(t)}] = 1 + \frac{1}{2} \int_0^t \mathbb{E}[e^{W(s)}] \, ds$, 从而 $\mathbb{E}[e^{W(t)}] = e^{t/2}$;

(3) 计算 $\mathbb{E}[e^{iW(t)}]$, 以及 $e^{W(t)}$, $\sin W(t)$, $\cos W(t)$ 的方差.

第 15 讲　多元 Itô 随机积分
和随机微分方程

C **HAPTER**

这一讲要定义关于相互独立的多个 Brown 运动的 Itô 随机积分, 并给出推广的 Itô 乘积法则和链式法则, 以及记忆这些公式的方法. 除了给出相关概念, 对前几讲内容进行复习, 还要介绍随机微分方程的概念. 第 16 讲将介绍利用 Itô 法则和变量替换, 通过化简某些随机微分方程而求解的例子.

15.1　多元 Itô 随机积分

设 $W(\cdot) = (W^1(\cdot),\ \cdots,\ W^m(\cdot))^{\mathrm{T}}$ 是一个定义在概率空间 $(\Omega,\ \mathcal{F},\ \mathbb{P})$ 上的 m 维 Brown 运动. 它可表示花粉微粒在空间 $\mathbb{R}^m$ 中的随机运动. 对应于这个 Brown 运动, 与第 13 讲中类似, 可定义其历史 $\mathcal{W}(t)$ 及未来 $\mathcal{W}^+(t)$. 考虑包含在 $\mathcal{F}$ 中的 σ-域流 $\mathcal{F}(t)$, 称它是非预测的, 如果

(a) $\mathcal{F}(t) \supseteq \mathcal{F}(\tau), \forall t \geqslant \tau \geqslant 0;\ \mathcal{F}(0)$ 是完全的[①](即包含所有 $\mathbb{P}$-零测集的任意子集);

(b) $\mathcal{F}(t) \supseteq \mathcal{W}(t) = \sigma(W(\tau) \mid 0 \leqslant \tau \leqslant t)$;

(c) $\mathcal{F}(t)$ 与 $\mathcal{W}^+(t) = \sigma(W(s) - W(t) \mid t \leqslant s < \infty)$ 独立.

设 $G = (G^{ij})_{1 \leqslant i \leqslant n,\ 1 \leqslant j \leqslant m}$ 是 $n \times m$ 矩阵, 它的每个分量 $G^{ij} \in \mathbb{L}^2(0, T)$. 这样的 G 的集合记作 $\mathbb{L}^2_{n \times m}(0, T)$. 它是一个实线性空间, 可定义内积 $(G, H) \doteq \mathrm{trace}(GH^{\mathrm{T}}) = \sum_{i=1}^{n} \sum_{j=1}^{m} G^{ij} H^{ij}$, 以及范数 $|G| \doteq \sqrt{(G, G)}$. 注意 $\mathrm{trace}\,(A)$ 表示矩阵 A 的迹, 即 A 的主对角线元素的和.

此外, 对取值在 $\mathbb{R}^n$ 上的随机过程 $F = (F^1,\ \cdots,\ F^n)^{\mathrm{T}}$, 如果 $F^i \in \mathbb{L}^1(0, T)$, 就称其属于 $\mathbb{L}^1_n(0, T)$, 范数记作 $|F| \doteq \sum_{i=1}^{n} |F^i|$.

---

① 对测度空间 $(\Omega, \mathcal{F}, \mathbb{P})$, 如果 $\mathcal{F}$ 包含所有 $\mathbb{P}$-零测集的任意子集, 就称它是完全的, 或者完备的. 在完全测度空间中, 几乎处处收敛或依测度收敛的可测函数列的极限函数必然可测. 这就为通过极限方法构造可测函数提供了很大方便.

定义 1　设 $G \in \mathbb{L}^2_{n \times m}(0, T)$, 定义

$$\int_0^T G \, dW$$

为如下取值在 $\mathbb{R}^n$ 上的随机过程, 其第 i 个分量是

$$\sum_{j=1}^m \int_0^T G^{ij} \, dW^j, \quad i = 1, \cdots, n.$$

根据上述定义, 以及 $i \neq j$ 时 W^i 与 W^j 的独立性, 可以证明如下结论:

定理 1 (Itô 等距)　设 $G \in \mathbb{L}^2_{n \times m}(0, T)$, 则

(1) $\mathbb{E}\left[\int_0^T G \, dW\right] = 0$;

(2) $\mathbb{E}\left[\left|\int_0^T G \, dW\right|^2\right] = \mathbb{E}\left[\int_0^T |G|^2 \, dt\right].$

定义 2 (多元随机微分)　设随机过程 $X(t) = (X^1(t), \cdots, X^n(t))^{\mathrm{T}}$ 满足等式

$$X(r) = X(s) + \int_0^T F \, dt + \int_0^T G \, dW, \tag{15.1}$$

其中 $F \in \mathbb{L}^1_n(0, T)$, $G \in \mathbb{L}^2_{n \times m}(0, T)$. 我们将 (15.1) 记作

$$dX = F \, dt + G \, dW,$$

或写为分量形式:

$$dX^i = F^i \, dt + \sum_{j=1}^m G^{ij} \, dW^j, \quad i = 1, \cdots, n.$$

注意变上限的多元 Itô 随机积分 $\int_0^t G \, dW$ 还是一个向量值的鞅.

15.2　多元 Itô 乘积法则和 Itô 链式法则

在介绍多元 Itô 随机积分的 Itô 乘积法则前, 先考虑如下典型的特殊情形.

引理 1　设 $W(\cdot)$ 与 $\tilde{W}(\cdot)$ 是独立的一维 Brown 运动, 则

$$d(W\tilde{W}) = W \, d\tilde{W} + \tilde{W} \, dW.$$

注意这里没有 Itô 修正项.

证明 (1) 令

$$X(t) \doteq \frac{1}{\sqrt{2}}\big(W(t) + \tilde{W}(t)\big),$$

则 $X(t)$ 仍是一个一维 Brown 运动. 事实上, 不难验证如下性质: ① $X(0) = 0$; ② $X(\cdot)$ 有独立增量性质: $X(t_{k+1}) - X(t_k)$ 独立于 $X(t_k) - X(t_{k-1})$, 只要 $t_{k+1} \geqslant t_k \geqslant t_{k-1} \geqslant 0$; ③ $X(t) - X(s) \sim N(0, t - s)$, $\forall t > s > 0$ (用特征函数方法).

(2) 由一元情形的 Itô 乘积法则, 我们有 $\mathrm{d}(X^2) = 2X\mathrm{d}X + \mathrm{d}t$ 以及 $\mathrm{d}(W^2) = 2W\,\mathrm{d}W + \mathrm{d}t$, $\mathrm{d}(\tilde{W}^2) = 2\tilde{W}\,\mathrm{d}\tilde{W} + \mathrm{d}t$, 于是

$$
\begin{aligned}
\mathrm{d}(W\tilde{W}) &= \mathrm{d}\left(X^2 - \frac{1}{2}W^2 - \frac{1}{2}\tilde{W}^2\right) \\
&= 2X\,\mathrm{d}X + \mathrm{d}t - \frac{1}{2}\big(2W\,\mathrm{d}W + \mathrm{d}t\big) - \frac{1}{2}\big(2\tilde{W}\,\mathrm{d}\tilde{W} + \mathrm{d}t\big) \\
&= (W + \tilde{W})(\mathrm{d}W + \mathrm{d}\tilde{W}) - W\,\mathrm{d}W - \tilde{W}\,\mathrm{d}\tilde{W} \\
&= W\,\mathrm{d}\tilde{W} + \tilde{W}\,\mathrm{d}W.
\end{aligned}
$$

$\square$

根据上述引理, 对 m 维 Brown 运动 $W(\cdot)$, 我们有

$$\mathrm{d}(W^i W^j) = W^i\,\mathrm{d}W^j + W^j\,\mathrm{d}W^i + \delta_{ij}\,\mathrm{d}t.$$

由此, 用上一讲介绍的简单函数逼近的方法, 可以证明如下结论:

定理 2 (Itô 乘积法则) 对 $j = 1, 2$, $k = 1, \cdots, m$, 设 $F_j \in \mathbb{L}^1(0, T)$, $G_j^k \in \mathbb{L}^2(0, T)$, 以及

$$\mathrm{d}X_1 = F_1\,\mathrm{d}t + \sum_{k=1}^m G_1^k\,\mathrm{d}W^k, \quad \mathrm{d}X_2 = F_2\,\mathrm{d}t + \sum_{k=1}^m G_2^k\,\mathrm{d}W^k,$$

则

$$\boxed{\mathrm{d}(X_1 X_2) = X_1\,\mathrm{d}X_2 + X_2\,\mathrm{d}X_1 + \sum_{k=1}^m G_1^k G_2^k\,\mathrm{d}t.}$$

下面介绍推广的 Itô 链式法则.

定理 3 设 $\mathrm{d}X = F\,\mathrm{d}t + G\,\mathrm{d}W$, 其中 $F \in \mathbb{L}_n^1(0, T)$, $G \in \mathbb{L}_{n\times m}^2(0, T)$, 函数 $u(x, t): \mathbb{R}^n \times [0, T] \to \mathbb{R}$ 和它的偏导函数 $\mathrm{D}_x u$, $\mathrm{D}_x^2 u$ 都连续且有界. 这里 $\mathrm{D}_x u$ 是 u 关于 x 的梯度 (行向量), $\mathrm{D}_x^2 u$ 是 u 关于 x 的黑塞 (Hesse) 矩阵. 则

$$\boxed{\mathrm{d}u(X(t), t) = u_t\,\mathrm{d}t + \mathrm{D}_x u(X(t), t)\,\mathrm{d}X + \frac{1}{2}\mathrm{trace}\big(G(t)^{\mathrm{T}}\mathrm{D}_x^2 u(X(t), t)G(t)\big)\,\mathrm{d}t.}$$

该定理可用 Itô 乘积法则和归纳法先对形如 $x_1^{k_1} \cdots x_m^{k_m}$ 的函数 u 予以证明, 再通过逼近证明一般情形, 细节从略.

多元情形的 Itô 乘积法则和链式法则看上去比较复杂, 下面是一种容易记忆的方法 (口诀表). 回忆形式上有 $dW \sim \sqrt{dt}$, $k \neq l$ 时 W^k 与 W^l 独立, 从而忽略 $(dt)^{\frac{3}{2}}$, $(dt)^2, \cdots$ 等高阶项, 即有如下形式上的公式:

$$\begin{cases} (dt)^2 = 0, \quad dt \cdot dW^k = 0, \\ dW^k \, dW^l = \delta_{kl} dt, \quad k, \, l = 1, \, \cdots, \, m. \end{cases}$$

因此, 对

$$dX_1 = F_1 dt + G_1 \, dW, \quad dX_2 = F_2 dt + G_2 \, dW,$$

其中 G_1, G_2 为行向量, 只要记住

$$d(X_1 X_2) = X_1 \, dX_2 + X_2 \, dX_1 + dX_1 \, dX_2,$$

将 $dX_1 dX_2$ 展开后, 用上面的口诀化简, 就得到 Itô 乘积法则.

类似地, 对

$$dX = F \, dt + G \, dW$$

和函数 $u(x, t)$, 用如下形式上的 Taylor 展开式:

$$du(X, t) = u_t \, dt + D_x u \, dX + \frac{1}{2} dX^T D_x^2 u \, dX + \cdots,$$

将其展开后, 用上述口诀化简, 即得到推广的 Itô 链式法则.

15.3　随机微分方程的概念

设 $W(\cdot)$ 是给定概率空间 $(\Omega, \, \mathcal{F}, \, \mathbb{P})$ 上的 m 维 Brown 运动, X_0 是独立于 $W(\cdot)$ 的 n 维随机变量. 记非预测 σ-域流为 $\mathcal{F}(t) \doteq \sigma(X_0, \, W(s) \mid 0 \leqslant s \leqslant t)$, 即所有 $W(s)$ $(0 \leqslant s \leqslant t)$ 和 X_0 生成的 σ-域. 对给定的 $T > 0$, 已知的向量值函数

$$b = (b^1, \, \cdots, \, b^n)^T : \mathbb{R}^n \times [0, \, T] \to \mathbb{R}^n,$$

以及矩阵值函数

$$B = \begin{pmatrix} B^{11} & \cdots & B^{1m} \\ \vdots & & \vdots \\ B^{n1} & \cdots & B^{nm} \end{pmatrix} : \mathbb{R}^n \times [0, \, T] \to M^{n \times m}(\mathbb{R})$$

(注意它们都不是随机变量), 我们给出如下随机微分方程强解的概念.

定义 3(Itô 随机微分方程的强解) 称随机过程 $X(t): \Omega \to \mathbb{R}^n$ 是如下 Itô 随机微分方程在 $[0, T]$ 上的**强解**:

$$
\begin{cases}
\mathrm{d}X = b(X, t)\,\mathrm{d}t + B(X, t)\,\mathrm{d}W, \quad t \in [0, T], \\
X(0) = X_0,
\end{cases}
\tag{15.2}
$$

若成立以下条件:

(1) $X(\cdot)$ 关于 $\mathcal{F}(t)$ 循序可测;

(2) $b(X, t) \in \mathbb{L}_n^1(0, T)$;

(3) $B(X, t) \in \mathbb{L}_{n \times m}^2(0, T)$;

(4) 对任意 $0 \leqslant t \leqslant T$, 以及几乎所有样本点, 成立等式

$$
X(t) = X_0 + \int_0^t b(X(s), s)\,\mathrm{d}s + \int_0^t B(X(s), s)\,\mathrm{d}W(s).
\tag{15.3}
$$

从该定义及随机积分的性质, 可知对几乎所有的样本点 ω, 轨道 $X(t, \omega)$ 都是连续的.

什么叫微分方程? 其关键就是如何定义解. 对解的不同定义代表着对微分方程定解问题的不同理解或解释. 如何恰当地定义解往往是有效地解决微分方程问题的关键. 上面强解的定义其实就是对表达式 (15.2) 的一种严格的数学翻译. 当然还可以存在不同的, 但同样有道理的翻译, 比如 "弱解" 的概念. 所谓 (15.2) 的弱解, 是指三元组 (Ω, W, X), 即要构造出概率空间 Ω 及其上的 Brown 运动 W, 以及随机变量 X, 使得 (15.3) 几乎处处成立. 显然弱解存在的条件要更弱一些. 在金融等实际应用中, 往往并不知道驱动随机性的是哪个 Brown 运动, 数据 (b, B) 的正则性也比较差, 所以弱解也是有用的, 甚至必需的. 本课程中我们侧重介绍强解的理论.

最后, 我们介绍高阶随机微分方程的概念. 对随机过程 X, Y, 记 $\dot{Y}(t) = X(t)$, 即对任意的 $0 \leqslant t \leqslant T$, 有 $Y(t) = Y(0) + \int_0^t X(s)\,\mathrm{d}s$ 成立. 类似地可以定义高阶导数 $Y^{(n)}$, $n = 2, 3, \cdots$ (这里的导数是指关于时间变量的). 对随机变量 Y, 称其是如下 n 阶 Itô 随机微分方程的强解:

$$
Y^{(n)} = f(t, Y, \cdots, Y^{(n-1)}) + g(t, Y, \cdots, Y^{(n-1)})\dot{W}
$$

(其中 $f, g: [0, T] \times \mathbb{R}$ 是给定的函数), 如果

$$
X(t) = (X^1(t), X^2(t), \cdots, X^n(t))^{\mathrm{T}} = (Y(t), \dot{Y}(t), \cdots, Y^{(n-1)}(t))^{\mathrm{T}}
$$

是如下 Itô 随机微分方程组的强解:

$$
\mathrm{d}X = \begin{pmatrix} X^2 \\ \vdots \\ f(\cdots) \end{pmatrix} \mathrm{d}t + \begin{pmatrix} 0 \\ \vdots \\ g(\cdots) \end{pmatrix} \mathrm{d}W.
$$

下一讲要介绍的奥恩斯坦-乌伦见克 (Ornstein-Uhlenbeck) 过程及随机调和振子都是具有上述形式的二阶随机微分方程的解.

习题 1　设 $W = (W^1, \cdots, W^n)$ 是 n 维 Brown 运动. 证明: $Y(t) = |W(t)|^2 - nt$ $(t \geqslant 0)$ 是鞅.

习题 2　设 $W = (W^1, \cdots, W^n)^{\mathrm{T}}$ 是 n 维 Brown 运动. 记 $R = |W|$. 证明: R 满足如下随机贝赛尔 (Bessel) 方程

$$
\mathrm{d}R = \frac{n-1}{2R} \mathrm{d}t + \sum_{i=1}^{n} \frac{W^i}{R} \mathrm{d}W^i.
$$

习题 3　(1) 验证 $X = (\cos W, \sin W)$ 是

$$
\mathrm{d}X^1 = -\frac{1}{2}X^1\mathrm{d}t - X^2\mathrm{d}W, \quad \mathrm{d}X^2 = -\frac{1}{2}X^2\mathrm{d}t + X^1\mathrm{d}W
$$

的解;

(2) 证明: 若 $X = (X^1, X^2)$ 是上述方程组的解, 则 $|X|$ 是与时间无关的常数.

习题 4　证明 $X(t) = (W(t) + t)\exp\left(-W(t) - \frac{1}{2}t\right)$ 是鞅.

习题 5　证明: 随机微分方程 $\mathrm{d}X(t) = \frac{1}{3}X(t)^{\frac{1}{3}}\mathrm{d}t + X(t)^{\frac{2}{3}}\mathrm{d}W(t)$ 满足初值 $X(0) = x_0 > 0$ 的解是 $X(t) = \left(x^{\frac{1}{3}} + \frac{1}{3}W(t)\right)^3$.

习题 6　对 Brown 运动 $W(t)$, $k = 0, 1, 2, \cdots$, 定义 $\beta_k(t) \doteq \mathbb{E}[W^k(t)]$. 证明: 对 $k \geqslant 2$, 成立 $\beta_k(t) = \frac{1}{2}k(k-1)\int_0^t \beta_{k-2}(s)\,\mathrm{d}s$, 从而 $\mathbb{E}[W^{2k+1}(t)] = 0$, $\mathbb{E}[W^{2k}(t)] = \dfrac{(2k)!t^k}{2^k k!}$.

第16讲 用 Itô 法则求解随机微分方程

CHAPTER C

Itô 乘积法则和链式法则必须要熟练掌握, 并灵活运用. 下面我们举十个例子, 大部分都是展示如何通过变量替换求解随机微分方程的技巧, 在实际中也很有用处. 前九个例子都处理线性方程, 最后一个处理非线性方程. 我们还就一种简单情形介绍用逐次逼近法求近似解. 对一般的线性随机微分方程, 后文还将详细介绍.

16.1 线性随机微分方程的例子和解的公式

例 1 求解如下随机微分方程的 Cauchy 问题 (其中 λ 是常数):

$$\begin{cases} \mathrm{d}Y = \lambda Y \, \mathrm{d}W, \\ Y(0) = 1. \end{cases}$$

解 取 $X(t) \doteq W(t)$ (即 $F = 0, G = 1$), $u(x, t) \doteq \mathrm{e}^{\lambda x - \frac{\lambda^2}{2} t}$. 则 $u_t = -\dfrac{\lambda^2}{2} u$, $u_x = \lambda u$, $u_{xx} = \lambda^2 u$, 于是对随机变量

$$Y(t) \doteq u(X, t) = \mathrm{e}^{\lambda W(t) - \frac{\lambda^2}{2} t},$$

利用 Itô 链式法则计算, 成立

$$\mathrm{d}Y = -\frac{\lambda^2}{2} u \, \mathrm{d}t + \lambda u \, \mathrm{d}W + \frac{1}{2} \lambda^2 u \, \mathrm{d}t = \lambda u \, \mathrm{d}W = \lambda Y \, \mathrm{d}W.$$

又显然 $Y(0) = 1$. 故随机变量 $Y(t)$ 为上述问题的解. □

例 2 (埃尔米特 (Hermite) 多项式与随机微分) 对 $n = 0, 1, 2, \cdots$, 称多项式

$$h_n(x, \, t) \doteq \frac{(-t)^n}{n!} \mathrm{e}^{\frac{x^2}{2t}} \frac{\mathrm{d}^n}{\mathrm{d}x^n} \left(\mathrm{e}^{-\frac{x^2}{2t}} \right)$$

为 Hermite 多项式. 证明:

$$\mathrm{d}h_{n+1}(W(t), \, t) = h_n(W(t), \, t) \, \mathrm{d}W, \quad t \geqslant 0,$$

即

$$\int_0^t h_n(W(s),\ s)\,\mathrm{d}W(s) = h_{n+1}(W(t),\ t).$$

在微积分中我们知道成立

$$\mathrm{d}\left(\frac{t^{n+1}}{(n+1)!}\right) = \frac{t^n}{n!}\,\mathrm{d}t.$$

所以 Hermite 多项式在随机微分中的作用与 $\dfrac{t^n}{n!}$ 在微积分中的作用类似. 不难算得

$$h_0(x,\ t) = 1,\quad h_1(x,\ t) = x,\quad h_2(x,\ t) = \frac{x^2}{2} - \frac{t}{2},$$

$$h_3(x,\ t) = \frac{x^3}{6} - \frac{tx}{2},\quad h_4(x,\ t) = \frac{x^4}{24} - \frac{tx^2}{4} + \frac{t^2}{8},\quad \cdots.$$

下面利用生成函数以及随机微分方程的证明方法值得读者仔细揣摩[①]. 此外, 实际思考探索过程应当是和下面写出来的证明过程相反的.

证明　(1) 对 $n = 0,\ 1,\ 2,\ \cdots$, 成立如下恒等式:

$$\frac{\mathrm{d}^n}{\mathrm{d}\lambda^n}\left(\mathrm{e}^{-\frac{(x-\lambda t)^2}{2t}}\right)\bigg|_{\lambda=0} = (-t)^n \frac{\mathrm{d}^n}{\mathrm{d}x^n}\left(\mathrm{e}^{-\frac{x^2}{2t}}\right).$$

注意到 x 与 λt 在函数 $\mathrm{e}^{-\frac{(x-\lambda t)^2}{2t}}$ 中的对称性, 可得上式成立. 由此, 注意到

$$\mathrm{e}^{-\frac{(x-\lambda t)^2}{2t}} = \mathrm{e}^{-\frac{\lambda^2 t}{2} + \lambda x}\mathrm{e}^{-\frac{x^2}{2t}},$$

我们有

$$\frac{\mathrm{d}^n}{\mathrm{d}\lambda^n}\left(\mathrm{e}^{-\frac{\lambda^2 t}{2} + \lambda x}\right)\bigg|_{\lambda=0} = (-t)^n \mathrm{e}^{\frac{x^2}{2t}}\frac{\mathrm{d}^n}{\mathrm{d}x^n}\left(\mathrm{e}^{-\frac{x^2}{2t}}\right) = n!h_n(x,\ t).$$

根据 Taylor 公式, 成立

$$\mathrm{e}^{\lambda x - \frac{\lambda^2 t}{2}} = \sum_{n=0}^{\infty}\lambda^n h_n(x,\ t).$$

[①] 读者应当注意随机微分与普通微分的对比和异同. 例如, 在用逐次逼近法求解微分方程的过程中, 做估计时, 就会自然地出现多项式 $t^n/n!$ 以及它们的和, 即指数函数 $\mathrm{e}^t = \sum_{n=0}^{\infty} t^n/n!$, 以及它所满足的方程 $\mathrm{d}\mathrm{e}^t = \mathrm{e}^t\mathrm{d}t$. 此处的证明是受这个观察启发的.

(2) 令

$$Y(t) \doteq e^{\lambda W(t) - \frac{\lambda^2 t}{2}} = \sum_{n=0}^{\infty} \lambda^n h_n(W(t), \ t).$$

由例 1 可知

$$\mathrm{d}Y = \lambda Y \, \mathrm{d}W, \quad Y(0) = 1,$$

于是

$$Y(t) = 1 + \lambda \int_0^t Y \, \mathrm{d}W.$$

代入上面 $Y(t)$ 的展开式, 成立

$$\sum_{n=0}^{\infty} \lambda^n h_n(W(t), \ t) = 1 + \lambda \int_0^t \sum_{n=0}^{\infty} \lambda^n h_n(W(s), \ s) \, \mathrm{d}W(s)$$

$$= 1 + \sum_{n=1}^{\infty} \lambda^n \int_0^t h_{n-1}(W(s), \ s) \, \mathrm{d}W(s),$$

而上式左边等于

$$1 + \sum_{n=1}^{\infty} \lambda^n h_n(W(t), \ t).$$

对比两边 λ^n 的系数, 结论得证. (证明中涉及了级数收敛及积分换序. 对这些细节的讨论此处从略.) □

例 3　设 $g(t)$ 是连续函数 (不是随机变量), 证明

$$\mathrm{d}Y = gY \, \mathrm{d}W, \quad Y(0) = 1$$

的解是

$$Y(t) = e^{-\frac{1}{2} \int_0^t g^2 \, \mathrm{d}s + \int_0^t g \, \mathrm{d}W}.$$

证明　令 $X(t) \doteq -\dfrac{1}{2} \int_0^t g^2 \, \mathrm{d}s + \int_0^t g \, \mathrm{d}W$, 则

$$\mathrm{d}X = -\frac{1}{2} g^2 \, \mathrm{d}t + g \, \mathrm{d}W.$$

对函数 $u(x) = e^x$ 及 $Y = u(X)$, 用 Itô 链式法则, 成立

$$\mathrm{d}Y = u'(X) \, \mathrm{d}X + \frac{1}{2} u''(X) g^2 \, \mathrm{d}t = e^X \left(-\frac{1}{2} g^2 \, \mathrm{d}t + g \, \mathrm{d}W + \frac{1}{2} g^2 \, \mathrm{d}t \right) = gY \, \mathrm{d}W.$$

此外, $Y(0) = 1$ 是显然的. □

例 4　证明: 设 f, g 是关于 t 的连续函数, 则如下问题

$$\mathrm{d}Y = fY\,\mathrm{d}t + gY\,\mathrm{d}W, \quad Y(0) = 1$$

的解是

$$Y(t) = \mathrm{e}^{\int_0^t (f - \frac{1}{2}g^2)\,\mathrm{d}s + \int_0^t g\,\mathrm{d}W}.$$

证明　令 $X(t) \doteq \int_0^t \left(f - \dfrac{1}{2}g^2\right)\mathrm{d}s + \int_0^t g\,\mathrm{d}W$, 则 $\mathrm{d}X = \left(f - \dfrac{1}{2}g^2\right)\mathrm{d}t + g\,\mathrm{d}W$. 对 $Y = u(X) = \mathrm{e}^X$ 运用 Itô 链式法则, 那么

$$\mathrm{d}Y = \mathrm{e}^X\,\mathrm{d}X + \frac{1}{2}\mathrm{e}^X g^2\,\mathrm{d}t = \mathrm{e}^X(f\,\mathrm{d}t + g\,\mathrm{d}W) = fY\,\mathrm{d}t + gY\,\mathrm{d}W.$$

显然, $Y(t)$ 还满足初始条件 $Y(0) = 1$.　　　　　　　　　　　　　□

例 5　设 $S(t)$ 代表某种股票的价格, 服从随机微分方程 $\dfrac{\mathrm{d}S}{S} = \mu\,\mathrm{d}t + \sigma\,\mathrm{d}W$. 这里常数 $\mu > 0$ 称为漂移系数, 表示无风险的复利; 常数 σ 称作风险波动率, 表示风险的大小. 由例 4, 可知 $S(t) = S_0\mathrm{e}^{\sigma W + (\mu - \frac{1}{2}\sigma^2)t}$. 随机过程 $S(t)$ 也叫作几何 Brown 运动. 计算 $\mathbb{E}[S(t)]$.

解　由于 $S(t)$ 满足方程

$$S(t) = S_0 + \mu \int_0^t S(\tau)\,\mathrm{d}s + \int_0^t \sigma S(\tau)\,\mathrm{d}W(\tau),$$

两边取期望, 并注意到由 Itô 积分的性质, $\mathbb{E}\left[\int_0^t S\,\mathrm{d}W\right] = 0$, 则

$$\mathbb{E}[S(t)] = \mathbb{E}[S_0] + \mu \int_0^t \mathbb{E}[S(\tau)]\,\mathrm{d}\tau.$$

上式两边对 t 求导, 化为普通的常微分方程, 解得 $\mathbb{E}[S(t)] = \mathbb{E}[S_0]\mathrm{e}^{\mu t}$.　　　□

例 6 (Brown 桥)　随机微分方程

$$\mathrm{d}B = -\frac{B}{1-t}\,\mathrm{d}t + \mathrm{d}W, \quad B(0) = 0$$

的解

$$B(t) = (1-t)\int_0^t \frac{1}{1-s}\,\mathrm{d}W(s), \quad 0 \leqslant t < 1$$

称为 Brown 桥, 因为对几乎所有轨道, 都有 $\lim\limits_{t \to 1^-} B(t) = 0$. 证明此结论.

证明 (1) 通过 Itô 乘积法则, 不难验证上面表达式就是所求问题的解, 即

$$\mathrm{d}B = -\left(\int_0^t \frac{1}{1-s}\,\mathrm{d}W\right)\mathrm{d}t + \mathrm{d}W = -\frac{B}{1-t}\,\mathrm{d}t + \mathrm{d}W.$$

(2) 置 $M(t) \doteq \int_0^t \frac{1}{1-s}\,\mathrm{d}W$, 它是一个鞅, 而且 $B(t) = (1-t)M(t)$. 由 Chebyshev 不等式和鞅不等式 (第 5 讲定理 4 中 $p=2$ 的情形), 成立

$$\mathbb{P}\left(\left|\max_{t\in(1-2^{-n},1-2^{-n-1}]} B(t)\right| > \varepsilon\right)$$

$$\leqslant \frac{1}{\varepsilon^2}\mathbb{E}\left[\left|\max_{t\in(1-2^{-n},1-2^{-n-1}]} B(t)\right|^2\right] \quad (\text{Chebyshev 不等式})$$

$$\leqslant \frac{1}{\varepsilon^2}\max_{t\in(1-2^{-n},1-2^{-n-1}]}(1-t)^2 \cdot \mathbb{E}\left[\left|\max_{t\in(1-2^{-n},1-2^{-n-1}]} M(t)\right|^2\right]$$

$$\leqslant \frac{4}{\varepsilon^2}2^{-2n}\mathbb{E}[M(1-2^{-n-1})^2]$$

$$= \frac{4}{\varepsilon^2}2^{-2n}\mathbb{E}\left[\left(\int_0^{1-2^{-n-1}} \frac{1}{1-s}\,\mathrm{d}W\right)^2\right] \quad (\text{鞅不等式})$$

$$= \frac{4}{\varepsilon^2}2^{-2n}\mathbb{E}\left[\int_0^{1-2^{-n-1}} \frac{1}{(1-s)^2}\,\mathrm{d}s\right]$$

$$= \frac{4}{\varepsilon^2}2^{-2n}\int_0^{1-2^{-n-1}} \frac{1}{(1-s)^2}\,\mathrm{d}s \quad (\text{Itô 等距})$$

$$= \frac{4}{\varepsilon^2}2^{-2n}(2^{n+1}-1) \leqslant \frac{8}{\varepsilon^2}2^{-n}$$

$$\leqslant 8 \times 2^{-\frac{n}{2}} \quad (\text{取 } \varepsilon = 2^{-\frac{n}{4}}).$$

由于级数 $\sum_n 2^{-\frac{n}{2}}$ 收敛, 由 Borel-Cantelli 定理, 对几乎所有的 ω, 存在自然数 $N(\omega)$, 当 $n \geqslant N(\omega)$ 时,

$$\left|\max_{t\in(1-2^{-n},1-2^{-n-1}]} B(t)\right| \leqslant \varepsilon = 2^{-\frac{n}{4}}.$$

这就证明了对几乎所有的轨道, 都有 $\lim_{t\to 1^-} B(t,\omega) = 0.$ □

例 7(Langevin 方程)　考虑受到摩擦阻力的花粉微粒的运动速度所满足的随机微分方程

$$\dot{X} = -bX + \sigma\xi,$$

其中 ξ 是白噪声, $\xi = \mathrm{d}W/\mathrm{d}t$, 常数 $b > 0$ 代表阻尼系数, $\sigma > 0$ 是扩散系数, 求 X, $\mathbb{E}[X]$ 和 $\mathbb{V}[X]$.

解　(1) X 满足线性随机微分方程

$$\mathrm{d}X = -bX\,\mathrm{d}t + \sigma\,\mathrm{d}W, \quad X(0) = X_0,$$

表达式为

$$X(t) = \mathrm{e}^{-bt}X_0 + \sigma\int_0^t \mathrm{e}^{-b(t-s)}\,\mathrm{d}W,$$

其中初值 X_0 与 W 独立.

用常微分方程的常数变易公式是不难猜出该公式的; 用 Itô 乘积法则也容易验证其正确性.

(2) 直接计算得 $\mathbb{E}[X(t)] = \mathrm{e}^{-bt}\mathbb{E}[X_0]$, 表示从宏观角度来看, 花粉微粒受到摩擦作用, 速度以指数衰减到零.

(3) 用平方和公式,

$$\mathbb{E}[X^2(t)] = \mathbb{E}\left[\mathrm{e}^{-2bt}X_0^2 + 2\sigma\mathrm{e}^{-bt}X_0\int_0^t \mathrm{e}^{-b(t-s)}\,\mathrm{d}W + \sigma^2\left(\int_0^t \mathrm{e}^{-b(t-s)}\,\mathrm{d}W\right)^2\right]$$

$$= \mathrm{e}^{-2bt}\mathbb{E}[X_0^2] + 2\sigma\mathrm{e}^{-bt}\mathbb{E}[X_0]\underbrace{\mathbb{E}\left[\int_0^t \mathrm{e}^{-b(t-s)}\,\mathrm{d}W\right]}_{=0} \quad \text{(假设 } X_0 \text{ 与 } W \text{ 独立)}$$

$$+ \sigma^2\int_0^t \mathrm{e}^{-2b(t-s)}\,\mathrm{d}s \quad \text{(Itô 等距)}$$

$$= \mathrm{e}^{-2bt}\mathbb{E}[X_0^2] + \frac{\sigma^2}{2b}(1 - \mathrm{e}^{-2bt}).$$

于是

$$\begin{aligned}
\mathbb{V}[X] &= \mathbb{E}[X^2] - \mathbb{E}^2[X] \\
&= \mathrm{e}^{-2bt}\mathbb{E}[X_0^2] + \frac{\sigma^2}{2b}(1 - \mathrm{e}^{-2bt}) - \mathrm{e}^{-2bt}\mathbb{E}^2[X_0] \\
&= \mathrm{e}^{-2bt}\mathbb{V}[X_0] + \frac{\sigma^2}{2b}(1 - \mathrm{e}^{-2bt}).
\end{aligned}$$

(4) 注意由表达式, $X(t)$ 服从正态分布. 形式上看, 当 $t \to \infty$ 时, $X(t)$ 的极限分布是 $N\left(0, \dfrac{\sigma^2}{2b}\right)$. 此外, 对固定的 $t > 0$, $b \to 0$ 时 $X(t)$ 的极限分布是 $N(0, \sigma t^2)$. □

例 8 (Ornstein-Uhlenbeck 过程)　用 $Y(t)$ 代表上述受摩擦力作用的花粉的位置, 假设它满足如下定解问题:

$$\begin{cases} \dfrac{\mathrm{d}^2}{\mathrm{d}t^2}Y(t) = -b\dfrac{\mathrm{d}}{\mathrm{d}t}Y(t) + \sigma\xi, \\ Y(0) = Y_0, \quad \dfrac{\mathrm{d}}{\mathrm{d}t}Y(0) = Y_1. \end{cases}$$

求解 Y, $\mathbb{E}[Y]$, $\mathbb{V}[Y]$.

解　(1) 令 $X = \dot{Y}$, 那么 $\mathrm{d}X = -bX\,\mathrm{d}t + \sigma\,\mathrm{d}W$, 从而 $X(t) = \mathrm{e}^{-bt}Y_1 + \displaystyle\int_0^t \mathrm{e}^{-b(t-s)}\,\mathrm{d}W$, 于是 $Y(t) = Y_0 + \displaystyle\int_0^t X(\tau)\,\mathrm{d}\tau$.

(2) 由上述表达式,

$$\begin{aligned} \mathbb{E}[Y(t)] &= \mathbb{E}[Y_0] + \int_0^t \mathbb{E}[X(s)]\,\mathrm{d}s \\ &= \mathbb{E}[Y_0] + \int_0^t \mathrm{e}^{-bs}\mathbb{E}[Y_1]\,\mathrm{d}s \\ &= \mathbb{E}[Y_0] + \frac{1 - \mathrm{e}^{-bt}}{b}\mathbb{E}[Y_1]. \end{aligned}$$

对 $\mathbb{V}[Y(t)]$ 直接计算, 可得

$$\mathbb{V}[Y(t)] = \mathbb{V}[Y_0] + \frac{\sigma^2}{b^2}t + \frac{\sigma^2}{2b^3}(-3 + 4\mathrm{e}^{-bt} - \mathrm{e}^{-2bt}).$$

上述过程比较复杂, 留作习题. □

请注意, 此前用 Brown 运动描述花粉微粒的位移, 它的经典导数没有意义, 无法刻画微粒的运动速度. 这种建模方式是基于现象的, 不涉及运动的力学本质, 所以 Langevin 把 Brown 运动作为描述微粒运动速度的数学模型 (白噪声代表微粒受到的随机力), 提出了基于 Newton 第二定律的方程 (16.1). 1930 年, 奥恩斯坦 (L. S. Ornstein) 和乌伦见克 (G. E. Uhlenbeck) 提出了上述描述微粒位移的新模型. 可以证明, 在关于 b 和 σ 的一定条件下, Brown 运动 (Wiener 过程) 是 Ornstein-Uhlenbeck 过程的一个很好的近似, 参见 [22, 第九章].

例 9 (随机调和振子)　受到随机噪声及摩擦影响的理想弹簧在平衡位置附近的振动可用如下初值问题描述:

$$\ddot{X} = -\lambda^2 X - b\dot{X} + \sigma\xi, \quad X(0) = X_0, \quad \dot{X}(0) = X_1.$$

这里 X 是弹簧离开平衡位置 (不变形位置) 的位移, $\lambda^2 X$ 代表弹簧受到的回复力.

若 $X_1 = 0$, $b = 0$, $\sigma = 1$, 上述问题的解为

$$X(t) = X_0 \cos(\lambda t) + \frac{1}{\lambda} \int_0^t \sin(\lambda(t-s)) \, dW(s).$$

注意上面最后一项是含参变量积分. 可通过对 t 求导, 或用三角函数公式展开, 由 Itô 乘积法则检验它确实是解. 请读者复习高阶随机微分方程的概念, 写出具体验算过程.

16.2　一类特殊形式的非线性随机微分方程的可解性

16.1 节给出了线性随机微分方程求解的例子. 本节考虑如下特殊形式的非线性随机微分方程:

$$dX = b(X) \, dt + dW, \quad X(0) = x_0 \in \mathbb{R}.$$

定理 1　设 $b: \mathbb{R} \to \mathbb{R}$ 连续可微, 且其导数有界: $|b'| \leqslant L$, L 为常数. 则对几乎所有的样本点, 存在具有连续轨道且适应的随机过程 $X(t)$, 使得

$$X(t) = x_0 + \int_0^t b(X(s)) \, ds + W(t). \tag{16.1}$$

证明　这里先用皮卡 (Picard) 迭代法构造近似解, 然后通过一些估计式证明近似解序列有紧性, 再说明它的收敛子列的极限就是所求的解. 这是研究微分方程解的存在性的一种被广泛采用的重要方法.

(1) 近似解的存在性. 令

$$X^0(t) \doteq x_0, \quad X^{k+1}(t) \doteq X^0 + \int_0^t b(X^k(s)) \, ds + W(t), \quad k = 0, 1, 2, \cdots. \tag{16.2}$$

由 Brown 运动轨道的性质, 对几乎所有的样本点 ω, 上述 $X^k(t, \omega)$ 都有定义, 且关于 t 连续.

(2) <u>近似解的点态估计</u>. 对固定的 $T > 0$, 任意的 $0 \leqslant t \leqslant T$, 以及使得 Brown 运动轨道连续的样本点 ω, 我们证明成立不等式

$$|X^{k+1}(t, \omega) - X^k(t,\omega)| \leqslant C(\omega,\ T)\frac{(Lt)^k}{k!}, \quad k = 0,\ 1,\ 2,\ \cdots,$$

其中

$$C = C(\omega,\ T) = \max_{0 \leqslant t \leqslant T}\left|\int_0^t b(x_0)\,\mathrm{d}\tau + W(t,\omega)\right| < \infty.$$

这里用了有界闭区间上连续函数的有界性.

用归纳法. 对上述取定的使得 $W(\cdot,\ \omega)$ 连续的样本点 ω,

$$
\begin{aligned}
|X^{k+1}(t,\ \omega) - X^k(t,\ \omega)| &= \left|\int_0^t (b(X^k(s)) - b(X^{k-1}(s)))\,\mathrm{d}s\right| \\
&\leqslant \int_0^t |b(X^k(s)) - b(X^{k-1}(s))|\,\mathrm{d}s \\
&\leqslant L\int_0^t |X^k(s) - X^{k-1}(s)|\,\mathrm{d}s \\
&\leqslant L\int_0^t C\frac{(Ls)^{k-1}}{(k-1)!}\,\mathrm{d}s = C\frac{(Lt)^k}{k!}.
\end{aligned}
$$

得证.

(3) <u>近似解的一致估计</u>. 令 $D^k(t) \doteq \max_{0 \leqslant s \leqslant t}|X^{k+1}(s) - X^k(s)|$, $k = 0,\ 1,\ 2,\ \cdots$. 由上一步结论,

$$D^k(t) \leqslant C(\omega, T)\frac{(LT)^k}{k!}, \quad k = 0,\ 1,\ 2,\ \cdots.$$

我们注意到这个估计比前面的点态估计要 "粗", 不好直接用归纳法证明.

(4) <u>近似解序列的紧性</u>. 由于级数 $\sum_{k=1}^{\infty}\dfrac{(LT)^k}{k!}$ 收敛, 由优级数判别法, 函数项级数

$$X(t,\omega) = x_0 + \sum_{k=0}^{\infty}\left(X^{k+1}(t,\omega) - X^k(t,\ \omega)\right)$$

在 $[0,\ T]$ 上一致收敛, 从而和函数 $X(t,\omega)$ 关于 t 连续.

(5) <u>相容性</u>. 利用 $X^k(t)$ 一致收敛到 $X(t)$, 而 b 是利普希茨 (Lipschitz) 连续的函数, 不难证明, 在 (16.2) 中, 令 $k \to \infty$, 就得到 (16.1). 所以前述极限 $X(t,\omega)$ 就是所要的解. $\qquad\square$

16.3　变量替换求解非线性随机微分方程

本节考虑如下形式的随机微分方程的初值问题:

$$\mathrm{d}X = b(X)\,\mathrm{d}t + \sigma(X)\,\mathrm{d}W, \quad X(0) = X_0 \in \mathbb{R},$$

其中 σ 是恒不为零的确定性函数. 16.2 节已证明问题

$$\mathrm{d}Y = f(Y)\,\mathrm{d}t + \mathrm{d}W, \quad Y(0) = Y_0 \tag{16.3}$$

有解, 现在的想法是通过待定的函数 f 和 $x = u(y)$, 确定所要的随机变量 $X = u(Y)$. 为此, 用 Itô 链式法则, $\mathrm{d}X = u'\,\mathrm{d}Y + \dfrac{1}{2}u''\,\mathrm{d}t = \left(u'f + \dfrac{1}{2}u''\right)\mathrm{d}t + u'\,\mathrm{d}W.$ 对比系数, 我们自然要求

$$u'(y) = \sigma(x) = \sigma(u(y)), \quad u'(y)f(y) + \frac{1}{2}u''(y) = b(x) = b(u(y)).$$

可以先求解如下非线性常微分方程的初值问题:

$$u'(z) = \sigma(u(z)), \quad u(y_0) = x_0.$$

解出函数 u 以后, 令

$$f(y) \doteq \frac{b(u(y)) - \dfrac{1}{2}u''(y)}{\sigma(u(y))}.$$

对这个 f, 通过取适当的 y_0, 从 (16.3) 解出 $Y(t)$, 那么 $X(t) = u(Y(t))$ 就是需要的解.

　　请读者将这里的技巧与第 1 讲介绍的解决期权定价问题的方法作对比. 它们本质上都是一样的: 找到关联两个随机过程 X 和 $Y = u(X)$ 的确定性的函数 $u(\cdot)$, 而这样的 u 往往满足通过 Itô 链式法则导出的确定性的常微分方程或偏微分方程.

第 17 讲　随机微分方程初值问题强解的存在性和唯一性

CHAPTER

本讲证明如下一阶非线性随机微分方程初值问题强解的存在性和唯一性定理. 该定理是随机微分方程理论的核心结果之一, 其证明方法也非常有典型性.

定理 1　给定概率空间 Ω 上的 m 维 Brown 运动 $W(\cdot)$, n 维随机变量 X_0, 以及 $T > 0$, 考虑如下初值问题:

$$\begin{cases} \mathrm{d}X(t) = b(X(t),\ t)\,\mathrm{d}t + B(X(t),\ t)\,\mathrm{d}W(t), & 0 \leqslant t \leqslant T, \\ X(0) = X_0. \end{cases} \tag{17.1}$$

这里 $b : \mathbb{R}^n \times [0,T] \to \mathbb{R}^n$, $B : \mathbb{R}^n \times [0,T] \to \mathrm{M}^{n\times m}(\mathbb{R})$ 是一致 Lipschitz 连续的, 至多线性增长的函数: 即存在常数 $L > 0$ 使得成立

$$|b(x,\ t) - b(y,\ t)| + |B(x,\ t) - B(y,\ t)| \leqslant L|x - y|, \tag{17.2}$$

$$|b(x,\ t)| + |B(x,\ t)| \leqslant L(1 + |x|), \quad \forall x,\ y \in \mathbb{R}^n, \quad t \in [0,T]. \tag{17.3}$$

如果 $\mathbb{E}[|X_0|^2] < \infty$, 则上述问题存在唯一的强解 $X \in \mathbb{L}^2(0,T)$, 且 $\mathbb{E}[|X(t)|^2] \leqslant Ce^{Ct}$, $\forall t \in [0,T]$. 这里 C 是仅依赖于 L, T 和 $\mathbb{E}[|X_0|^2]$ 的常数.

定理中的唯一性是指: 若 $X,\ \tilde{X} \in \mathbb{L}^2(0,T)$ 是初值问题 (17.1) 的两个解, 且它们几乎所有的轨道都连续, 则

$$\mathbb{P}\big(X(t) = \tilde{X}(t),\ \forall 0 \leqslant t \leqslant T\big) = 1.$$

即, 除掉一个 $\mathbb{P}$-零测集里的样本点后, X 和 $\tilde{X}$ 的轨道完全一样. 这是一种很强的唯一性结论.

17.1　唯　一　性

为证明强解的唯一性, 先回顾如下经典的格朗沃尔 (Gronwall) 不等式.

引理 1 (积分形式的 Gronwall 不等式)　设 $\varphi, f \in C([0, T])$, $\varphi \geqslant 0, f \geqslant 0$, 且存在常数 $C_0 \geqslant 0$ 使得

$$\varphi(t) \leqslant C_0 + \int_0^t f(s)\varphi(s)\,\mathrm{d}s, \quad \forall t \in [0, T],$$

则

$$\varphi(t) \leqslant C_0 \mathrm{e}^{\int_0^t f(s)\,\mathrm{d}s}.$$

证明　令 $\Phi(t) = C_0 + \displaystyle\int_0^t f(s)\varphi(s)\,\mathrm{d}s$, 则 $\varphi \leqslant \Phi$, 且

$$\left(\mathrm{e}^{-\int_0^t f\,\mathrm{d}s}\Phi(t)\right)' = (\Phi' - f\Phi)\mathrm{e}^{-\int_0^t f\,\mathrm{d}s} = (f\varphi - f\Phi)\mathrm{e}^{-\int_0^t f\,\mathrm{d}s} \leqslant 0,$$

从而 $\mathrm{e}^{-\int_0^t f\,\mathrm{d}s}\Phi(t) \leqslant \Phi(0) = C_0$. 于是 $\varphi(t) \leqslant \Phi(t) \leqslant C_0 \mathrm{e}^{\int_0^t f\,\mathrm{d}s}$. $\qquad\square$

设 $X, \tilde{X} \in \mathbb{L}^2(0, T)$ 是初值问题 (17.1) 的两个强解, 令 $Y(t) \doteq X(t) - \tilde{X}(t)$, 则 Y 满足如下方程和初始条件:

$$\mathrm{d}Y(t) = \big(b(X(t), t) - b(\tilde{X}(t), t)\big)\,\mathrm{d}t$$
$$+ \big(B(X(t), t) - B(\tilde{X}(t), t)\big)\,\mathrm{d}W(t), \quad 0 \leqslant t \leqslant T,$$
$$Y(0) = 0. \tag{17.4}$$

我们先介绍 "能量积分" 方法来证明唯一性, 它避免了使用 Itô 等距, 但缺点是需要额外假设 $\mathbb{E}\left[\displaystyle\int_0^T |Y|^4\,\mathrm{d}t\right] < \infty$, 以保证下面 (17.5) 成立.[①] 将方程 (17.4) 左乘向量 $Y(t)^{\mathrm{T}}$, 利用 Itô 乘积法则, 成立

$$\mathrm{d}|Y(t)|^2 = \mathrm{d}(Y^{\mathrm{T}}Y) = 2Y^{\mathrm{T}}\mathrm{d}Y + |B(X(t), t) - B(\tilde{X}(t), t)|^2\,\mathrm{d}t$$
$$= \big(2Y^{\mathrm{T}}(b(X(t), t) - b(\tilde{X}(t), t)) + |B(X(t), t) - B(\tilde{X}(t), t)|^2\big)\,\mathrm{d}t$$
$$+ 2Y^{\mathrm{T}}\big(B(X(t), t) - B(\tilde{X}(t), t)\big)\,\mathrm{d}W,$$

即

$$|Y(t)|^2 = \int_0^t \big(2Y^{\mathrm{T}}(b(X(s), s) - b(\tilde{X}(s), s)) + |B(X(s), s) - B(\tilde{X}(s), s)|^2\big)\,\mathrm{d}s$$
$$+ \int_0^t 2Y^{\mathrm{T}}\big(B(X(s), s) - B(\tilde{X}(s), s)\big)\,\mathrm{d}W.$$

---

① 也就是说, 满足 $\mathbb{E}\left[\displaystyle\int_0^T |X|^4\,\mathrm{d}t\right] < \infty$ 的强解 X 是唯一的.

两边取期望 (在 Ω 上积分), 并注意 Itô 积分期望为零的性质:

$$\mathbb{E}\left[\int_0^t 2Y(s)^{\mathrm{T}}(B(X(s), s) - B(\tilde{X}(s), s))\,\mathrm{d}W(s)\right] = 0, \qquad (17.5)$$

则

$$\mathbb{E}[|Y(t)|^2]$$
$$= \mathbb{E}\left[\int_0^t \left(2Y(s)^{\mathrm{T}}(b(X(s), s) - b(\tilde{X}(s), s)) + |B(X(s), s) - B(\tilde{X}(s), s)|^2\right)\mathrm{d}s\right]$$
$$\leqslant \mathbb{E}\left[\int_0^t (2L|Y||X - \tilde{X}| + L^2|X - \tilde{X}|^2)\,\mathrm{d}s\right]$$
$$= (L^2 + 2L)\int_0^t \mathbb{E}[|Y|^2]\,\mathrm{d}s, \qquad (17.6)$$

其中不等号用到了 Lipschitz 条件. 由 Gronwall 不等式, 就得到

$$\mathbb{E}[|X(t) - \tilde{X}(t)|^2] = 0, \quad \forall 0 \leqslant t \leqslant T. \qquad (17.7)$$

如果不用上述能量积分方法, 可以将 (17.4) 写为积分形式, 直接平方, 用 Itô 等距处理随机积分平方项的期望, 得到类似于 (17.6) 的结果. 请读者参考 17.2 节存在性证明中做估计的方法, 给出计算细节.

特别地, (17.7) 告诉我们, 对 $[0, T]$ 中所有的有理数 r, 成立

$$X(r, \omega) = \tilde{X}(r, \omega), \quad \text{a.s. } \omega.$$

注意到我们要求 $X, \tilde{X}$ 几乎所有轨道连续, 所以对任意的 $t \in [0, T]$, 令 $r \to t$, 即可得到

$$X(t, \omega) = \tilde{X}(t, \omega), \quad \text{a.s. } \omega.$$

这就证明了唯一性.

17.2 存 在 性

存在性证明包括三部分: ① 构造一列近似解 (此处用 Picard 迭代法); ② 证明近似解序列的紧性 (需要在适当函数空间作估计); ③ 相容性 (说明近似解序列按某种拓扑收敛的极限是原问题的解, 需要原非线性问题关于序列收敛的某种连续性). 注意, 能在什么空间里得到什么估计是非线性问题本身所决定的, 在研究中找到合适的函数空间并不容易, 所以往往是第二部分最困难.

第一步: 近似解的构造. 对 $k = 0, 1, 2, \cdots$, 令

$$X^0(0) = X_0,$$

$$X^{k+1}(t) = X_0 + \int_0^t b(X^k(s), s)\,\mathrm{d}s + \int_0^t B(X^k(s), s)\,\mathrm{d}W, \quad 0 \leqslant t \leqslant T.$$

我们要证明如下估计: 存在正的常数 $C = C(L, T)$, 使得

$$\mathbb{E}[|X^k(t)|^2] \leqslant C(1 + \mathbb{E}[|X_0|^2])\mathrm{e}^{Ct}, \quad 0 \leqslant t \leqslant T. \tag{17.8}$$

这样才能保证 $b \in \mathbb{L}_n^1(0, T)$, $B \in \mathbb{L}_{n \times m}^2(0, T)$, 从而可用 Itô 积分依次算得上述近似解 X^k. 由于期望 $\mathbb{E}$ 和关于 t 的积分可换序, 这个不等式也告诉我们 $X^k \in \mathbb{L}^2(0, T)$. 此外, 由 Itô 积分和 Lebesgue 积分的性质, 可知对几乎所有的样本点 ω, $X^k(t, \omega)$ 关于 t 是 $[0, T]$ 上的连续函数.

　　此处不宜用前述能量积分法, 因为等号右端也会出现要估计的 X^k. 我们用数学归纳法和上述表达式直接计算. 任取 $C > 1$, 则不等式 (17.8) 对 $k = 0$ 成立. 假设其对 k 成立, 则用 Cauchy-Schwarz 不等式知 $(a+b)^2 \leqslant 2(a^2+b^2)$, $(a+b+c)^2 \leqslant 3(a^2 + b^2 + c^2)$, 从而

$$\mathbb{E}\left[|X^{k+1}(t)|^2\right]$$

$$\leqslant 3\mathbb{E}[|X_0|^2] + 3\mathbb{E}\left[\left|\int_0^t b(X^k(s), s)\,\mathrm{d}s\right|^2\right] + 3\mathbb{E}\left[\left|\int_0^t B(X^k(s), s)\,\mathrm{d}W\right|^2\right]$$

$$\leqslant 3\mathbb{E}\left[|X_0|^2\right] + 3t\mathbb{E}\left[\int_0^t |b(X^k(s),s)|^2\,\mathrm{d}s\right] \quad \text{(Cauchy-Schwarz 不等式)}$$

$$+ 3\mathbb{E}\left[\int_0^t |B(X^k(s),s)|^2\,\mathrm{d}s\right] \quad \text{(Itô 等距, 下一步用线性增长条件)}$$

$$\leqslant 3\mathbb{E}[|X_0|^2] + 6tL^2\mathbb{E}\left[\int_0^t (1 + |X^k(s)|^2)\,\mathrm{d}s\right] + 6L^2\mathbb{E}\left[\int_0^t (1 + |X^k(s)|^2)\,\mathrm{d}s\right]$$

$$\leqslant 3\mathbb{E}[|X_0|^2] + (6T+6)L^2\mathbb{E}\left[\int_0^t (1 + |X^k(s)|^2)\,\mathrm{d}s\right]$$

$$\leqslant 3\mathbb{E}[|X_0|^2] + (6T+6)TL^2 + (6T+6)L^2\mathbb{E}\left[\int_0^t |X^k(s)|^2\,\mathrm{d}s\right]$$

$$\leqslant C_1(1 + \mathbb{E}[|X_0|^2]) + C_1\int_0^t \mathbb{E}[|X^k(s)|^2]\,\mathrm{d}s$$

$$(C_1 \doteq \max\{3, (6T+6)L^2, (6T+6)TL^2\})$$

$$\leqslant C_1(1+\mathbb{E}[|X_0|^2]) + C_1\int_0^t C(1+\mathbb{E}[|X_0|^2])\mathrm{e}^{Cs}\,\mathrm{d}s \quad (\text{归纳假设})$$

$$\leqslant C_1(1+\mathbb{E}[|X_0|^2])(1+\mathrm{e}^{Ct}-1)$$

$$= C_1(1+\mathbb{E}[|X_0|^2])\mathrm{e}^{Ct}.$$

于是我们可以取 $C=C_1$, 这就证明了 (17.8). [1]

第二步: 近似解的 $L_t^\infty(L_\omega^2)$ 估计. 我们的目的是得到形如

$$\mathbb{E}\left[\max_{0\leqslant t\leqslant T}|X^{k+1}(t)-X^k(t)|^2\right] \leqslant \frac{(MT)^{k+1}}{(k+1)!} \tag{17.9}$$

的 $L_\omega^2(L_t^\infty)$ 估计, 从而用 Borel-Cantelli 定理去掉期望, 得到几乎所有轨道 $X^k(t,\omega)$ 关于 $t\in[0,T]$ 的一致收敛性. 但这个关于 t 的一致估计的目标用归纳法无法直接证明 (对递推关系式, 例如下面的 (17.11) 式, 如果它右端直接用 $\mathbb{E}\left[\max\limits_{0\leqslant t\leqslant T}|X^k(t)-X^{k-1}(t)|^2\right]$ 去控制, 而不是用更加精细的下面定义的函数 d^{k-1}, 就得不到上述 (17.9) 的精细的右端项), 所以我们先证明如下不等式: 对 $k=0,1,2,\cdots,0\leqslant t\leqslant T$, 存在常数 $M=M(L,T,\mathbb{E}[|X_0|^2])$, 使得成立

$$d^k(t) \doteq \mathbb{E}[|X^{k+1}(t)-X^k(t)|^2] \leqslant \frac{(Mt)^{k+1}}{(k+1)!}. \tag{17.10}$$

下面用数学归纳法证明 (17.10). 当 $k=0$ 时, 用线性增长条件,

$$d^0(t) = \mathbb{E}[|X^1(t)-X_0|^2]$$

$$\leqslant 2\mathbb{E}\left[\left|\int_0^t b(X_0,s)\,\mathrm{d}s\right|^2\right] + 2\mathbb{E}\left[\left|\int_0^t B(X_0,s)\,\mathrm{d}W(s)\right|^2\right]$$

$$\leqslant 2t\mathbb{E}\left[\int_0^t |b(X_0,s)|^2\,\mathrm{d}s\right] + 2\mathbb{E}\left[\int_0^t |B(X_0,s)|^2\,\mathrm{d}s\right]$$

$$\leqslant (4T+4)L^2(1+\mathbb{E}[|X_0|^2])t$$

$$\leqslant Mt \quad (\text{取 } M\geqslant(4T+4)L^2(1+\mathbb{E}[|X_0|^2])).$$

---

[1] 注意因子 e^{ct} 的出现与多项式 $t^{n+1}/(n+1)! = \int_0^t s^n/n!\,\mathrm{d}s$ 有关. 在上述和下面要出现的不等式中, 经常有这种类似 $d_{n+1}=\int_0^t d_n\,\mathrm{d}s$ 的式子, 累积相加 $\sum d_n$ 就会出现指数函数. 请对比第 16 讲例子中的 Hermite 多项式.

假设结论对 $k-1$ 成立, 则用 Itô 等距和 Lipschitz 条件,

$$d^k(t) = \mathbb{E}\big[|X^{k+1}(t) - X^k(t)|^2\big]$$

$$= \mathbb{E}\left[\left|\int_0^t (b(X^k, s) - b(X^{k-1}, s))\,\mathrm{d}s + \int_0^t (B(X^k, s) - B(X^{k-1}, s))\,\mathrm{d}W(s)\right|^2\right]$$

$$\leqslant 2\mathbb{E}\left[t\int_0^t |b(X^k, s) - b(X^{k-1}, s)|^2\,\mathrm{d}s\right]$$

$$+ 2\mathbb{E}\left[\left|\int_0^t (B(X^k, s) - B(X^{k-1}, s))\,\mathrm{d}W(s)\right|^2\right]$$

$$\leqslant 2L^2 T \int_0^t \mathbb{E}\big[|X^k(s) - X^{k-1}(s)|^2\big]\,\mathrm{d}s + 2\mathbb{E}\left[\int_0^t |B(X^k, s) - B(X^{k-1}, s)|^2\,\mathrm{d}s\right]$$

$$\leqslant 2L^2(T+1) \int_0^t d^{k-1}(s)\,\mathrm{d}s$$

$$\leqslant M \int_0^t \frac{(Ms)^k}{k!}\,\mathrm{d}s \qquad (\text{注意 } M \geqslant 2L^2(T+1))$$

$$\leqslant \frac{(Mt)^{k+1}}{(k+1)!}.$$

可得 (17.10) 成立.

　　第三步: 近似解的 $L_\omega^2(L_t^\infty)$ 估计. 我们证明 (17.9). 注意到

$$|X^{k+1}(t) - X^k(t)|^2$$

$$\leqslant 2\left|\int_0^t (b(X^k, s) - b(X^{k-1}, s))\,\mathrm{d}s\right|^2 + 2\left|\int_0^t (B(X^k, s) - B(X^{k-1}, s))\,\mathrm{d}W(s)\right|^2$$

$$\leqslant 2t\int_0^t |b(X^k, s) - b(X^{k-1}, s)|^2\,\mathrm{d}s + 2\left|\int_0^t (B(X^k, s) - B(X^{k-1}, s))\,\mathrm{d}W(s)\right|^2$$

$$\leqslant 2tL^2 \int_0^t |X^k(s) - X^{k-1}(s)|^2\,\mathrm{d}s + 2\left|\int_0^t (B(X^k, s) - B(X^{k-1}, s))\,\mathrm{d}W(s)\right|^2$$

$$\leqslant 2TL^2 \int_0^T |X^k(s) - X^{k-1}(s)|^2\,\mathrm{d}s + 2\left|\int_0^t (B(X^k, s) - B(X^{k-1}, s))\,\mathrm{d}W(s)\right|^2,$$

$$\tag{17.11}$$

由于 $\mathrm{d}W$ 不是非负测度, 后一项随机积分不能直接放缩绝对值到被积函数上. 为克服此困难, 就要用鞅不等式 (见第 5 讲 5.4 节). 事实上, 由于 $\int_0^t (B(X^k, s) -$

$B(X^{k-1}, s))\, \mathrm{d}W(s)$ 是鞅, 利用 $p=2$ 情形的鞅不等式,

$$\mathbb{E}\left[\max_{0\leqslant t\leqslant T}\left|\int_0^t (B(X^k, s)-B(X^{k-1}, s))\, \mathrm{d}W(s)\right|^2\right]$$

$$\leqslant 4\mathbb{E}\left[\left|\int_0^T (B(X^k, s)-B(X^{k-1}, s))\, \mathrm{d}W(s)\right|^2\right]$$

$$=4\mathbb{E}\left[\int_0^T \left|B(X^k, s)-B(X^{k-1}, s)\right|^2 \mathrm{d}s\right] \qquad \text{(Itô 等距)}$$

$$\leqslant 4L^2\mathbb{E}\left[\int_0^T |X^k-X^{k-1}|^2\, \mathrm{d}s\right]$$

$$=4L^2\int_0^T \mathbb{E}[|X^k-X^{k-1}|^2]\, \mathrm{d}s$$

$$=4L^2\int_0^T d^{k-1}(s)\, \mathrm{d}s. \tag{17.12}$$

那么接着 (17.11), 就得到

$$\mathbb{E}\left[\max_{0\leqslant t\leqslant T}|X^{k+1}(t)-X^k(t)|^2\right]$$

$$\leqslant 2TL^2\int_0^T \mathbb{E}\left[|X^k(t)-X^{k-1}(t)|^2\right]\mathrm{d}s + 8L^2\int_0^T d^{k-1}(s)\, \mathrm{d}s$$

$$\leqslant 2L^2(T+4)\int_0^T d^{k-1}(s)\, \mathrm{d}s$$

$$=\frac{2L^2(T+4)}{M}\frac{(MT)^{k+1}}{(k+1)!}.$$

只要取

$$M=\max\left\{2L^2(T+4), (4T+4)L^2(1+\mathbb{E}[|X_0|^2])\right\},$$

即得到 (17.9) 的证明. 注意这里不需要归纳法.

第四步: 近似解序列对几乎所有的 ω, 关于 t 的一致收敛性. 这一步的目的是去掉期望, 即把 $L^2(\Omega)$ 上积分的信息转化为关于 $\mathcal{F}$ 中某些子集的测度的信息, 进而得到关于个体 $\omega\in\Omega$ 的信息. 关键的工具是 Chebyshev 不等式和 Borel-Cantelli 定理.

首先, 由估计 (17.9) 和 Chebyshev 不等式,

$$\mathbb{P}\left(\max_{0\leqslant t\leqslant T}|X^{k+1}(t)-X^k(t)| > 2^{-k}\right) \leqslant 2^{2k}\mathbb{E}\left[\max_{0\leqslant t\leqslant T}|X^{k+1}(t)-X^k(t)|^2\right]$$

$$\leqslant 2^{2k} \frac{(MT)^{k+1}}{(k+1)!}.$$

因为级数

$$\sum_k 2^{2k} \frac{(MT)^{k+1}}{(k+1)!} = \frac{1}{4} \sum_k \frac{(4MT)^{k+1}}{(k+1)!} \leqslant \frac{1}{4} e^{4MT} < \infty$$

是收敛的, 根据 Borel-Cantelli 定理, 事件 $A_k \doteq \left\{ \max_{0 \leqslant t \leqslant T} |X^{k+1}(t) - X^k(t)| > 2^{-k} \right\}$

发生无限次的概率为零, 即对几乎所有的 $\omega \in \Omega \bigg($ 也就是存在 $\mathcal{N} \doteq \limsup_{k \to \infty} A_k \in$

$\mathcal{F}$, $\mathbb{P}(\mathcal{N}) = 0$, 对 $\omega \in \Omega \setminus \mathcal{N} \bigg)$, 存在自然数 $K(\omega)$, 当 $k \geqslant K(\omega)$ 时,

$$\max_{0 \leqslant t \leqslant T} |X^{k+1}(t, \omega) - X^k(t, \omega)| \leqslant 2^{-k}.$$

所以对上述固定的 $\omega \in \Omega \setminus \mathcal{N}$, 级数 $\sum_k (X^{k+1}(t, \omega) - X^k(t, \omega))$ 一致收敛, 即连续

函数列 $\{X^k(t, \omega)\}$ 在 $[0, T]$ 上一致收敛. 这就对几乎所有的 ω, 构造出了 $[0, T]$ 上的连续函数 $X(t, \omega)$, 且 $X^k(t, \omega)$ 一致收敛到 $X(t, \omega)$.

第五步: 近似解序列在函数空间中的收敛性 (正则性).

从估计式 (17.10) 可知, 对任意固定的 t, $\{X^k(t)\}$ 是 $L^2(\Omega)$ 中的 Cauchy 列. 由 $L^2(\Omega)$ 的完备性, 存在 $\tilde{X}(t) \in L^2(\Omega)$ 为其极限, 从而 $X^k(t)$ 有子列几乎处处收敛到 $\tilde{X}(t)$. 另一方面, 上一步已证明对几乎所有的 ω, $X^k(t, \omega)$ 随 $k \to \infty$ 点态收敛到 $X(t, \omega)$. 由几乎处处收敛极限的唯一性, 可知 $X(t) = \tilde{X}(t)$ 几乎处处成立. 所以我们有

$$\mathbb{E}[|X(t)|^2] = \lim_{k \to \infty} \mathbb{E}[|X^k(t)|^2] \leqslant C(1 + \mathbb{E}[|X_0|^2]) e^{Ct}, \quad \forall t \in [0, T].$$

于是 $X \in \mathbb{L}^2(0, T)$.

此外, 用三角不等式, 估计式 (17.9) 告诉我们 $\{X^k\}$ 是 $L^2(\Omega; C([0, T]))$ 中的 Cauchy 列: 对任意 $\varepsilon > 0$, 存在自然数 K, 当 $m \geqslant n \geqslant K$ 时,

$$\mathbb{E} \left[\max_{0 \leqslant t \leqslant T} |X^n(t) - X^m(t)|^2 \right] \leqslant \varepsilon.$$

另外, 对固定的 ω, 已知 $X^m(t, \omega) \rightrightarrows X(t, \omega)$ (一致收敛), 利用法图 (Fatou) 引理, 成立

$$\mathbb{E} \left[\max_{0 \leqslant t \leqslant T} |X^n(t) - X(t)|^2 \right] \leqslant \liminf_{m \to \infty} \mathbb{E} \left[\max_{0 \leqslant t \leqslant T} |X^n(t) - X^m(t)|^2 \right] \leqslant \varepsilon.$$

这就证明了 $X(t)$ 也是 $X^k(t)$ 在函数空间 $L^2(\Omega; C([0,T]))$ 中的极限.

特别地, 当 $k \to \infty$ 时,

$$
\mathbb{E}\left[\int_0^T |X^k - X|^2 \, \mathrm{d}s\right] \leqslant \mathbb{E}\left[\int_0^T \max_{0 \leqslant s \leqslant T} |X^k - X|^2 \, \mathrm{d}s\right] \to 0,
$$

这意味着 $\{X^k\}$ 在 $\mathbb{L}^2(0,T)$ 中收敛到 X.

第六步: 相容性.

现在要在近似解满足的关系式

$$
X^{k+1}(t) = X_0 + \int_0^t b(X^k(s), s) \, \mathrm{d}s + \int_0^t B(X^k(s), s) \, \mathrm{d}W, \quad 0 \leqslant t \leqslant T \tag{17.13}
$$

中取极限 $k \to \infty$.

对前述任意固定的 $\omega \in \Omega \setminus \mathcal{N}$, 利用 $X^k \rightrightarrows X$, 以及 b 的 Lipschitz 连续性, 不难证明

$$
\int_0^t |b(X^k(s), s) - b(X(s), s)| \, \mathrm{d}s \leqslant L \int_0^t |X^k - X| \, \mathrm{d}s \to 0,
$$

即

$$
\lim_{k \to \infty} \int_0^t b(X^k(s), s) \, \mathrm{d}s = \int_0^t b(X(s), s) \, \mathrm{d}s.
$$

但不能这样来处理随机积分项 (因为 $\mathrm{d}W$ 不是非负测度).

为此, 与 (17.12) 的计算相类似, 通过鞅不等式和 Itô 等距, 有

$$
\mathbb{E}\left[\max_{0 \leqslant t \leqslant T} \left|\int_0^t \left(B(X^k, s) - B(X, s)\right) \mathrm{d}W(s)\right|^2\right]
$$

$$
\leqslant 4\mathbb{E}\left[\left|\int_0^T \left(B(X^k, s) - B(X, s)\right) \mathrm{d}W(s)\right|^2\right]
$$

$$
= 4\mathbb{E}\left[\int_0^T \left|B(X^k, s) - B(X, s)\right|^2 \, \mathrm{d}s\right]
$$

$$
\leqslant 4L^2 \mathbb{E}\left[\int_0^T |X^k - X|^2 \, \mathrm{d}s\right] \to 0 \quad (k \to \infty).
$$

由此即可得随机积分 $\displaystyle\int_0^t B(X^k, s) \, \mathrm{d}W(s)$ 在 $L^2(\Omega; C([0,T]))$ 中收敛到 $\displaystyle\int_0^t B(X,$

$s) \, \mathrm{d}W(s)$. 于是存在一个子列 $k_j \to \infty$, 使得对几乎所有的 ω, $\int_0^t B(X^k(s, \omega), s)$

$\mathrm{d}W(s, \omega)$ 关于 $t \in [0, T]$ 一致收敛到 $\int_0^t B(X(s, \omega), s) \, \mathrm{d}W(s, \omega)$.

这样, 在 (17.13) 中取 $k = k_j$, 令 $j \to \infty$, 注意到 $X^{k_j+1}(t) \to X(t)$, 就知道几乎处处成立

$$X(t) = X_0 + \int_0^t b(X, s) \, \mathrm{d}s + \int_0^t B(X, s) \, \mathrm{d}W, \quad 0 \leqslant t \leqslant T, \tag{17.14}$$

这表明 $X(t)$ 确实是初值问题的解, 存在性证毕.

17.3　连续依赖性

本节中, 我们仅陈述如下定理, 证明从略.

定理 2 (高阶矩估计)　设 b, B, X_0 满足前述存在唯一性定理1的条件, 且

$$\mathbb{E}[|X_0|^{2p}] < \infty, \quad p = 2, 3, \cdots.$$

则 (17.1) 的解满足如下估计:

$$\mathbb{E}\big[|X(t)|^{2p}\big] \leqslant C_2 \big(1 + \mathbb{E}[|X_0|^{2p}]\big) \mathrm{e}^{C_1 t},$$
$$\mathbb{E}\big[|X(t) - X_0|^{2p}\big] \leqslant C_2 \big(1 + \mathbb{E}[|X_0|^{2p}]\big) t^p \mathrm{e}^{C_1 t},$$

其中常数 C_1, C_2 仅依赖于 T, L, m, n, p.

定理 3 (对参数的依赖性)　对 $k = 1, 2, \cdots$, 设 b^k, B^k, X_0^k 满足存在唯一性定理1的条件, 且它们的 Lipschitz 常数 L 与 k 无关. 又设

$$\lim_{k \to \infty} \mathbb{E}\big[|X_0 - X_0^k|^2\big] = 0,$$

而且对任意 $M > 0$,

$$\lim_{k \to \infty} \max_{0 \leqslant t \leqslant T; |x| \leqslant M} \big(|b(x, t) - b^k(x, t)| + |B(x, t) - B^k(x, t)|\big) = 0,$$

则若

$$\mathrm{d}X^k = b^k(X^k, t)\mathrm{d}t + B^k(X^k, t) \, \mathrm{d}W, \quad X^k(0) = X_0^k,$$

那么成立

$$\lim_{k \to \infty} \mathbb{E}\left[\max_{0 \leqslant t \leqslant T} |X^k(t) - X(t)|^2 \right] = 0,$$

其中 X 是随机微分方程

$$\mathrm{d}X = b(X, t)\mathrm{d}t + B(X, t)\mathrm{d}W, \quad X(0) = X_0$$

的解.

该定理的一个特例是考虑

$$\mathrm{d}X^\epsilon = b(X^\epsilon)\,\mathrm{d}t + \epsilon\,\mathrm{d}W, \quad X^\epsilon(0) = X_0 \in \mathbb{R}.$$

对任意固定的 T, 由该定理, 对几乎所有样本点 ω, 轨道 $X^\epsilon(t, \omega)$ 当 $\epsilon \to 0$ 时在 $[0, T]$ 上一致收敛到如下确定性问题的解 $X(t)$:

$$\mathrm{d}X = b(X)\,\mathrm{d}t, \quad X(0) = X_0.$$

但如果考虑无限长时间的情形, 随机性会产生深远的影响, 上述结论可能不成立. 这属于随机动力系统研究的课题.

习题 1 求解

$$\mathrm{d}X^1 = \mathrm{d}t + \mathrm{d}W^1, \quad \mathrm{d}X^2 = X^1\,\mathrm{d}W^2,$$

其中 $W = (W^1, W^2)$ 是二维 Brown 运动.

习题 2 求解

$$\mathrm{d}X = \frac{1}{2}\sigma'(X)\sigma(X)\,\mathrm{d}t + \sigma(X)\,\mathrm{d}W, \quad X(0) = 0,$$

其中 W 是一维 Brown 运动, σ 是正的光滑函数.

习题 3 证明随机微分方程

$$\mathrm{d}X(t) = \sin(1 + X(t)^2)\mathrm{d}t + \chi_{X(t)>0}X(t)\,\mathrm{d}W(t), \quad X(0) = x_0 \in \mathbb{R}$$

存在唯一的强解, 其中 $\chi_{X(t)>0}$ 是事件 $\{X(t) > 0\}$ 的示性函数.

习题 4 求解

$$\mathrm{d}X^1 = X^2\,\mathrm{d}t + \mathrm{d}W^1, \quad \mathrm{d}X^2 = X^1\,\mathrm{d}t + \mathrm{d}W^2.$$

习题 5 试用 Itô 链式法则证明定理 2.

第 18 讲   线性随机微分方程

CHAPTER

对于随机微分方程

$$\mathrm{d}X = b(X,t)\,\mathrm{d}t + B(X,t)\,\mathrm{d}W,$$

其中 W 是 m 维 Brown 运动, 如果

$$b(x,t) = C(t) + D(t)x, \quad C : [0,T] \to \mathbb{R}^n, \quad D : [0,T] \to \mathrm{M}^{n \times n}(\mathbb{R}),$$

$$B(x,t) = E(t) + F(t)x, \quad E : [0,T] \to \mathrm{M}^{n \times m}(\mathbb{R}), \quad F : [0,T] \to \mathcal{L}(\mathbb{R}^n; \mathrm{M}^{n \times m}(\mathbb{R})),$$

就称其为线性的, 其中 $\mathrm{M}^{n \times m}(\mathbb{R})$ 是实 $n \times m$ 的矩阵的集合, 而 $F(t)$ 将向量 $x \in \mathbb{R}^n$ 映为实 $n \times m$ 的矩阵 $F(t)x$. 特别地, 如果自由项

$$C = E = 0, \quad \forall t \in [0,T],$$

则称方程为齐次的. 如果

$$F \equiv 0, \quad \forall t \in [0,T],$$

则称方程是狭义线性的.

假设

$$\sup_{0 \leqslant t \leqslant T} (|C(t)| + |D(t)| + |E(t)| + |F(t)|) < \infty,$$

那么 b, B 满足第 17 讲解的存在和唯一性定理的条件, 从而只要 $\mathbb{E}[|X_0|^2] < \infty$, 线性随机微分方程的初值问题

$$\begin{cases} \mathrm{d}X = (C(t) + D(t)X)\,\mathrm{d}t + (E(t) + F(t)X)\,\mathrm{d}W, & 0 \leqslant t \leqslant T, \\ X(0) = X_0 \end{cases}$$

对由 Brown 运动 $W(t)$ 和 X_0 生成的 σ-域流, 在 $\mathbb{L}^2(0,T)$ 中存在唯一的强解 $X(t)$.

这一讲我们介绍几类线性随机微分方程的解的公式.

定理 1 (狭义线性方程的解的公式)　(1) 设

$$\begin{cases} \mathrm{d}X = (C(t) + DX)\,\mathrm{d}t + E(t)\,\mathrm{d}W, & 0 \leqslant t \leqslant T, \\ X(0) = X_0, \end{cases}$$

而 D 是常数矩阵, 那么

$$X(t) = \mathrm{e}^{Dt}X_0 + \int_0^t \mathrm{e}^{D(t-s)}\big(C(s)\,\mathrm{d}s + E(s)\,\mathrm{d}W(s)\big),$$

其中 $\mathrm{e}^{Dt} = \sum\limits_{k=0}^{\infty} \dfrac{t^k}{k!}D^k$.

(2) 设

$$\begin{cases} \mathrm{d}X = \big(C(t) + D(t)X\big)\,\mathrm{d}t + E(t)\,\mathrm{d}W, & 0 \leqslant t \leqslant T, \\ X(0) = X_0, \end{cases}$$

那么

$$X(t) = \Phi(t)\left(X_0 + \int_0^t \Phi(s)^{-1}\big(C(s)\,\mathrm{d}s + E(s)\mathrm{d}W(s)\big)\right),$$

其中 $\Phi(\cdot)$ 是常微分方程 $\mathrm{d}\Phi = D(t)\Phi\,\mathrm{d}t, \Phi(0) = I_n$ (I_n 是 n 阶单位阵) 的解 (基解矩阵).

由该定理不难看出, 如果初值 X_0 服从正态分布, 则 $X(t)$ 也服从正态分布. 这两个公式可用 Itô 法则直接验证 (请读者作为习题完成), 它们源于对方程 $\dot{X} = C(t) + D(t)X + E(t)\xi$ 用常数变易法写出公式, 再将 $\xi\mathrm{d}t$ 换作 $\mathrm{d}W$.

定理 2 (单个线性方程 $(n=1,\ m \geqslant 1)$)　方程

$$\begin{cases} \mathrm{d}X = (c(t) + d(t)X)\,\mathrm{d}t + \sum\limits_{l=1}^{m}(e^l(t) + f^l(t)X)\,\mathrm{d}W^l, \\ X(0) = X_0 \end{cases}$$

的解是

$$X(t) = \Phi(t)\left(X_0 + \int_0^t \Phi(s)^{-1}\left(c(s) - \sum_{l=1}^{m} e^l(s)f^l(s)\right)\mathrm{d}s + \int_0^t \sum_{l=1}^{m}\Phi(s)^{-1}e^l(s)\,\mathrm{d}W^l\right),$$

其中

$$\Phi(t) \doteq \exp\left(\int_0^t \left(d - \sum_{l=1}^{m}\frac{f_l^2}{2}\right)\mathrm{d}s + \int_0^t \sum_{l=1}^{m} f^l\,\mathrm{d}W^l\right).$$

该定理可通过 Itô 乘积和链式法则直接验证 (留作习题). 下面对一些特殊情形予以推导.

例 1 (齐次单个随机源情形)　求解

$$dX = d(t)X\,dt + f(t)X\,dW, \quad X(0) = X_0.$$

解　假设 $X(t) = X_1(t)X_2(t)$, 其中

$$dX_1 = f(t)X_1\,dW, \quad X_1(0) = X_0,$$

$$dX_2 = A(t)\,dt + B(t)\,dW, \quad X_2(0) = 1,$$

而 $A(t)$, $B(t)$ 是待定函数. 由 Itô 乘积法则,

$$dX = X_1 dX_2 + X_1 X_2 f\,dW + f(t)B(t)X_1 dt$$
$$= (f(t)X + X_1 B)\,dW + (X_1 A + f(t)BX_1)\,dt.$$

与原方程对比系数, 必须成立

$$X_1 B = 0, \quad f X_1 B + X_1 A = d(t)X_1 X_2.$$

我们选择 $B = 0$, $A = dX_2$, 即要求

$$dX_2 = d(t)X_2\,dt, \quad X_2(0) = 1.$$

由此可解出

$$X_2(t) = e^{\int_0^t d(s)\,ds}.$$

回忆第 16 讲例 3 已经介绍过求解 X_1 的公式:

$$X_1(t) = X_0 e^{\int_0^t f(s)\,dW - \frac{1}{2}\int_0^t f(s)^2\,ds}.$$

所以

$$X(t) = X_1(t)X_2(t) = X_0 e^{\int_0^t f(s)\,dW + \int_0^t (d(s) - \frac{1}{2}f(s)^2)\,ds}. \qquad \square$$

注意到这里 X_1, X_2 分别满足的方程与 X 满足的方程的关系, 上述方法实际上就是计算数学中很重要的算子分裂法 (分数步方法).

例 2 (非齐次单个随机源情形)　求解

$$dX = (c(t) + d(t)X)\,dt + (e(t) + f(t)X)\,dW, \quad X(0) = X_0.$$

解　我们仍然用算子分裂法. 设 $X = X_1 X_2$, 其中

$$dX_1 = d(t)X_1\,dt + f(t)X_1\,dW, \quad X_1(0) = 1,$$

$$dX_2 = A(t)\,dt + B(t)\,dW, \quad X_2(0) = X_0.$$

由 Itô 乘积法则,

$$
\begin{aligned}
dX &= X_2 dX_1 + X_1 dX_2 + f(t)B(t)X_1 dt \\
&= d(t)X dt + f(t)X dW + X_1 A dt + X_1 B dW + f B X_1 dt \\
&= \big(dX + A X_1 + f B X_1\big)\,dt + \big(f X + B X_1\big)\,dW.
\end{aligned}
$$

与原方程对比, 得到

$$AX_1 + fBX_1 = c(t), \quad BX_1 = e(t),$$

从而 $B = eX_1^{-1}$, $A = (c - fe)X_1^{-1}$. 由例 1 的结论,

$$X_1(t) = e^{\int_0^t f(s)\,dW + \int_0^t (d(s) - \frac{1}{2}f(s)^2)\,ds} > 0.$$

继续求解

$$
\begin{cases}
dX_2 = \big(c(t) - e(t)f(t)\big)X_1(t)^{-1}\,dt + e(t)X_1(t)^{-1}\,dW, \\
X_2(0) = X_0,
\end{cases}
$$

直接积分得到

$$X_2(t) = X_0 + \int_0^t \big(c(s) - e(s)f(s)\big)X_1(s)^{-1}\,ds + \int_0^t e(s)X_1(s)^{-1}\,dW(s).$$

将 X_1 与 X_2 相乘, 就得到解的表达式.　　　　　　　　　　　　□

习题 1　求解随机微分方程:

(1) $dX = X dt + e^{-t} dW$;

(2) $dX_1 = dt + dW_1$, $\ dX_2 = X_1 dW_2$;

(3) $dX = 2dt + X dW$.

习题 2　证明: $X(t) = (a\cos W(t),\ b\sin W(t))^{\mathrm{T}}$ (其中 $a,\ b$ 是正的常数) 是如下随机微分方程的解

$$dX = -\frac{1}{2}X dt + \begin{pmatrix} 0 & -\dfrac{a}{b} \\ \dfrac{b}{a} & 0 \end{pmatrix} X dW.$$

习题 3　证明 $X_t = \mathrm{e}^{W_t}$ 是如下随机微分方程的一个解:

$$\mathrm{d}X_t = \frac{1}{2}X_t\mathrm{d}t + X_t\,\mathrm{d}W_t.$$

习题 4　求解随机微分方程

$$\mathrm{d}X_t = \mathrm{e}^t\left(1+W_t^2\right)\mathrm{d}t + \left(1+2\mathrm{e}^tW_t\right)\mathrm{d}W_t, \quad X_0 = 0.$$

习题 5　求解随机微分方程

$$\mathrm{d}X_t = \frac{1}{X_t}\mathrm{d}t + \alpha X_t\,\mathrm{d}W_t, \quad X_0 = x,$$

其中 $\alpha \in \mathbb{R}$ 是个参数.

习题 6　证明定理 1 和定理 2.

C 第 19 讲　Stratonovich 随机积分

HAPTER

本讲我们简要介绍 Stratonovich 随机积分, 以及它与 Itô 随机积分的联系和区别.

19.1　白噪声的光滑逼近

对如下形式的随机微分方程

$$\dot{X} = d(t)X(t) + f(t)X(t)\xi(t), \quad X(0) = x_0,$$

如果将它解释为 Itô 随机微分方程

$$\mathrm{d}X = d(t)X\,\mathrm{d}t + f(t)X\,\mathrm{d}W, \quad X(0) = x_0,$$

那么

$$X(t) = x_0 \exp\left(\int_0^t \left(d(s) - \frac{1}{2}f^2(s) \right) \mathrm{d}s + \int_0^t f(s)\,\mathrm{d}W(s) \right). \tag{19.1}$$

现在考虑用轨道连续的随机过程来近似白噪声 ξ, 即通过普通的微分方程来逼近随机微分方程. 这是研究中常用的一种叫作正则化的方法.

定义 1 (近似白噪声)　设 $\{\xi^k(\cdot)\}_{k=1}^{\infty}$ 是一族随机过程, 称其为**近似白噪声**, 若
(a) 对任意 $t \geqslant 0$, $\xi^k(t)$ 服从均值为零的正态分布; 特别地, $\mathbb{E}[\xi^k(t)] = 0$.
(b) $\mathbb{E}[\xi^k(t)\xi^k(s)] = d^k(t-s)$, 且当 $k \to \infty$ 时, 一元函数 $d^k(\cdot)$ 在广义函数意义下收敛到 Dirac 测度 δ_0:

$$\lim_{k\to\infty} \int_{\mathbb{R}} f(t)d^k(t)\,\mathrm{d}t = f(0), \quad \forall f \in C(\mathbb{R}).$$

(c) 对任意的样本点 $\omega \in \Omega$, 曲线 $t \mapsto \xi^k(t)$ 连续.

例如, 描述花粉微粒随机运动速度的 Langevin 方程的解, 即 Ornstein-Uhlenbeck 过程关于时间的导数, 关于阻尼系数作适当时间尺度变换后, 就可以看作近似白噪声 (见 [17, 4.1 节]).

考虑正则化方程

$$\dot{X}^k = (d(t) + f(t)\xi^k)X^k, \quad X^k(0) = x_0.$$

对任意给定的样本点 ω, 这是一个普通的常微分方程, 其解为

$$X^k(t, \omega) = x_0 \exp\left(\int_0^t d(s)\,\mathrm{d}s + \int_0^t f(s)\xi^k(s, \omega)\,\mathrm{d}s\right).$$

记

$$Z^k(t) = \int_0^t f(s)\xi^k(s)\,\mathrm{d}s,$$

我们可以 (合理地) 假设 $Z^k(t)$ 仍服从 Gauss 分布, 且对任意 $t \geqslant 0$, $\mathbb{E}[Z^k(t)] = 0$. 进一步, 当 $k \to +\infty$ 时,

$$\mathbb{E}[Z^k(t)Z^k(s)] = \int_0^t \int_0^s f(\tau)f(\sigma)d^k(\tau - \sigma)\,\mathrm{d}\sigma\mathrm{d}\tau$$

$$\to \int_0^t \int_0^s f(\tau)f(\sigma)\delta_0(\tau - \sigma)\,\mathrm{d}\sigma\mathrm{d}\tau = \int_0^{t\wedge s} f^2(\tau)\,\mathrm{d}\tau,$$

从而

$$\lim_{k\to\infty} \mathbb{E}[|Z^k(t)|^2] = \int_0^t f^2(\tau)\,\mathrm{d}\tau.$$

这表明 $Z^k(t)$ 在 $L^2(\Omega)$ 中有界, 从而存在子列弱收敛, 设其极限为 $Z(t)$. 我们猜想 $Z(t)$ 仍服从正态分布, 另一方面, 借助 Itô 等距, $\int_0^t f\,\mathrm{d}W$ 与 $Z(t)$ 有相同分布 (即相同的期望和方差). 于是, 尽管上述推测过程很不严格, 我们看到 X^k 的极限与下面的随机过程同分布:

$$\hat{X}(t) = x_0 \exp\left(\int_0^t d(s)\,\mathrm{d}s + \int_0^t f(s)\,\mathrm{d}W(s)\right).$$

这与 (19.1) 不同, 少了 Itô 修正项. 这意味着, Itô 随机微分方程的解对随机项 ξ 的上述意义下的扰动不具有稳定性. Stratonovich 随机积分则没有这个缺陷.

19.2　Stratonovich 随机积分和转换公式

回顾我们曾定义的 Itô 积分

$$\int_0^T W\,\mathrm{d}W = \lim_{|P^n|\to 0} \sum_{k=0}^{m_n-1} W(t_k^n)\big(W(t_{k+1}^n) - W(t_k^n)\big)$$

$$= \frac{W^2(T) - T}{2},$$

其中 $P^n = \{0 = t_0^n < t_1^n < \cdots < t_{m_n}^n = T\}$, 以及 Stratonovich 随机积分

$$\int_0^T W \circ \mathrm{d}W = \lim_{|P^n| \to 0} \sum_{k=0}^{m_n-1} W\left(\frac{t_k^n + t_{k+1}^n}{2}\right) (W(t_{k+1}^n) - W(t_k^n))$$

$$= \frac{W^2(T)}{2}.$$

我们也可将之定义为

$$\int_0^T W \circ \mathrm{d}W = \lim_{|P^n| \to 0} \sum_{k=0}^{m_n-1} \frac{W(t_k^n) + W(t_{k+1}^n)}{2} (W(t_{k+1}^n) - W(t_k^n))$$

$$= \frac{W^2(T)}{2}.$$

一般地, 设 $W(\cdot)$ 是 m 维 Brown 运动, $B : \mathbb{R}^m \times [0, T] \to \mathrm{M}^{d \times m}(\mathbb{R}), (x, t) \mapsto B(x, t)$ 是 C^1 映射, 且

$$\mathbb{E}\left[\int_0^T |B(W(t), t)|^2 \, \mathrm{d}t\right] < \infty,$$

定义 Stratonovich 随机积分

$$\int_0^T B(W, t) \circ \mathrm{d}W$$

$$\doteq \lim_{|P^n| \to 0} \sum_{k=0}^{m_n-1} B\left(\frac{W(t_{k+1}^n) + W(t_k^n)}{2}, t_k^n\right) (W(t_{k+1}^n) - W(t_k^n)).$$

可证明该极限在 $L^2(\Omega)$ 意义下存在.

对比相应 Itô 积分的定义

$$\int_0^T B(W, t) \, \mathrm{d}W \doteq \lim_{|P^n| \to 0} \sum_{k=0}^{m_n-1} B\big(W(t_k^n), t_k^n\big) \big(W(t_{k+1}^n) - W(t_k^n)\big),$$

我们有如下公式: 对 $i = 1, \cdots, d$,

$$\left[\int_0^T B(W, t) \circ \mathrm{d}W\right]^i = \left[\int_0^T B(W, t) \mathrm{d}W\right]^i + \frac{1}{2} \int_0^T \sum_{j=1}^m \frac{\partial B^{ij}}{\partial x_j}(W, t) \, \mathrm{d}t.$$

这在形式上可如下验证: 对

$$\int_0^T B(W, t) \circ \mathrm{d}W - \int_0^T B(W, t)\,\mathrm{d}W$$

$$= \lim_{|P^n| \to 0} \sum_{k=0}^{m_n - 1} \left[B\left(\frac{W(t_{k+1}^n) + W(t_k^n)}{2}, t_k^n \right) - B(W(t_k^n), t_k^n) \right] \left(W(t_{k+1}^n) - W(t_k^n) \right),$$

用中值定理, 以及口诀 $\mathrm{d}W^i \mathrm{d}W^j = \delta_{ij} \mathrm{d}t$, 就得到上述结论.

特别地, 当 $d = 1$ 时, 就有如下公式:

$$\int_0^T b(W(t), t) \circ \mathrm{d}W(t) = \int_0^T b(W(t), t)\,\mathrm{d}W(t) + \frac{1}{2} \int_0^T b_x(W(t), t)\,\mathrm{d}t.$$

我们将 Stratonovich 随机微分方程

$$X(t) = X(0) + \int_0^t b(X, s)\,\mathrm{d}s + \int_0^t B(X, s) \circ \mathrm{d}W, \quad 0 \leqslant t \leqslant T$$

简记为

$$\mathrm{d}_s X = b(X, t)\mathrm{d}t + B(X, t) \circ \mathrm{d}W, \quad X(0) = X_0.$$

定理 1 (Stratonovich 链式法则)　设 $u : \mathbb{R}^d \times [0, T] \to \mathbb{R}$ 是光滑函数, 则

$$\mathrm{d}_s u(X, t) = u_t \mathrm{d}t + \sum_{i=1}^d u_{x^i} \circ \mathrm{d}X^i$$

$$= \left(u_t + \sum_{i=1}^d u_{x^i} b^i \right) \mathrm{d}t + \sum_{i=1}^d \sum_{k=1}^m u_{x^i} B^{ik} \circ \mathrm{d}W^k. \tag{19.2}$$

这说明, 对 Stratonovich 随机微分而言, 成立普通的链式法则. 证明也是利用简单函数逼近, 以及 Taylor 展开, 具体可参见 [17] 3.4 节.

Stratonovich 随机微分方程和 Itô 随机微分方程之间有如下转换关系 (证明见 [17] 4.1 节).

定理 2　设 X 是 Itô 随机微分方程

$$\mathrm{d}X = b(X, t)\mathrm{d}t + B(X, t)\mathrm{d}W, \quad X(0) = X_0$$

的解, 则它也是 Stratonovich 随机微分方程

$$\mathrm{d}_s X = \left(b(X, t) - \frac{1}{2} c(X, t) \right) \mathrm{d}t + B(X, t) \circ \mathrm{d}W, \quad X(0) = X_0$$

的解, 其中

$$c^i(x,t) \doteq \sum_{k=1}^{m} \sum_{j=1}^{d} B_{x^j}^{ik}(x,t) B^{jk}(x,t), \quad i = 1, 2, \cdots, d.$$

特别地, 对 $m = d = 1$ 的情形,

$$\mathrm{d}X = b(X)\mathrm{d}t + \sigma(X)\mathrm{d}W$$

与

$$\mathrm{d}_\mathrm{s}X = \left(b(X) - \frac{1}{2}\sigma'(X)\sigma(X) \right) \mathrm{d}t + \sigma(X) \circ \mathrm{d}W$$

等价, 其中 $\frac{1}{2}\sigma'(X)\sigma(X)\,\mathrm{d}t$ 叫作 Wong-Zakai 修正项.

最后总结一下, Itô 随机积分的理论上的优点: ① $I(t) = \displaystyle\int_0^t G\mathrm{d}W$ 是鞅; ② 成立形式上简单的 Itô 等距公式

$$\mathbb{E}\left[\int_0^T G\mathrm{d}W \right] = 0, \quad \mathbb{E}\left[\left| \int_0^T G\mathrm{d}W \right|^2 \right] = \mathbb{E}\left[\int_0^T |G|^2\,\mathrm{d}t \right].$$

这使得 Itô 积分在计算上比较简单. 对 Stratonovich 随机积分而言, 其优点是: ① 满足普通的链式法则, 从而关于相空间 (即因变量所在空间) 中坐标变换有几何意义, 适用于研究物理和几何问题; ② 关于随机项的扰动具有稳定性. 虽然 Stratonovich 随机积分和 Itô 随机积分有着各自的优点, 但由转换关系式, 往往可通过一个计算另一个. 当然, 现实生活中建模时, 选取哪种随机积分, 需要用实践效果来检验.

习题 1 把下面的 Stratonovich 微分方程转换成 Itô 微分方程:
(1) $\mathrm{d}_\mathrm{s}X(t) = rX(t)\mathrm{d}t + \alpha X(t) \circ \mathrm{d}W(t)$, r, α 是参数;
(2) $\mathrm{d}_\mathrm{s}X(t) = \sin X(t)\cos X(t)\mathrm{d}t + (t^2 + \cos X(t)) \circ \mathrm{d}W(t)$.

习题 2 把下面的 Itô 微分方程转换成 Stratonovich 微分方程:
(1) $\mathrm{d}X(t) = rX(t)\mathrm{d}t + \alpha X(t)\mathrm{d}W(t)$, r, α 是参数;
(2) $\mathrm{d}X(t) = 2\mathrm{e}^{-X(t)}\mathrm{d}t + X(t)^2\mathrm{d}W(t)$.

第 20 讲 关于 Poisson 过程的随机积分

CHAPTER

这一讲介绍关于 Poisson 过程的随机积分. 由于 Poisson 过程的几乎所有轨道都是单调递增的, 可通过 Lebesgue-Stieltjes 积分, 对轨道连续的随机函数定义随机积分. 利用鞅性质和等距性质, 还能对一类轨道仅仅右连续的随机过程, 也定义它们关于 Poisson 过程的随机积分. 此外, 这类随机积分也有链式法则. 第 21 讲将介绍 Poisson 过程驱动的随机微分方程的基本定理, 并用链式法则求解一些简单的 Poisson 过程驱动的线性随机微分方程.

20.1 Poisson 过程及其随机积分

定义 1 (Poisson 过程) 给定一个概率空间 $(\Omega, \mathcal{F}, \mathbb{P})$, 考虑其上的随机过程 $\{P(t)\}_{t \geqslant 0}$, 如果它满足如下三条性质, 就被称作一个 <u>Poisson 过程</u>:

(1) $P(0) = 0$;

(2) 对任意 $0 \leqslant s < t < +\infty$, $P(t) - P(s)$ 是服从参数为 $\lambda(t-s)$ 的 Poisson 分布的随机变量, 即 $P(t) - P(s)$ 是取值为非负整数的随机变量, 且

$$\mathbb{P}(P(t) - P(s) = k) = \frac{\lambda^k (t-s)^k}{k!} \mathrm{e}^{-\lambda(t-s)}, \quad k = 0, 1, 2, \cdots;$$

(3) 对任意 $0 \leqslant t_0 < t_1 < \cdots < t_m < +\infty$, 增量

$$P(t_0), \ P(t_1) - P(t_0), \ P(t_2) - P(t_1), \ \cdots, \ P(t_m) - P(t_{m-1})$$

是独立的随机变量.

对给定的 Poisson 过程 $P(t)$, 可以证明存在它的一个修正版本, 即另一个 Poisson 过程 $\tilde{P}(t)$, 满足条件

$$\mathbb{P}(P(t) = \tilde{P}(t)) = 1, \quad \forall t \geqslant 0,$$

使得轨道 $t \mapsto \tilde{P}(t, \omega)$ 对几乎所有样本点 ω, 都是单调递增的右连续的阶梯函数, 且每个间断点的跳跃量 (即间断点处右极限与左极限之差) 都是 1, 并且在有限

时间内只有有限个间断点. 以后我们都用这个好的版本. 事实上, 在概率意义下, $\tilde{P}$ 和 P 是无法区分的.

例 1 用 T_n 代表随 t 增加, $P(t, \omega)$ 的第 n 个间断点与第 $n-1$ 个间断点的差 (即第 $n-1$ 次跳跃到第 n 次跳跃之间的等待时间), 它称为 Poisson 过程的**时间间隔序列**. 记 $S_n = \sum\limits_{k=1}^{n} T_k$ 为第 n 次跳跃发生的时间: $S_n \doteq \inf\{t \geqslant 0 : P(t) \geqslant n\}$. 利用独立增量性质和 S_n 的定义可以证明, 随机向量 $(S_1, \cdots, S_k)$ 的概率密度函数是 $p(y_1, \cdots, y_k) = \lambda^k \mathrm{e}^{-\lambda y_k} \chi_{\{0 \leqslant y_1 < \cdots < y_k\}}$. 由此可证明 T_n 互相独立, 且服从均值为 $1/\lambda$ 的指数分布, 即 $\mathbb{P}(T_n > t) = \mathrm{e}^{-\lambda t}$. 例如, $\mathbb{P}(T_1 > t) = \mathbb{P}(P(t) = 0) = \mathrm{e}^{-\lambda t}$.

上述结论的证明, 以及关于 Poisson 过程的构造和它的更多性质, 可以参看 [19, 2.4 节].

记 $\{\mathcal{F}(t)\}_{t \geqslant 0}$ 是由随机变量 $P(s)$ $(0 \leqslant s \leqslant t)$ 和所有 $\mathbb{P}$-零测集生成的 σ-域流. 显然它随着时间的增加越来越大: $\mathcal{F}(s) \subset \mathcal{F}(t)$, $\forall 0 \leqslant s < t$.

引理 1 设 $P(t)$ 是 Poisson 过程, 则 $\{P(t) - \lambda t\}_{t \geqslant 0}$ 关于 $\mathcal{F}(t)$ 是一个鞅.

证明 我们知道, 对服从 Poisson 分布的随机变量 $P(t)$, 成立

$$\mathbb{E}[P(t)] = \lambda t.$$

由独立增量性质, 对任意的 $0 \leqslant s \leqslant t$, $P(t) - P(s)$ 与 $\mathcal{F}(s)$ 独立, 从而由条件期望的性质,

$$\mathbb{E}[P(t) - P(s) \mid \mathcal{F}(s)] = \mathbb{E}[P(t) - P(s)] = \lambda(t - s).$$

于是, 由条件期望的线性性质,

$$\mathbb{E}[P(t) - \lambda t \mid \mathcal{F}(s)] = \mathbb{E}[P(t) - P(s) \mid \mathcal{F}(s)] + \mathbb{E}[P(s) - \lambda t \mid \mathcal{F}(s)]$$

$$= \lambda(t - s) + P(s) - \lambda t = P(s) - \lambda s. \qquad \square$$

随机过程 $P(t) - \lambda t$ 叫作**补偿 Poisson 过程** (compensated Poisson process). 它在 Poisson 过程驱动的随机积分中起着重要作用.

为了定义关于 Poisson 过程 $P(\cdot)$ 的随机积分 $\int_0^T X \mathrm{d}P$, 我们需要被积函数 X 有一定的正则性. 为此, 回忆如下概念.

定义 2 称随机过程 $X(t)$ 是**适应的**, 如果对任意 $t \geqslant 0$, $X(t)$ 是 $\mathcal{F}(t)$-可测的.

由于对几乎所有样本点 ω, $P(t)$ 都是单调递增的阶梯函数, 在有限区间上变差有界, 从而可以在经典的 Lebesgue-Stieltjes 积分意义下, 至少对具有连续轨道

的适应的随机过程 $X(t)$, 定义积分 (参见第 3 讲, 注意对被积函数, 总是取它的左极限)

$$I(t, \omega) = \int_0^t X(s, \omega)\, dP(s, \omega) = \sum_{0 \leqslant s \leqslant t} X(s-, \omega)\big(P(s+, \omega) - P(s-, \omega)\big).$$

注意 $I(t)$ 还是个随机过程, 函数 $t \mapsto I(t, \omega)$ 未必是连续的. 但可以证明, 它是处处右连续的, 处处有左极限. 为了区别于 Itô 所建立的关于 Brown 运动的随机积分, 我们称这里建立的这种关于 Poisson 过程的随机积分为 Poisson 随机积分.

例 2   设 $X(s) = s^2$, 样本点 ω 固定, 而 Poisson 过程的对应于 ω 的轨道如下: $P(s, \omega) = 0$, 如果 $s \in \left[0, \dfrac{1}{2}\right)$; $P(s, \omega) = 1$, 如果 $s \in \left[\dfrac{1}{2}, 3\right)$; $P(s, \omega) = 2$, 如果 $s \in [3, \infty)$. 那么 Poisson 随机积分的对应轨道如下: $I(t, \omega) = 0$, 如果 $s \in \left[0, \dfrac{1}{2}\right)$; $I(t, \omega) = \dfrac{1}{4}$, 如果 $t \in \left[\dfrac{1}{2}, 3\right)$; $I(t, \omega) = \dfrac{1}{4} + 9$, 如果 $s \in [3, \infty)$.

我们还可定义 m 维 Poisson 过程 $P(t) = (P^1(t),\ \cdots,\ P^m(t))^{\mathrm{T}}$, 要求其中每个分量 $P^i(\cdot), i = 1, 2, \cdots, m$ 都是一维的 Poisson 过程, 而且这些分量生成的 σ-域流 $\mathcal{F}^i(t)$ 对任意 $t \geqslant 0$ 都是独立的. 此外, 还要求任意两个分量都不同时跳跃. 此时, 对 $n \times m$ 的矩阵 $B(t)$, 也可依照矩阵乘法, 按分量定义随机积分 $\int_0^T B(t)\, dP(t)$.

20.2 链式法则

设 $g_1, \cdots, g_m$ 是定义在区间 $[0, T]$ 上的实值的右连续的有界变差函数, $g = (g_1, \cdots, g_m)$, $F: \mathbb{R}^{m+1} \to \mathbb{R}$ 是 C^1 的函数, 则可以直接证明成立如下等式:

$$F(t, g(t)) = F(0, g(0)) + \int_0^t \partial_t F(s, g(s))\, ds + \sum_{k=1}^m \int_0^t \partial_k F(s, g(s))\, dg_k^c(s)$$

$$+ \sum_{0 \leqslant s \leqslant t} [F(s, g(s)) - F(s, g(s-))], \tag{20.1}$$

其中 $0 \leqslant t \leqslant T$, 而 g_k^c 是有界变差函数 g_k 的连续部分 (见第 3 讲 3.2 节).

考虑 Poisson 随机微分方程

$$dX(t) = b(X(t))\, dt + B(X(t))\, dP(t),$$

即 $X(t)$ 满足如下等式

$$X(t) = X(0) + \int_0^t b(X(s)) \, \mathrm{d}s + \int_0^t B(X(s)) \, \mathrm{d}P(s), \quad \forall 0 \leqslant t \leqslant T,$$

其中 b, B 是 C^1 的线性增长的确定性的向量值 (矩阵值) 函数. 注意 $X(t)$ 还是一个有界变差函数. 右端第二项是 $X(t)$ 绝对连续的部分, 第三项 (Poisson 随机积分) 是 $X(t)$ 跳跃的部分: 如果时刻 s 是 Poisson 过程 P 的跳跃点, 则该积分值的跳跃量就是 $B(X(s-))$. 将 (20.1) 最后一项用 Poisson 随机积分表示, 取 $g(s) = X(s)$, 就得到链式法则

$$\begin{aligned}
F(t, X(t)) = {} & F(0, X(0)) + \int_0^t \partial t F(s, X(s)) \mathrm{d}s \\
& + \sum_{k=1}^m \int_0^t \nabla_x F(s, X(s)) b(X(s)) \, \mathrm{d}s \\
& + \int_0^t \Big[F\big(s, X(s-) + B(X(s-))\big) \\
& \quad - F(s, X(s-)) \Big] \mathrm{d}P(s).
\end{aligned} \tag{20.2}$$

当然, 这里要求 $F \in C^1(\mathbb{R}^m)$, 而 $\nabla_x F(x)$ 是 $F(x)$ 的梯度.

20.3 Poisson 随机积分的鞅的性质

为了把随机积分从简单情形推广到一般情形, 给出如下技术性概念.

定义 3(可料 (predictable) σ-域) 对给定 σ-域流 $\mathcal{F}(t)$, 由形如 $\{0\} \times B$ ($B \in \mathcal{F}(0)$), $(s, t] \times B$ ($0 < s < t < \infty$, $B \in \mathcal{F}(s)$) 的 $\mathbb{R}^+ \times \Omega$ 的子集生成的布尔 (Bool) 环 (即关于两集合取并集和差集封闭的子集族) 生成的 σ-域 $\mathcal{P}$ 称作可料 σ-域. 称随机过程 $X: \mathbb{R}^+ \times \Omega \to \mathbb{R}$ 是可料的, 如果它关于 $\mathcal{P}$ 可测.

这一节的主要结论, 是如下定理. 它的证明较长, 放在 20.4 节介绍.

定理 1 设 $Z(t)$ 是可料的随机过程, 且对任意 $t > 0$, $\mathbb{E}\left[\int_0^t Z(s)^2 \, \mathrm{d}s\right] < \infty$. 则如下三个随机过程

$$M(t) \doteq \int_0^t Z(s) \, \mathrm{d}(P(s) - \lambda s),$$

$$M(t)^2 - \int_0^t Z(s)^2 \, \mathrm{d}P(s),$$

$$M^2(t) - \lambda \int_0^t Z^2(s)\,\mathrm{d}s$$

都是鞅.

该定理有如下重要推论, 它是 Itô 等距在 Poisson 随机积分情形的对应结果, 可使我们通过稠定有界线性算子保范延拓定理, 对一般的满足 $\mathbb{E}\left[\int_0^T Y^2\,\mathrm{d}s\right] < \infty$ 且轨道处处右连续、处处存在左极限的随机过程, 定义其 Poisson 随机积分; 另一方面, 第 21 讲我们要用这里的结论来证明 Poisson 过程驱动的随机微分方程的可解性.

定理 2　设 $\{Y(t)\}_{0 \leqslant t \leqslant T}$ 是可料的随机过程, 且其轨道处处右连续, 处处存在左极限. 又设

$$\mathbb{E}\left[\int_0^T Y^2\,\mathrm{d}s\right] < \infty.$$

那么成立如下等式: 对任意 $t \in [0, T]$,

$$\mathbb{E}\left[\int_0^t Y(s-)\,\mathrm{d}(P(s) - \lambda s)\right] = 0, \tag{20.3}$$

$$\mathbb{E}\left[\left|\int_0^t Y(s-)\,\mathrm{d}(P(s) - \lambda s)\right|^2\right] = \lambda \mathbb{E}\left[\int_0^t |Y|^2\,\mathrm{d}s\right]. \tag{20.4}$$

证明　这两个式子的证明过程是类似的. 注意它们分别对应 Itô 随机积分的两个等距性质. 现在证明 (20.4). 取 $Z(t) = \chi_{(0, T]}(t)\,Y(t-)$, 由定理 1,

$$\left(\int_0^t Y(s-)\,\mathrm{d}(P(s) - \lambda s)\right)^2 - \lambda \int_0^t Y^2(s)\,\mathrm{d}s$$

是一个鞅, 从而其期望不随 t 变化. 又当 $t = 0$ 时其期望为零, 就得到要证的等式. □

例 3　利用 Poisson 随机积分, 从一维非齐次热方程 $\partial_t u(t, x) = \partial_{xx} u(t, x) + f(t, x, y)$ 的解构造二维非齐次热方程 $\partial_t w(t, x, y) = \partial_{xx} w(t, x, y) + \partial_{yy} w(t, x, y) + f(t, x, y)$ 的解. 这里, $f(t, x, y)$ 是个光滑的具有紧致支集的函数.

解　第一步. 设 $P(t)$ 是一个概率空间 $(\Omega, \mathcal{F}, \mathbb{P})$ 上参数为 $\lambda > 0$ 的 Poisson 过程, 考虑如下以 $y \in \mathbb{R}$ 和 $\omega \in \Omega$ 为参数的一维非齐次热方程的齐次初值问题, 其中 $h \in \mathbb{R}$ 也是个参数:

$$\partial_t u(t, x, y, \omega) = \partial_{xx} u(t, x, y, \omega) + f(t, x, y - hP(t, \omega)), \quad u|_{t=0} = 0. \tag{20.5}$$

该 Cauchy 问题有一个光滑且有界的解 $u(t, x, y, \omega)$. 对函数 $u(t, x, y + hP(t))$ (此处及以后, 记号中略去了对样本点 ω 的依赖性), 用 Poisson 随机积分的链式法则, (相当于在 (20.2) 中取 $F(t, \hat{y}) = u(t, x, \hat{y})$, 而将 $\hat{y}$ 替换为 $Y(t) = y + hP(t)$, 即 $\mathrm{d}y = h\mathrm{d}P$) 就得到

$$u(t, x, y + hP(t))$$
$$= \int_0^t [\partial_{xx}u(s, x, y + hP(s)) + f(s, x, y)]\,\mathrm{d}s + \int_0^t g(s, x, y)\,\mathrm{d}P(s), \qquad (20.6)$$

其中函数

$$g(s, x, y) \doteq u(s, x, y + h + hP(s-)) - u(s, x, y + hP(s-)).$$

注意这里用了 $u(t, x, y + hP(t))$ 所满足的问题 (20.5) 中的齐次初值条件以及方程.

第二步. 在 (20.6) 两边取期望, 置

$$v(t, x, y) \doteq v_h(t, x, y) \doteq \mathbb{E}[u(t, x, y + hP(t))],$$

利用 Poisson 随机积分的期望公式 (20.3), 就得到

$$v(t, x, y) = \int_0^t [\partial_{xx}v(s, x, y) + f(s, x, y)]\,\mathrm{d}s + \lambda \int_0^t \mathbb{E}[g(s, x, y)]\,\mathrm{d}s$$
$$= \int_0^t [\partial_{xx}v(s, x, y) + f(s, x, y)]\,\mathrm{d}s$$
$$+ \lambda \int_0^t [v(s, x, y + h) - v(s, x, y)]\,\mathrm{d}s,$$

即

$$\begin{cases} \partial_t v_h(t, x, y) = \partial_{xx}v_h(t, x, y) + \lambda[v_h(t, x, y + h) - v_h(t, x, y)] + f(t, x, y), \\ v_h(0, x, y) = 0. \end{cases}$$

如果取 $h = 1/\lambda$, 并让 $h \to 0$, 形式上就得到对应的解 $v_h(t, x, y)$ 收敛到如下问题的解:

$$\partial_t v(t, x, y) = \partial_{xx}v(t, x, y) + \partial_y v(t, x, y) + f(t, x, y), \quad v(0, x, y) = 0.$$

这就成功地在方程右端添加了一个输运项.

第三步. 考虑方程

$$\partial_t v(t,x,y) = \partial_{xx} v(t,x,y) + \lambda[v(t,x,y+h) - v(t,x,y)] + f(t,x,y+hP(t)).$$

重复上面的过程, 令

$$w_h(t,x,y) \doteq \mathbb{E}[v(t,x,y-hP(t))],$$

可用链式法则和期望公式得到

$$\partial_t w_h(t,x,y)$$
$$= \partial_{xx} w_h(t,x,y) + \lambda[w_h(t,x,y+h) - 2w_h(t,x,y) + w_h(t,x,y-h)] + f(t,x,y).$$

取 $\lambda = h^{-2}$, 并令 $h \to 0$, 可以证明 $w_h(t,x,y)$ 收敛到某个函数 $w(t,x,y)$, 它满足极限方程

$$\partial_t w(t,x,y) = \partial_{xx} w(t,x,y) + \partial_{yy} w(t,x,y) + f(t,x,y),$$

以及初值条件 $w(0,x,y) = 0$. 注意, 如果 $w \in C^2$, 容易用洛必达 (L'Hospital) 法则证明中心差分格式 $h^{-2}[w_h(t,x,y+h) - 2w_h(t,x,y) + w_h(t,x,y-h)]$ 当 $h \to 0$ 时的极限就是 $\partial_{yy} w$. 这里取极限的证明细节, 以及这种利用 Poisson 过程及 Poisson 随机积分研究确定性偏微分方程的技巧的更多应用, 可参看文献 [23]. □

20.4　定理 1 的证明

下面证明定理 1, 分以下五步.[①]
第一步. 先对简单函数证明等式:

$$\mathbb{E}\left[\int_0^\infty \chi_C \, dP\right] = \mathbb{E}\left[\int_0^\infty \chi_C \lambda \, ds\right],$$

其中 χ_C 是集合 C 的示性函数, 而

$$C = \{0\} \times B, \ B \in \mathcal{F}(0) \quad \text{或者} \quad C = (s,t] \times B, \ B \in \mathcal{F}(s).$$

对第一种情形的 C, 显然等式成立 (都是零). 对第二种情形,

$$\mathbb{E}\left[\int_0^\infty \chi_C \lambda \, ds\right] = \lambda \mathbb{E}\left[\chi_B \int_0^\infty \chi_{(s,t]}(\tau) \, d\tau\right] = \lambda(t-s)\mathbb{P}(B);$$

① 选读内容.

$$\mathbb{E}\left[\int_0^\infty \chi_C \mathrm{d}P\right] = \mathbb{E}\left[\chi_B \int_s^t \mathrm{d}P(\tau)\right] = \mathbb{E}\left[\chi_B(P(t) - P(s))\right]$$
$$= \mathbb{E}\left[\chi_B\right]\mathbb{E}[P(t) - P(s)] = \lambda(t-s)\mathbb{P}(B).$$

这里用到了可料的性质: $B \in \mathcal{F}(s)$, 从而与 $P(t) - P(s)$ 独立.

进一步用单调性定理[①], 可以证明, 对任意非负的可料随机过程 $Z(s)$, 成立如下等式:

$$\mathbb{E}\left[\int_0^t Z(s)\,\mathrm{d}P(s)\right] = \lambda\mathbb{E}\left[\int_0^t Z(s)\,\mathrm{d}s\right]. \tag{20.7}$$

特别地, 对定理 1 中的可料随机过程 $Z(t)$, 成立

$$\mathbb{E}\left[\int_0^t Z^2(s)\,\mathrm{d}P(s)\right] = \lambda\mathbb{E}\left[\int_0^t Z^2(s)\,\mathrm{d}s\right],$$

$$\mathbb{E}\left[\int_0^t |Z(s)|\,\mathrm{d}P(s)\right] = \lambda\mathbb{E}\left[\int_0^t |Z(s)|\,\mathrm{d}s\right].$$

由定理条件, 这两个式子里出现的值都是有限的 (后一式中对右侧内积分用一次 Hölder 不等式).

第二步. 证明 $M(t)$ 是鞅.

对非负的可料随机过程 $Z(s)$, 假设对任意的 $t > 0$,

$$\mathbb{E}\left[\int_0^t Z(s)\,\mathrm{d}P(s)\right] < \infty. \tag{20.8}$$

由此可定义

$$B(t) = \int_0^t Z(s)\,\mathrm{d}P(s), \quad C(t) = \lambda\int_0^t Z(s)\,\mathrm{d}s,$$

可以证明它们都是可料随机过程. 对任意非负的可料随机过程 $Y(s)$, YZ 也是非负的可料随机过程. 利用等式 (20.7), 成立

$$\mathbb{E}\left[\int_0^\infty Y\,\mathrm{d}B\right] = \mathbb{E}\left[\int_0^\infty YZ\,\mathrm{d}P\right] = \lambda\mathbb{E}\left[\int_0^\infty Y(t)Z(t)\,\mathrm{d}t\right]$$
$$= \mathbb{E}\left[\int_0^\infty Y(t)\,\mathrm{d}C\right].$$

---

① 该定理陈述如下: 设 $\mathcal{A}$ 是集合 Ω 的一个子集族, 关于有限交运算封闭. 设 V 是 Ω 上一些实值函数构成的一个线性空间, 满足性质: ① χ_Ω, $\chi_A \in V$, 对任意 $A \in \mathcal{A}$; ② 设 $f_n \geqslant 0$ 且 $\{f_n\}$ 关于 n 单调递增, 而且 $f \doteq \sup_n f_n$ 有限 (有界), 则 V 必包含所有 $\sigma(\mathcal{A})$-可测的 (有界) 函数, 其中 $\sigma(\mathcal{A})$ 是 $\mathcal{A}$ 生成的 σ-域. 参见 [24, 1.2 节]. 该定理是实分析中用来扩张某些性质适用范围的重要工具.

现在取 $Y = \chi_{(s,t] \times D} = \chi_{(s,t]}(\cdot) \chi_D(\cdot)$, 其中 $D \in \mathcal{F}(s)$, 由上式得到

$$\mathbb{E}[\chi_D(B(t) - B(s))] = \mathbb{E}[\chi_D(C(t) - C(s))].$$

利用期望的线性性质, 成立

$$\mathbb{E}[\chi_D(B(t) - C(t))] = \mathbb{E}[\chi_D(B(s) - C(s))],$$

即

$$\int_D (B(t) - C(t)) \, \mathrm{d}\mathbb{P} = \int_D (B(s) - C(s)) \, \mathrm{d}\mathbb{P}, \quad \forall D \in \mathcal{F}(s).$$

根据条件期望的定义 (注意 $B(s) - C(s)$ 是 $\mathcal{F}(s)$-可测的), 得到

$$\mathbb{E}[B(t) - C(t) \mid \mathcal{F}(s)] = B(s) - C(s).$$

按照定义, 这说明 $B(t) - C(t) = \int_0^t Z(s) \, \mathrm{d}(P(s) - \lambda s)$ 是一个鞅. 注意此时要求 Z 是非负的.

对一般的 Z, 可以将 Z 分解为正部 $Z^+ = \max\{Z, 0\}$ 和负部 $Z^- = \max\{-Z, 0\}$: $Z = Z^+ - Z^-$. 对 $Z^{\pm}$ 分别用上面的结论, 可知 $\int_0^t Z^{\pm}(s) \, \mathrm{d}(P(s) - \lambda s)$ 是鞅, 从而根据条件期望的线性, 知道 $M(t) = \int_0^t Z(s) \, \mathrm{d}(P(s) - \lambda s)$ 也是一个鞅. 这就证明了第一个结论.

特别地, 由鞅的性质, $\mathbb{E}[M(t)] = \mathbb{E}[M(0)] = 0$, 所以成立等式

$$\mathbb{E}\left[\int_0^t Z(s) \, \mathrm{d}P(s)\right] = \lambda \mathbb{E}\left[\int_0^t Z(s) \, \mathrm{d}s\right]. \tag{20.9}$$

第三步. 下面暂时假设

$$\mathbb{E}\left[\left|\int_0^t |Z(s)| \mathrm{d}(P(s) - \lambda s)\right|^2\right] < \infty, \quad \forall t > 0, \tag{20.10}$$

证明第二个结论, 即 $M^2(t) - \int_0^t Z^2 \, \mathrm{d}P$ 是一个鞅.

注意对几乎所有的 ω, $M(t, \omega)$ 都是有界变差的, 且 $M(0) = 0$, 利用链式法则 (其中 $F(x) = x^2$, $g(t) = M(t)$), 成立

$$M(t)^2 = -\int_0^t 2M(s-)Z(s)\lambda \, \mathrm{d}s + \int_0^t [(M(s-) + Z(s))^2 - M^2(s-)] \, \mathrm{d}P(s)$$

$$= -\int_0^t 2M(s-)Z(s)\lambda \, \mathrm{d}s + \int_0^t [2M(s-)Z(s) + Z^2(s)] \, \mathrm{d}P(s)$$

$$= \int_0^t 2M(s-)Z(s)\mathrm{d}(P(s) - \lambda s) + \int_0^t Z^2(s) \, \mathrm{d}P(s),$$

从而成立

$$M(t)^2 - \int_0^t Z^2(s) \, \mathrm{d}P(s) = 2 \int_0^t M(s-)Z(s) \, \mathrm{d}(P(s) - \lambda s).$$

所以如果我们能证明

$$\mathbb{E}\left[\int_0^t |M(s-)||Z(s)| \, \mathrm{d}P(s)\right] < \infty, \quad \forall t > 0, \tag{20.11}$$

那么根据第二步的方法 (上面假设保证了 (20.8) 成立, 其中的 Z 更换为 $|M(s-)|$ $\cdot |Z(s)|$), 也可以证明 $\int_0^t M(s-)Z(s) \, \mathrm{d}(P(s)-\lambda s)$ 是鞅, 从而 $M^2(t) - \int_0^t Z^2(s) \, \mathrm{d}P(s)$ 是鞅.

下面证明 (20.11). 令

$$X(t) = \int_0^t |Z|\mathrm{d}P, \quad Y(t) = \int_0^t |Z| \, \mathrm{d}s.$$

由于 $M(t) = \int_0^t Z(s) \, \mathrm{d}(P(s) - \lambda s)$, 成立

$$|M(t)| \leqslant X(t) + \lambda Y(t). \tag{20.12}$$

对 $F(x,y) = xy$ 和 $F(y) = y^2$ 用链式法则 (作为习题), 恰好成立

$$X(t)Y(t) = \int_0^t Y(s) \, \mathrm{d}X(s) + \int_0^t X(s) \, \mathrm{d}Y(s),$$
$$\int_0^t Y(s) \, \mathrm{d}Y(s) = \frac{1}{2}Y^2(t) < \infty. \tag{20.13}$$

由 (20.9), 利用上面结论, 得

$$\mathbb{E}\left[\int_0^t |M(s-)||Z(s)| \, \mathrm{d}P(s)\right]$$

$$= \lambda \mathbb{E}\left[\int_0^t |M(s)||Z(s)| \, \mathrm{d}s\right]$$

$$= \lambda \mathbb{E}\left[\int_0^t |M(s)|\,\mathrm{d}Y(s)\right]$$

$$\leqslant \lambda \mathbb{E}\left[\int_0^t X(s)\,\mathrm{d}Y(s)\right] + \lambda^2 \mathbb{E}\left[\int_0^t Y(s)\,\mathrm{d}Y(s)\right]$$

$$= \lambda \mathbb{E}[X(t)Y(t)] - \lambda \mathbb{E}\left[\int_0^t Y(s)\,\mathrm{d}X(s)\right] + \lambda^2 \mathbb{E}\left[\int_0^t Y(s)\,\mathrm{d}Y(s)\right]$$

$$= \lambda \mathbb{E}[X(t)Y(t)] - \lambda \mathbb{E}\left[\int_0^t Y(s)|Z(s)|\,\mathrm{d}P(s)\right] + \lambda^2 \mathbb{E}\left[\int_0^t Y(s)\,\mathrm{d}Y(s)\right]$$

$$= \lambda \mathbb{E}[X(t)Y(t)] - \lambda^2 \mathbb{E}\left[\int_0^t Y(s)|Z(s)|\,\mathrm{d}s\right] + \lambda^2 \mathbb{E}\left[\int_0^t Y(s)\,\mathrm{d}Y(s)\right]$$

$$= \lambda \mathbb{E}[X(t)Y(t)] - \lambda^2 \mathbb{E}\left[\int_0^t Y(s)\,\mathrm{d}Y(s)\right] + \lambda^2 \mathbb{E}\left[\int_0^t Y(s)\,\mathrm{d}Y(s)\right]$$

$$= \lambda \mathbb{E}[X(t)Y(t)].$$

所以, 为了证明 (20.11) 成立, 只需验证: 对任意的 $t > 0$, 成立 $\mathbb{E}[X^2(t)] < \infty$, $\mathbb{E}[Y^2(t)] < \infty$.

事实上, 由定理 1 的条件和 Cauchy-Schwarz 不等式, 不难算得

$$\mathbb{E}[Y^2(t)] = \mathbb{E}\left[\left(\int_0^t |Z(s)|\,\mathrm{d}s\right)^2\right] \leqslant t\mathbb{E}\left[\int_0^t |Z(s)|^2\,\mathrm{d}s\right] < \infty, \quad \forall t > 0.$$

另一方面,

$$\mathbb{E}[X^2(t)] = \mathbb{E}\left[\left(\int_0^t |Z(s)|\,\mathrm{d}P(s)\right)^2\right]$$

$$= \mathbb{E}\left[\left(\int_0^t |Z(s)|\,\mathrm{d}(P(s) - \lambda s) + \lambda \int_0^t |Z(s)|\,\mathrm{d}s\right)^2\right]$$

$$\leqslant 2\mathbb{E}\left[\left(\int_0^t |Z(s)|\,\mathrm{d}(P(s) - \lambda s)\right)^2\right] + 2\lambda^2 \mathbb{E}\left[\left(\int_0^t |Z(s)|\,\mathrm{d}s\right)^2\right]$$

$$\leqslant 2\mathbb{E}\left[\left(\int_0^t |Z(s)|\,(\mathrm{d}P(s) - \lambda s)\right)^2\right] + 2\lambda^2 \mathbb{E}[(Y(t))^2] < \infty.$$

这里用了假设 (20.10). 故 (20.11) 式成立.

第四步. 注意到

$$M^2(t) - \lambda \int_0^t Z^2(s)\,\mathrm{d}s = \left(M^2(t) - \int_0^t Z^2\,\mathrm{d}P \right) + \int_0^t Z^2(s)\,\mathrm{d}(P(s) - \lambda s)$$

是两个鞅的和, 所以它也是鞅. 这就证完了定理 1 的第三个结论.

第五步. 最后说明 (20.10) 的假设成立.

为书写简单, 令

$$X(t) = |Z(t)|, \quad N(t) = \int_0^t |Z(s)|\mathrm{d}(P(s) - \lambda s).$$

下证明 $\mathbb{E}[N^2(t)] < \infty$, 即 (20.10) 成立.

对固定的 $t > 0$, 记 $\mathbb{L}^2(0, t) = L^2([0, t] \times \Omega,\ \lambda \mathrm{d}s \times \mathrm{d}\mathbb{P})$ 为使得 $\lambda \mathbb{E}\left[\int_0^t |Y(s)|^2\,\mathrm{d}s \right]$ $< \infty$ 成立的可料的随机过程 Y 组成的 Hilbert 空间. 由定理 1 的条件, 上述 $X = |Z| \in \mathbb{L}^2(0, t)$. 由实分析知识, 可以找到一列非负可料的简单函数 $X^n(t)$, 使得对 $n = 1, 2, \cdots$, 成立 $X^n(t, \omega) \leqslant X^{n+1}(t, \omega)$, 而且

$$\lim_{n \to \infty} X^n(t, \omega) = X(t, \omega), \quad \forall t \in \mathbb{R}^+, \quad \omega \in \Omega.$$

置

$$N^n(t) \doteq \int_0^t X^n(s)\,\mathrm{d}(P(s) - \lambda s), \quad 0 < t \leqslant T.$$

由对一般测度的积分的定义, 对几乎所有的样本点 ω, 成立

$$\lim_{n \to \infty} N^n(t, \omega) = N(t, \omega).$$

对任意固定的 $t > 0$, 若证得 $N^n(t)$ 在 $L^2(\Omega, \mathbb{P})$ 中是 Cauchy 列, 由 $L^2(\Omega, \mathbb{P})$ 的完备性, 其在 $L^2(\Omega, \mathbb{P})$ 中有唯一极限 $\tilde{N}$, 从而 $N^n(t)$ 有子列几乎处处收敛到 $\tilde{N}$. 根据几乎处处收敛极限的唯一性, 就有 $N(t) = \tilde{N}$ a.s., 从而 $N(t) \in L^2(\Omega, \mathbb{P})$, 也即 $\mathbb{E}[N^2(t)] < \infty$.

下面证明 $\{N^n(t)\}$ 是 $L^2(\Omega, \mathbb{P})$ 中的 Cauchy 列.

注意到 $X^n(s) - X^m(s)$ 是简单随机变量, 从而可料且有界, 即

$$\mathbb{E}\left[\int_0^t |X^n(s) - X^m(s)|^2\,\mathrm{d}s \right] < \infty,$$

$$\mathbb{E}\left[\left(\int_0^t |X^n(s) - X^m(s)|\mathrm{d}(P(s) - \lambda s)\right)^2\right] < \infty.$$

利用第四步的结论 (相当于那里的 Z 取为 $X^n(s) - X^m(s)$), 得知

$$(N^n(t) - N^m(t))^2 - \lambda \int_0^t |X^n(s) - X^m(s)|^2 \,\mathrm{d}s$$

是鞅. 在 $t = 0$ 时它为零, 所以其期望应当是零, 从而

$$\mathbb{E}[(N^n(t) - N^m(t))^2] = \lambda\mathbb{E}\left[\int_0^t |X^n(s) - X^m(s)|^2 \,\mathrm{d}s\right]. \tag{20.14}$$

由前述 X^n 的构造,

$$0 \leqslant X^n(s, \omega)^2 \leqslant X^2(s, \omega),$$

再由其点态收敛性, 根据 Lebesgue 控制收敛定理, 易知 $X^n(s, \omega)$ 在 $\mathbb{L}^2(0, t)$ 中收敛到 $X(s, \omega)$, 所以 (20.14) 的右端为 Cauchy 列. 这就证明了 $\{N^n(t)\}$ 是 $L^2(\Omega, \mathbb{P})$ 中 Cauchy 列. 定理 1 证毕. □

第 21 讲　Poisson 过程驱动的随机微分方程

CHAPTER

给定概率空间 $(\Omega, \mathcal{F}, \mathbb{P})$ 上一个参数为 λ 的 Poisson 过程 $\{P(t)\}_{t \geqslant 0}$, 又设 X_0 是 Ω 上与 $\{P(t)\}_{t \geqslant 0}$ 独立的一个随机变量. 对给定的 $T > 0$, 以及函数 $f, g : [0, T] \times \mathbb{R} \to \mathbb{R}$, 我们考虑如下 Poisson 过程驱动的随机微分方程的初值问题:

$$\mathrm{d}X(t) = f(t, X(t))\,\mathrm{d}t + g(t, X(t))\,\mathrm{d}P(t), \quad X(0) = X_0. \tag{21.1}$$

这一讲的目的, 是在 f, g 满足 Lipschitz 条件和线性增长条件时, 给出上述问题解的定义及其存在性和唯一性. 然后, 对一些特殊的线性方程, 用链式法则给出解的表达式.

本质上讲, (21.1) 可看作具有参量 $\omega \in \Omega$ 的右端含 Dirac 测度的非线性常微分方程组的 Cauchy 问题, 或者说其右端是一个随机的测度. 与微分方程观点一样的是, 随机分析也关心 (几乎) 每条解曲线 $X(t, \omega)$ 的性质, 如连续性; 与微分方程观点不同的是, 随机分析还关心它们关于 ω 的统计性质, 如可测性、期望等.

21.1　解的存在性和唯一性定理

为了严格定义解 $X(t)$ (或者说严格的定义问题 (21.1)), 我们回忆一些概念和记号. 记 X_0 和 $\{P(t)\}_{0 \leqslant s \leqslant t}$ 生成的 σ-域流为 $\mathcal{F}(t)$. 随机过程 $X(t)$ 称为适应的, 如果 $X(t)$ 是 $\mathcal{F}(t)$-可测的. 读者不难把下面的结果推广到方程组的情形.

定理 1 (强解的存在性和唯一性)　考虑初值问题 (21.1). 设 $\mathbb{E}[X_0^2] < \infty$, 且存在常数 $k > 0$ 使得

$$|f(t, x) - f(t, y)| + |g(t, x) - g(t, y)| \leqslant k|x - y|,$$

$$|f(t, x)|^2 + |g(t, x)|^2 \leqslant k^2(1 + |x|^2), \quad \forall 0 \leqslant t \leqslant T, \quad x, y \in \mathbb{R}.$$

则存在唯一的适应的随机过程 $X(t)$, $0 \leqslant t \leqslant T$, 它的样本轨道右连续且处处有左极限, 满足

$$X(t) = X_0 + \int_0^t f(s, X(s)) \, \mathrm{d}s + \int_0^t g(s, X(s)) \, \mathrm{d}P(s), \quad \forall 0 \leqslant t \leqslant T; \quad (21.2)$$

$$\sup_{0 \leqslant t \leqslant T} \mathbb{E}[|X(t)|^2] < \infty. \tag{21.3}$$

这个定理的证明思路与常微分方程或 Itô 随机微分方程情形类似, 都是借助于逐次逼近法 (Picard 迭代) 构造近似解. 比 Itô 随机微分方程情形简单的是, 由于 $\mathrm{d}P(t)$ 是非负测度, 这里除了第 20 讲定理 2 的等距性质外, 并不需要鞅不等式. 证明分以下七步.

第一步. 构造近似解. 设 $X_n(t)$ 是依次计算如下 Poisson 随机积分产生的随机函数列:

$$X_0(t) = X_0, \tag{21.4}$$

$$X_n(t) = X_0 + \int_0^t f(s, X_{n-1}(s)) \, \mathrm{d}s$$

$$+ \int_0^t g(s, X_{n-1}(s)) \, \mathrm{d}P(s), \quad n = 1, 2, \cdots. \tag{21.5}$$

我们需要说明近似解确实存在. 为此, 用归纳法证明如下论断: 对任意 $n = 0, 1, 2, \cdots$, 存在常数 C_n 使得成立 $\sup\limits_{0 \leqslant t \leqslant T} \mathbb{E}[|X_n(t)|^2] < C_n < \infty$.

当 $n = 0$ 时, 由定理条件, 我们有 $\sup\limits_{0 \leqslant t \leqslant T} \mathbb{E}[|X_0(t)|^2] = \mathbb{E}[|X_0|^2] \doteq C_0 < \infty$.

设对正整数 n 结论也成立. 用第 20 讲定理 2 的结论, 有

$$\mathbb{E}\left[\left(\int_0^t g(s, X_n(s)) \, \mathrm{d}(P(s) - \lambda s) \right)^2 \right]$$

$$= \lambda \mathbb{E}\left[\int_0^t |g(s, X_n(s))|^2 \, \mathrm{d}s \right], \quad \forall 0 \leqslant t \leqslant T.$$

由 Cauchy-Schwarz 不等式, 成立

$$\left(\sum_{k=1}^n a_k \right)^2 \leqslant n \sum_{k=1}^n a_k^2,$$

$$\left(\int_0^t g(s, X_n(s)) \, \mathrm{d}s \right)^2 \leqslant t \int_0^t |g(s, X_n(s))|^2 \, \mathrm{d}s,$$

$$\mathbb{E}\left[\left(\int_0^t f(s, X_n(s)) \, \mathrm{d}s \right)^2 \right] \leqslant t \mathbb{E}\left[\int_0^t |f(s, X_n(s))|^2 \, \mathrm{d}s \right].$$

于是

$$\mathbb{E}[|X_{n+1}(t)|^2]$$

$$=\mathbb{E}\left[\left(X_0 + \int_0^t \{f(s, X_n(s)) + \lambda g(s, X_n(s))\}\,\mathrm{d}s\right.\right.$$

$$\left.\left.+\int_0^t g(s, X_n(s))\,\mathrm{d}(P(s) - \lambda s)\right)^2\right]$$

$$\leqslant 4\mathbb{E}[|X_0|^2] + 4\mathbb{E}\left[\left(\int_0^t f(s, X_n(s))\,\mathrm{d}s\right)^2\right] + 4\lambda^2\mathbb{E}\left[\left(\int_0^t g(s, X_n(s))\,\mathrm{d}s\right)^2\right]$$

$$+4\mathbb{E}\left[\left(\int_0^t g(s, X_n(s))\,\mathrm{d}(P(s) - \lambda s)\right)^2\right]$$

$$\leqslant 4\mathbb{E}[|X_0|^2] + 4T\mathbb{E}\left[\int_0^t |f(s, X_n(s))|^2\,\mathrm{d}s\right] + 4\lambda^2 T\mathbb{E}\left[\int_0^t |g(s, X_n(s))|^2\,\mathrm{d}s\right]$$

$$+4\lambda\mathbb{E}\left[\int_0^t |g(s, X_n(s))|^2\,\mathrm{d}s\right]$$

$$\leqslant 4\mathbb{E}[|X_0|^2] + 4T\mathbb{E}\left[\int_0^T k^2(1 + |X_n|^2)\,\mathrm{d}s\right]$$

$$+(4\lambda^2 T + 4\lambda)\mathbb{E}\left[\int_0^T k^2(1 + |X_n|^2)\,\mathrm{d}s\right]$$

$$\leqslant 4C_0 + 4(T + \lambda^2 T + \lambda)k^2 \int_0^T \mathbb{E}[1 + |X_n|^2]\,\mathrm{d}s$$

$$\leqslant 4C_0 + 4(T + \lambda^2 T + \lambda)k^2 T(1 + C_n)$$

$$\doteq C_{n+1} < \infty.$$

第二步. 时间点态的方差估计. 存在两个常数 C, L, 它们与 n 无关, 使得

$$\mathbb{E}[|X_{n+1}(t) - X_n(t)|^2] \leqslant \frac{C(Lt)^n}{n!}$$

对任意自然数 n 及任意 $t \in [0, T]$ 成立.

我们还用数学归纳法证明, 具体计算技巧和上一步类似. 取

$$C \doteq \sup_{0 \leqslant t \leqslant T} \mathbb{E}[|X_1(t) - X_0(t)|^2] < \infty,$$

则结论对 $n = 0$ 显然成立. 设结论对 n 也成立, 则

$$
\mathbb{E}[|X_{n+1}(t) - X_n(t)|^2]
$$

$$
= \mathbb{E}\left[\left(\int_0^t \big(f(s, X_n(s)) - f(s, X_{n-1}(s))\big)\,\mathrm{d}s\right.\right.
$$

$$
+ \int_0^t \big(g(s, X_n(s)) - g(s, X_{n-1}(s))\big)\,\mathrm{d}(P(s) - \lambda s)
$$

$$
\left.\left. + \lambda \int_0^t \big(g(s, X_n(s)) - g(s, X_{n-1}(s))\big)\,\mathrm{d}s\right)^2\right]
$$

$$
\leqslant 3t\mathbb{E}\left[\int_0^t |f(s, X_n(s)) - f(s, X_{n-1}(s))|^2\,\mathrm{d}s\right]
$$

$$
+ 3\lambda\mathbb{E}\left[\int_0^t |g(s, X_n(s)) - g(s, X_{n-1}(s))|^2\,\mathrm{d}s\right]
$$

$$
+ 3\lambda^2 t\mathbb{E}\left[\int_0^t |g(s, X_n(s)) - g(s, X_{n-1}(s))|^2\,\mathrm{d}s\right]
$$

$$
\leqslant 3(t + \lambda + \lambda^2 t)k^2 \mathbb{E}\left[\int_0^t |X_n(s) - X_{n-1}(s)|^2\,\mathrm{d}s\right]
$$

$$
\leqslant 3(T + \lambda + \lambda^2 T)k^2 \int_0^t \mathbb{E}[|X_n(s) - X_{n-1}(s)|^2]\,\mathrm{d}s
$$

$$
\leqslant L \int_0^t \frac{C(Ls)^{n-1}}{(n-1)!}\,\mathrm{d}s \qquad (\text{已取 } L = 3(T + \lambda + \lambda^2 T)k^2)
$$

$$
= \frac{C(Lt)^n}{n!}.
$$

第三步. 对时间一致的方差估计. 对任意自然数 n, 成立

$$
\mathbb{E}\left[\sup_{0 \leqslant t \leqslant T} |X_{n+1}(t) - X_n(t)|^2\right] \leqslant \frac{C(LT)^n}{n!}.
$$

一般这一步需要鞅不等式, 但这里利用 $\mathrm{d}P(t)$ 是非负测度, 可以如下用归纳法直接计算. 为简单起见, 令

$$
Y_n \doteq \sup_{0 \leqslant t \leqslant T} |X_{n+1}(t) - X_n(t)|,
$$

那么与上一步计算类似,

$$Y_n \leqslant \sup_{0 \leqslant t \leqslant T} \int_0^t |f(s, X_n(s)) - f(s, X_{n-1}(s))| \, \mathrm{d}s$$

$$+ \sup_{0 \leqslant t \leqslant T} \int_0^t |g(s, X_n(s)) - g(s, X_{n-1}(s))| \, \mathrm{d}P(s)$$

$$= \int_0^T |f(s, X_n(s)) - f(s, X_{n-1}(s))| \, \mathrm{d}s$$

$$+ \int_0^T |g(s, X_n(s)) - g(s, X_{n-1}(s))| \, \mathrm{d}P(s)$$

$$= \int_0^T |f(s, X_n(s)) - f(s, X_{n-1}(s))| \, \mathrm{d}s$$

$$+ \int_0^T |g(s, X_n(s)) - g(s, X_{n-1}(s))| \, \mathrm{d}(P(s) - \lambda s)$$

$$+ \lambda \int_0^T |g(s, X_n(s)) - g(s, X_{n-1}(s))| \, \mathrm{d}s.$$

于是, 利用上一步的估计式,

$$\mathbb{E}[|Y_n|^2] \leqslant 3T\mathbb{E}\left[\int_0^T |f(s, X_n(s)) - f(s, X_{n-1}(s))|^2 \, \mathrm{d}s\right]$$

$$+ 3\lambda\mathbb{E}\left[\int_0^T |g(s, X_n(s)) - g(s, X_{n-1}(s))|^2 \, \mathrm{d}s\right]$$

$$+ 3\lambda^2 T\mathbb{E}\left[\int_0^T |g(s, X_n(s)) - g(s, X_{n-1}(s))|^2 \, \mathrm{d}s\right]$$

$$\leqslant 3(T + \lambda + \lambda^2 T)k^2 \int_0^T \mathbb{E}[|X_n(s) - X_{n-1}(s)|^2] \, \mathrm{d}s$$

$$\leqslant L \int_0^T \frac{C(Ls)^{n-1}}{(n-1)!} \, \mathrm{d}s = \frac{C(LT)^n}{n!}.$$

第四步. 关于时间一致的轨道的收敛性. 这一步的目的是将方差蕴含的统计结果转化为对样本点个体形态的刻画, 工具还是 Borel-Cantelli 定理.

根据 Chebyshev 不等式, 有

$$\mathbb{P}\left(Y_n > \frac{1}{n^2}\right) \leqslant n^4\mathbb{E}[Y_n^2] \leqslant \frac{Cn^4(LT)^n}{n!}.$$

注意级数 $\sum_n \dfrac{Cn^4(LT)^n}{n!}$ 收敛, Borel-Cantelli 定理告诉我们事件 $\left\{Y_n > \dfrac{1}{n^2}\right\}$ 不

可能无限次发生, 也就是说, 对除去一个 $\mathbb{P}$-零测集外的所有样本点 ω, 存在自然数 $N(\omega)$, 当 $n \geqslant N(\omega)$ 时, 必成立

$$Y_n(\omega) = \sup_{0 \leqslant t \leqslant T} |X^{n+1}(t) - X^n(t)| \leqslant \frac{1}{n^2}.$$

这就意味着对上述取定的 ω, 函数

$$X_n(t, \omega) = X_0 + \sum_{k=1}^{n} (X_k(t, \omega) - X_{k-1}(t, \omega))$$

在 $[0, T]$ 上一致收敛. 记其极限为 $X(t, \omega)$.

　　第五步. 解的存在性. 每个近似解 $X_n(t)$ 都是适应的随机过程, 在每个时刻 t 都有左极限, 而且是右连续的. 上一步证明了 $X_n(t)$ 以概率 1 在 $[0, T]$ 上一致收敛到 $X(t)$, 可以证明 $X(t)$ 也是个适应的随机过程, 几乎所有轨道在每个时间 t 都有左极限, 而且是右连续的. 进一步, 利用一致收敛和 Lipschitz 性, 容易证明, 对几乎所有样本点,

$$\lim_{n \to \infty} \int_0^t f(s, X_n(s)) \, \mathrm{d}s = \int_0^t f(s, X(s)) \, \mathrm{d}s,$$

$$\lim_{n \to \infty} \int_0^t g(s, X_n(s)) \, \mathrm{d}P(s) = \int_0^t g(s, X(s)) \, \mathrm{d}P(s).$$

所以在 (21.5) 中令 $n \to \infty$, 则对几乎所有样本点, 都成立等式 (21.2). 这就证明了存在性.

　　第六步. 解的估计. 这一步证明 (21.3). 引入函数空间 $H = L^\infty(0, T : L^2(\Omega, \mathbb{P}))$, 它由满足

$$X : [0, T] \to L^2(\Omega, \mathbb{P}), \quad \|X\| = \sup_{t \in [0, T]} (\mathbb{E}[|X(t)|^2])^{\frac{1}{2}} < \infty$$

的适应的随机过程 X 构成. 这是一个 Banach 空间. 我们证明近似解序列 $\{X_n\}$ 是 H 中的 Cauchy 列.

　　由第二步的结果, 对任意自然数 n, 有不等式

$$\sup_{0 \leqslant t \leqslant T} \mathbb{E}[|X_{n+1}(t) - X_n(t)|^2] \leqslant \frac{C(LT)^n}{n!},$$

或者

$$\|X_{n+1} - X_n\| \leqslant \sqrt{\frac{C(LT)^n}{n!}}.$$

对任意 $n > m$, 用三角不等式, 成立

$$\|X_n - X_m\| \leqslant \sum_{k=m}^{n-1} \sqrt{\frac{C(LT)^k}{k!}}.$$

注意级数 $\sum_{k=1}^{\infty} \sqrt{\dfrac{C(LT)^k}{k!}}$ 收敛, 所以 $\{X_n\}$ 是 H 中 Cauchy 列. 记 $X_n(t)$ 在 H 中的极限为 $Y(t)$.

特别地, 对任意固定的 $t \in [0, T]$, $X_n(t)$ 在 $L^2(\Omega)$ 中收敛到 $Y(t)$. 另一方面, 由上一步, 我们已知 $X_n(t)$ 一致收敛到 $X(t)$, 从而必有 $X(t) = Y(t), \forall t$. 这就证明了上一步得到的解 $X \in H$.

第七步. 在 H 中解的唯一性. 现在假设 $X(t), Y(t) \in H$ 是满足定理要求的两个解, 那么 $Z(t) = X(t) - Y(t) \in H$, 且

$$\begin{aligned}
Z(t) = & \int_0^t \left(f(s, X(s)) - f(s, Y(s)) \right) \mathrm{d}s \\
& + \int_0^t \left(g(s, X(s)) - g(s, Y(s)) \right) \mathrm{d}P(s) \\
= & \int_0^t \left(f(s, X(s)) - f(s, Y(s)) \right) \mathrm{d}s \\
& + \int_0^t \left(g(s, X(s)) - g(s, Y(s)) \right) \mathrm{d}(P(s) - \lambda s) \\
& + \lambda \int_0^t \left(g(s, X(s)) - g(s, Y(s)) \right) \mathrm{d}s.
\end{aligned}$$

用前面多次出现的技巧, 成立不等式

$$\mathbb{E}[|Z(t)|^2] \leqslant 3k^2(T + \lambda + \lambda^2 T) \int_0^t \mathbb{E}[|Z(s)|^2] \mathrm{d}s, \quad \forall 0 \leqslant t \leqslant T.$$

由于 $Z(0) = 0$, 用 Gronwall 不等式, 就得到 $\mathbb{E}[|Z(t)|^2] = 0, \forall 0 \leqslant t \leqslant T$. 再注意到我们都假设 $X(t)$, $Y(t)$ 是右连续的, 从而是无法区分的. 这就证明了唯一性.

21.2　线性 Poisson 随机微分方程

这一节对具体的线性 Poisson 随机微分方程, 给出强解的公式.

例 1　考虑线性随机微分方程

$$\mathrm{d}X(t) = \alpha(t)X(t)\,\mathrm{d}t + \beta(t)X(t-)\,\mathrm{d}P(t), \tag{21.6}$$

其中 α, β 是连续函数, $P(t)$ 是参数为 λ 的 Poisson 过程, 求 $m(t) = \mathbb{E}[X(t)]$.

解　由于 $P(s) - \lambda s$ 是鞅, 它的随机积分的期望为零. 注意到

$$X(t) = X_0 + \int_0^t \alpha(s)X(s)\,\mathrm{d}s + \int_0^t \beta(s)X(s)\,\mathrm{d}(P(s) - \lambda s) + \lambda \int_0^t \beta(s)X(s)\,\mathrm{d}s,$$

可得

$$\mathbb{E}[X(t)] = \mathbb{E}[X_0] + \int_0^t (\alpha(s) + \lambda\beta(s))\mathbb{E}[X(s)]\,\mathrm{d}s.$$

两边对 t 求导, 得知 $m(t)$ 满足常微分方程初值问题

$$m'(t) = (\alpha(t) + \lambda\beta(t))m(t), \quad m(0) = m_0 = \mathbb{E}[X_0],$$

由之可以解出

$$m(t) = m_0 \exp\left(\int_0^t [\alpha(s) + \lambda\beta(s)]\,\mathrm{d}s\right). \qquad \square$$

例 2　Poisson 随机微分方程 $\mathrm{d}X(t) = X(t)\mathrm{d}P(t)$ 满足初值条件 $X(0) = X_0$ 的解是 $X(t) = X_0 2^{P(t)}$.

具体求解过程见例 3. 作为对比, 回忆 Itô 随机微分方程 $\mathrm{d}X(t) = X(t)\mathrm{d}W(t)$ 满足初值条件 $X(0) = X_0$ 的解是 $X(t) = X_0 \mathrm{e}^{W(t) - \frac{1}{2}t}$.

例 3　求解如下齐次线性随机微分方程的正解, 其中 $\beta_1 > -1$:

$$\mathrm{d}Y(t) = \alpha_1(t)Y(t)\mathrm{d}t + \beta_1(t)Y(t-)\,\mathrm{d}P(t), \quad Y(0) = 1.$$

解　设 $Y(t) > 0$, 作变量替换 $Z(t) = \ln Y(t)$, 用链式法则得到

$$Z(t) = Z_0 + \int_0^t \frac{\alpha_1(s)Y(s)}{Y(s-)}\,\mathrm{d}s$$

$$\qquad\quad + \int_0^t [\ln(Y(s-) + \beta_1(s)Y(s-)) - \ln(Y(s-))]\,\mathrm{d}P(s)$$

$$= Z_0 + \int_0^t \alpha_1(s)\,\mathrm{d}s + \int_0^t \ln(1 + \beta_1(s))\,\mathrm{d}P(s).$$

所以

$$Y(t) = \exp\left(\int_0^t \alpha_1(s)\,\mathrm{d}s + \int_0^t \ln(1 + \beta_1(s))\,\mathrm{d}P(s)\right). \qquad \square$$

例 4 *求解如下非齐次线性随机微分方程的初值问题*

$$\begin{cases} \mathrm{d}X(t) = [\alpha_1(t)X(t) + \alpha_2(t)]\,\mathrm{d}t + [\beta_1(t)X(t) + \beta_2(t)]\,\mathrm{d}P(t), \\ X(0) = X_0, \end{cases}$$

这里系数 α_1, α_2, β_1, β_2 都是连续函数, 且 $\beta_1 > -1$.

解 令

$$V(t) \doteq \int_0^t \alpha_1(s)\,\mathrm{d}s + \int_0^t \ln(1+\beta_1(s))\,\mathrm{d}P(s),$$

上面我们已经知道了齐次方程 (即 $\alpha_2 = 0, \beta_2 = 0$ 的情形) 的解为 $Y(t) = \mathrm{e}^{V(t)}$.
类似于常数变易法, 我们假设解 $X(t) = Y(t)U(t)$, 其中

$$U(t) = X_0 + \int_0^t f(s)\,\mathrm{d}s + \int_0^t g(s-)\,\mathrm{d}P(s),$$

而 $f(s)$, $g(s)$ 是待定的轨道处处右连续, 且处处有左极限的适应随机过程. 于是对函数 $F(y,u) = yu$ 用链式法则, 可得

$$X(t) = X_0 + \int_0^t U(s-)\alpha_1(s)Y(s)\,\mathrm{d}s + \int_0^t Y(s-)f(s)\,\mathrm{d}s \quad (\text{连续部分})$$

$$+ \int_0^t \Big[\big(Y(s-) + \beta_1(s)Y(s-)\big)\big(U(s-)$$

$$+ g(s-)\big) - Y(s-)U(s-)\Big]\,\mathrm{d}P(s) \quad (\text{跳跃部分})$$

$$= X_0 + \int_0^t U(s-)\alpha_1(s)Y(s)\,\mathrm{d}s + \int_0^t Y(s-)f(s)\,\mathrm{d}s$$

$$+ \int_0^t \beta_1(s)Y(s-)U(s-)\,\mathrm{d}P(s)$$

$$+ \int_0^t \beta_1(s)Y(s-)g(s-)\,\mathrm{d}P(s) + \int_0^t Y(s-)g(s-)\,\mathrm{d}P(s)$$

$$= X_0 + \int_0^t \alpha_1(s)X(s)\,\mathrm{d}s + \int_0^t Y(s-)f(s)\,\mathrm{d}s + \int_0^t \beta_1(s)X(s-)\,\mathrm{d}P(s)$$

$$+ \int_0^t (1+\beta_1(s))Y(s-)g(s-)\,\mathrm{d}P(s).$$

另一方面, 由 $X(t)$ 的方程, 应当成立

$$X(t) = X_0 + \int_0^t [\alpha_1(s)X(s) + \alpha_2(s)]\,\mathrm{d}s + \int_0^t [\beta_1(s)X(s) + \beta_2(s)]\,\mathrm{d}P(s).$$

上面两式相减, 得到

$$\int_0^t Y(s)f(s)\,\mathrm{d}s + \int_0^t (1+\beta_1(s))Y(s-)g(s-)\,\mathrm{d}P(s)$$
$$= \int_0^t \alpha_2(s)\,\mathrm{d}s + \int_0^t \beta_2(s)\,\mathrm{d}P(s).$$

注意有界变差函数分解为连续部分和不连续部分的方式是唯一的, 这就需要成立

$$\int_0^t Y(s)f(s)\,\mathrm{d}s = \int_0^t \alpha_2(s)\,\mathrm{d}s,$$
$$\int_0^t (1+\beta_1(s))Y(s-)g(s-)\,\mathrm{d}P(s) = \int_0^t \beta_2(s)\,\mathrm{d}P(s), \quad \forall t > 0.$$

为此, 去掉积分号, 解得

$$f(s) = \alpha_2(s)Y(s)^{-1}, \qquad g(s) = \frac{\beta_2(s)}{1+\beta_1(s)}Y(s)^{-1}.$$

从而解的表达式是

$$X(t) = \mathrm{e}^{V(t)}\left[X_0 + \int_0^t \alpha_2(s)\mathrm{e}^{-V(s)}\,\mathrm{d}s + \int_0^t \frac{\beta_2(s)}{1+\beta_1(s)}\mathrm{e}^{-V(s-)}\,\mathrm{d}P(s)\right]. \qquad \square$$

习题 1　对 (21.6) 的解 $X(t)$, 设 Poisson 过程 $P(t)$ 的参数为 λ, 利用链式法则, 证明:

$$\mathbb{E}[X^n(t)] = \mathbb{E}[X^n(0)]\exp\left(\int_0^t \left[n\alpha(s) + \lambda((1+\beta(s))^n - 1)\right]\mathrm{d}s\right).$$

第 3 部分

随机微分方程的应用及数值计算

第 22 讲 停时和 Feynman–Kac 公式

CHAPTER

停时是随机分析中一个非常重要的概念, 它可以刻画有关随机过程轨道的许多现象和性质. 例如, 在 Poisson 过程中, 出现第 n 次跳跃的时间 S_n 就是一个停时. 这一讲我们还将引入积分上限是停时的 Itô 随机积分, 并用 Itô 链式法则建立随机微分方程与偏微分方程的关系, 给出费曼-卡茨 (Feynman-Kac) 公式, 从而对一些经典的二阶椭圆型偏微分方程边值问题的经典解作出概率解释.

22.1 停 时

设 $(\Omega, \mathcal{F}, \mathbb{P})$ 是个概率空间. 回顾 σ-域流 $\{\mathcal{F}(t)\}_{t \geqslant 0}$ 的定义, 它满足

(1) 单调性: $\mathcal{F} \supseteq \mathcal{F}(s) \supseteq \mathcal{F}(t), \forall s \geqslant t \geqslant 0$;

(2) 完全性: $\mathcal{F}(0)$ 包含所有 $\mathbb{P}$-零测集的子集;

(3) 右连续: 对任意 $t \geqslant 0$, $\mathcal{F}(t) = \bigcap_{s > t} \mathcal{F}(s)$.

定义 1(停时 (stopping time)) 称随机变量 $\tau : \Omega \to [0, +\infty]$ 关于 σ-域流 $\mathcal{F}(\cdot)$ 是一个停时, 如果对任意 $t \geqslant 0$, $\{\tau \leqslant t\} \in \mathcal{F}(t)$, 即 $\{\omega \in \Omega : \tau(\omega) \leqslant t\}$ 是一个 $\mathcal{F}(t)$-可测集.

显然, 任何常值函数 $\tau = \tau_0$ 都是停时. 下面是停时的一些简单的性质.

定理 1 (1) 设 τ 是关于 $\mathcal{F}(\cdot)$ 的停时, 则对任意 $t \geqslant 0$, 事件 $\{\tau < t\}$, $\{\tau = t\}$, $\{\tau \geqslant t\}$, $\{\tau > t\}$ 均在 $\mathcal{F}(t)$ 中;

(2) 若对任意 $t \geqslant 0$, 有 $\{\tau < t\} \in \mathcal{F}(t)$, 则 τ 是停时;

(3) 设 τ_1, τ_2 都是关于 $\mathcal{F}(\cdot)$ 的停时, 则 $\tau_1 \wedge \tau_2 \doteq \min\{\tau_1, \tau_2\}$, $\tau_1 \vee \tau_2 \doteq \max\{\tau_1, \tau_2\}$ 也是停时.

证明 (1) 由于 $\{\tau < t\} = \bigcup_{k=1}^{\infty} \underbrace{\left\{\tau \leqslant t - \frac{1}{k}\right\}}_{\in \mathcal{F}\left(t-\frac{1}{k}\right) \subset \mathcal{F}(t)} \in \mathcal{F}(t)$. 从而 $\{\tau = t\} = \{\tau \leqslant$

$t\} \setminus \{\tau < t\} \in \mathcal{F}(t)$. 这里用到了 $\mathcal{F}(t)$ 是 σ-域的性质.

(2) $\{\tau \leqslant t\} = \bigcap_{k=1}^{\infty} \underbrace{\left\{\tau < t + \frac{1}{k}\right\}}_{\in \mathcal{F}\left(t+\frac{1}{k}\right)}$, 利用 $\mathcal{F}(\cdot)$ 的右连续性, 就得到 $\{\tau \leqslant t\} \in$

$\mathcal{F}(t)$.

(3) 不难验证

$$\{\tau_1 \wedge \tau_2 \leqslant t\} = \{\tau_1 \leqslant t\} \cup \{\tau_2 \leqslant t\} \in \mathcal{F}(t),$$

$$\{\tau_1 \vee \tau_2 \leqslant t\} = \{\tau_1 \leqslant t\} \cap \{\tau_2 \leqslant t\} \in \mathcal{F}(t). \qquad \square$$

下面定理给出了停时的一个重要而且典型的例子.

定理 2(首中时 (hitting time))　设 $E \subset \mathbb{R}^n$ 是一个非空的开集或闭集, n 维随机过程 $X(t)$ 是如下 Itô 随机微分方程组的解:

$$\begin{cases} \mathrm{d}X(t) = b(X, t)\,\mathrm{d}t + B(X, t)\,\mathrm{d}W, \\ X(0) = X_0, \end{cases}$$

其中 $\mathcal{F}(t)$ 是由所有随机变量 $\{W(\tau),\ 0 \leqslant \tau \leqslant t\}$ 和 X_0 生成的完全的右连续的 σ-域流. 则随机变量

$$\tau(\omega) \doteq \inf\Big\{t \geqslant 0:\ X(t, \omega) \in E\Big\}$$

关于 $\mathcal{F}(\cdot)$ 是一个停时.

注意 $\tau(\omega)$ 表示轨道 $X(t, \omega)$ 首次触碰集合 E 的时间, 所以也叫作首达时.

证明　(1) 固定 $t_0 \geqslant 0$, 我们要证明 $\{\tau \leqslant t_0\} \in \mathcal{F}(t_0)$, 而这里的 $\mathcal{F}(\cdot)$ 就是定理 2 中给出的 σ-域流. 另外, 根据 Itô 随机微分方程解的性质, 对几乎所有样本点 ω, 轨道 $X(t, \omega)$ 是 t 的连续函数. 下面要多次用到这个结论.

(2) 现设 E 是开集.

取 $\{t_i\}_{i=1}^{\infty}$ 是 $[0, +\infty)$ 的可列稠密子集. 我们来证明成立分解式

$$\{\tau < t_0\} = \bigcup_{t_i \leqslant t_0} \underbrace{\{\omega:\ X(t_i, \omega) \in E\}}_{\in \mathcal{F}(t_i) \subset \mathcal{F}(t_0)} \in \mathcal{F}(t_0).$$

这里用到了随机微分方程的解关于 $\mathcal{F}(\cdot)$ 是适应的, 从而 $\{X(t_i) \in E\} \in \mathcal{F}(t_i)$. 由定理 1 的 (2), 就知道 τ 是停时.

为此, 只需证明

$$\{\tau \geqslant t_0\} = \bigcap_{t_i \leqslant t_0} \{X(t_i) \notin E\}. \tag{22.1}$$

事实上, 如果 $\tau(\omega) > t_0$, 则对任意满足 $t_0 \geqslant t_i$ 的 i, 有 $\tau(\omega) > t_0 \geqslant t_i$. 所以由 $\tau(\omega)$ 是个下确界的性质, $X(t_i, \omega)$ 都不在 E 中, 所以成立

$$\omega \in \bigcap_{t_i \leqslant t_0} \{X(t_i, \omega) \notin E\}.$$

剩下的可能性是 $\tau(\omega) = t_0$, 此时由于 E 是开集, 必有 $X(t_0, \omega) \notin E$. 否则, 如果 $X(t_0, \omega) \in E$, 由 $X(t, \omega)$ 关于 t 的连续性, 必有某个 $t_i < t_0$ (它俩充分接近), 使得 $X(t_i, \omega) \in E$. 这样的话, 按 $\tau(\omega)$ 的定义, 就有 $t_0 = \tau(\omega) \leqslant t_i < t_0$, 这是个矛盾.

由于刚才证明了 $X(t_0, \omega) \notin E$, 那么对任意的 $t_i < t_0$, 也必然有 $X(t_i, \omega) \notin E$. 否则, 若成立某个 $X(t_i, \omega) \in E$, 由 $\tau(\omega)$ 的定义, 就应当有 $t_0 = \tau(\omega) \leqslant t_i < t_0$ 了. 这就证明了 $\{\tau \geqslant t_0\} \subset \bigcap_{t_i \leqslant t_0} \{X(t_i) \notin E\}$.

反之, 若 $\omega \in \bigcap_{t_i \leqslant t_0} \{X(t_i) \notin E\}$, 则对任意 $t_i \leqslant t_0$, 有 $X(t_i, \omega) \notin E$. 由映射 $t \mapsto X(t, \omega)$ 的连续性, 以及满足 $t_i \leqslant t_0$ 的所有 t_i 在 $[0, t_0]$ 中的稠密性, 以及 $\mathbb{R}^n \setminus E$ 是闭集 (因为 E 是开集), 可知对任意 $t \leqslant t_0$, 也必有 $X(t, \omega) \notin E$. 这表明 $\tau(\omega) \geqslant t_0$. 所以 $\{\tau \geqslant t_0\} \supseteq \bigcap_{t_i \leqslant t_0} \{X(t_i) \notin E\}$. 这就证明了 (22.1).

(3) 如果 E 是闭集, 定义距离函数 $d(x, E) \doteq \min_{y \in E} |x - y|$, 并作开集

$$U_n \doteq \left\{x \in \mathbb{R}^n : d(x, E) < \frac{1}{n}\right\}, \quad n = 1, 2, \cdots.$$

我们断言

$$\{\tau \leqslant t_0\} = \bigcap_{n=1}^{\infty} \bigcup_{t_i \leqslant t_0} \underbrace{\{X(t_i) \in U_n\}}_{\in \mathcal{F}(t_i) \subset \mathcal{F}(t_0)} \in \mathcal{F}(t_0).$$

为此, 只需要证明

$$\{\tau > t_0\} = \bigcup_{n=1}^{\infty} \bigcap_{t_i \leqslant t_0} \{X(t_i) \notin U_n\}. \tag{22.2}$$

设 $\tau(\omega) > t_0$, 则对任意 $t \in [0, t_0]$, 有 $X(t, \omega) \notin E$. 注意有界闭区间 $[0, t_0]$ 上连续函数的像是 $\mathbb{R}^n$ 中的紧集, 从而是 $\mathbb{R}^n$ 中的闭集. 由 $\mathbb{R}^n$ 中不相交的闭集 E 和 $\{X(t, \omega) \mid t \in [0, t_0]\}$ 的分离性质, 存在 n, 使得对任意的 $t \in [0, t_0]$, $X(t, \omega) \notin U_n$. 这就证明了存在 n, 使得对任意 $t_i \leqslant t_0$, 有 $X(t_i, \omega) \notin U_n$, 即式 (22.2) 的左边包含在右边之中.

反之, 设存在 n, 使得对任意 $t_i \leqslant t_0$, 成立 $X(t_i, \omega) \notin U_n$. 则对任意 $t \in [0, t_0]$, 都有 $X(t, \omega) \notin U_n$. 否则, 若存在 $\tilde{t} \in [0, t_0]$ 使得 $X(\tilde{t}, \omega) \in U_n$, 注意到 U_n 是开

集, 由 $X(t,\omega)$ 关于 t 的连续, 对充分接近 $\tilde{t}$ 的 t_i, 应当有 $X(t_i,\omega)\in U_n$. 这与前面条件矛盾.

所以对任意的 $t\in[0,t_0]$, 成立 $X(t,\omega)\notin U_n$, 从而 $X(t,\omega)\notin E$. 特别地, $X(t_0,\omega)\notin E$, 而且 $\tau(\omega)\geqslant t_0$.

现在若成立 $\tau(\omega)=t_0$, 由下确界的定义, 存在一列 s_k 单调递减收敛到 t_0, 而且 $X(s_k,\omega)\in E$. 由连续性, 当 $k\to\infty$ 时 $X(s_k,\omega)\to X(t_0,\omega)$; 由于 E 是闭集, 得到 $X(t_0,\omega)\in E$, 这与前面结论矛盾. 所以必有 $\tau(\omega)>t_0$, 这就证明了(22.2).
$\square$

注意, 我们还可以定义 $X(t,\omega)$ 第 k 次触碰 E 或离开 E 的时间, 它们也是停时. 但 X 最后一次离开 E 的时间不是停时, 因为为了判断是否"最后一次"离开, 需要未来的信息.

22.2　停时作为积分限的 Itô 随机积分

对 $G\in\mathbb{L}^2(0,T)$, 以及停时 τ, 假设 $0\leqslant\tau\leqslant T$, 我们可定义 Itô 随机积分

$$\int_0^\tau G\,\mathrm{d}W \doteq \int_0^T \chi_{\{t\leqslant\tau\}}(\omega)G(t,\omega)\,\mathrm{d}W(t,\omega),$$

其中

$$\chi_{\{t\leqslant\tau\}}(\omega)=\begin{cases}1, & t\leqslant\tau(\omega),\\ 0, & t>\tau(\omega).\end{cases}$$

由定理 1 中停时的性质 (1), $\{t\leqslant\tau\}\in\mathcal{F}(t)$, 所以被积函数 $\chi_{\{t\leqslant\tau\}}(\omega)G(t,\omega)$ 仍然是关于 $\mathcal{F}(t)$ 适应的, 上述定义合理. 这就将随机性引入了积分限. 由 Itô 等距, 很容易验证如下结论.

定理 3　设 $G\in\mathbb{L}^2(0,T)$, $0\leqslant\tau\leqslant T$, 其中 τ 是停时. 那么成立

$$\mathbb{E}\left[\int_0^\tau G\mathrm{d}W\right]=0,\quad \mathbb{E}\left[\left|\int_0^\tau G\mathrm{d}W\right|^2\right]=\mathbb{E}\left[\int_0^\tau|G|^2\,\mathrm{d}t\right].$$

22.3　带停时的 Itô 公式

考虑随机微分方程 (其中 $b=(b^1,\cdots,b^n)^{\mathrm{T}}\in\mathbb{R}^n$, $B=(B^{ij})_{1\leqslant i,j\leqslant n}\in \mathrm{M}^{n\times m}(\mathbb{R})$, W 是 m 维 Brown 运动)

$$\mathrm{d}X=b(X,t)\,\mathrm{d}t+B(X,t)\,\mathrm{d}W,$$

以及函数 $u = u(x,\, t) \in C^2(\mathbb{R}^n \times \mathbb{R})$, 回忆 Itô 链式法则

$$\mathrm{d}u(X,\, t) = u_t\,\mathrm{d}t + \sum_{i=1}^n u_{x_i}\,\mathrm{d}X^i + \frac{1}{2}\sum_{i,j=1}^n u_{x_i x_j}\sum_{k=1}^m B^{ik}B^{jk}\,\mathrm{d}t.$$

引入二阶线性偏微分算子

$$Lu \doteq \sum_{i,j=1}^n a^{ij}u_{x_i x_j} + \sum_{i=1}^n b^i u_{x_i},$$

其中

$$a^{ij} \doteq \frac{1}{2}\sum_{k=1}^m B^{ik}B^{jk}, \quad \text{或} \quad A \doteq (a^{ij}) = \frac{1}{2}BB^{\mathrm{T}},$$

则成立

$$u(X(t),\, t) - u(X(0),\, 0)$$
$$= \int_0^t (u_t(X(s),\, s) + Lu(X(s),\, s))\,\mathrm{d}s + \int_0^t \mathrm{D}u(X(s),\, s)B(X(s),\, s)\,\mathrm{d}W(s),$$

这里 $\mathrm{D}u \doteq (u_{x_1},\cdots,u_{x_n})$ 是函数 u 关于空间变量的梯度, 在这里是个行向量. 上式对几乎所有样本点成立.

现对某个停时 τ, 设 $0 \leqslant \tau \leqslant T$. 对固定的 ω, 将上式中 t 换为 $\tau(\omega)$, 就得到

$$u(X(\tau),\, \tau) - u(X(0),\, 0) = \int_0^\tau (u_t + Lu)(X(s),s)\,\mathrm{d}s + \int_0^\tau \mathrm{D}uB(X(s),s)\,\mathrm{d}W(s).$$

两边取期望, 利用 Itô 积分鞅的性质消掉随机性, 就得到如下重要公式

$$\mathbb{E}[u(X(\tau),\, \tau)] = \mathbb{E}[u(X(0),\, 0)] + \mathbb{E}\left[\int_0^\tau (u_t + Lu)(X(s),\, s)\,\mathrm{d}s\right]. \tag{22.3}$$

它建立了关于 X 的随机微分方程与关于 u 的偏微分方程间的重要联系, 是建立 Feynman-Kac 公式 (解的概率解释) 的出发点.

我们看一下偏微分算子 L 的类型. 对任意 $\xi = (\xi_1,\, \cdots,\, \xi_n) \in \mathbb{R}^n$, 二次型

$$\xi A\xi^{\mathrm{T}} = \sum_{i,j=1}^n a^{ij}\xi_i\xi_j = \frac{1}{2}|\xi B|^2.$$

所以如果 B 的秩是 n, 则由线性方程组基本定理, $\xi B = 0$ 当且仅当 $\xi = 0$. 此时 A 是正定实对称阵, 从而 L 是一个二阶线性椭圆型偏微分算子. 如果 B 的秩小于 n, 则 A 半正定, L 就是一个二阶线性退化椭圆型算子. 特别地, 如果 $X = W$, 即 $b = 0, B = I_n$, 则 $2L = \Delta$ 就是拉普拉斯 (Laplace) 算子.

22.4　Feynman-Kac 公式

我们介绍几个例子, 看如何从随机分析角度给出二阶线性 (退化) 椭圆型偏微分方程狄利克雷 (Dirichlet) 问题的解的表达式及其概率解释.

例 1　设 $U \subset \mathbb{R}^n$ 是具有光滑边界的有界开集, 考虑边值问题

$$在 U 中：\ -\frac{1}{2}\Delta u = 1;\quad 在 \partial U 上：\ u = 0.$$

设 W 是 n 维 Brown 运动. 对任意的 $x \in U$, 置 $X(\cdot) \doteq W(\cdot) + x$, 以及

$$\tau_x \doteq \inf\{t \geqslant 0：X(t) \in \partial U\}$$

为 X 首次触碰边界 ∂U 的时间. 则

$$u(x) = \mathbb{E}(\tau_x),\quad \forall x \in U.$$

即: 解 $u(x)$ 是从 x 出发的 Brown 运动的微粒首次碰触边界 ∂U 的平均时间.

证明　由公式 (22.3), 考虑到 u 与时间无关, $u_t = 0$, 而且对 Brown 运动, $Lu = \frac{1}{2}\Delta u = -1$, 取停时为 $\tau = \tau_x \wedge n$, 其中 n 是任意自然数[①], 成立

$$\mathbb{E}[u(X(\tau_x \wedge n))] = \mathbb{E}[u(X(0))] + \mathbb{E}\left[\int_0^{\tau_x \wedge n} \frac{1}{2}\Delta u\, \mathrm{d}s\right]$$
$$= \mathbb{E}[u(x)] - \mathbb{E}[\tau_x \wedge n] = u(x) - \mathbb{E}[\tau_x \wedge n]. \tag{22.4}$$

由 Poisson 方程的比较原理和正则性理论, 解 u 是有界的光滑函数, 从而 $\mathbb{E}[u(X(\tau_x \wedge n))]$ 一致有界 (与 n 无关), 于是得到 $\mathbb{E}[\tau_x \wedge n]$ 有界. 由莱维 (Levi) 单调收敛定理 (注意 $\tau_x \geqslant 0$), $\mathbb{E}[\tau_x] = \lim\limits_{n\to\infty} \mathbb{E}[\tau_x \wedge n]$ 有界. 另一方面, 对固定的 x, 随着 $n \to \infty$, 利用 $X(t)$ 关于 t 的连续性, $X(\tau_x \wedge n) \to X(\tau_x) \in \partial U$. 根据 Lebesgue 控制收敛定理 ($|u|$ 的上界是个控制函数), 成立

$$\lim_{n\to\infty} \mathbb{E}[u(X(\tau_x \wedge n))] = \mathbb{E}[u(X(\tau_x))] = \mathbb{E}[0] = 0.$$

在 (22.4) 中取极限 $n \to \infty$, 即可得结论.　　　　　　　　　□

例 2 (调和函数的概率表示)　设 $U \subset \mathbb{R}^n$ 是有界光滑区域, $g: \partial U \to \mathbb{R}$ 是给定的连续函数. 从偏微分方程理论可知 Dirichlet 问题

$$在 U 中：\ \Delta u = 0;\quad 在 \partial U 上：\ u = g$$

---

① 在推导 (22.3) 时假设了停时 τ 要有界, 即 $0 \leqslant \tau \leqslant T$, 所以这里通过截断, 将之应用于 $\tau_x \wedge n$.

存在唯一的解 $u \in C^2(U) \cap C(\bar{U})$. 证明: 对任意的 $x \in U$, 成立

$$u(x) = \mathbb{E}[g(X(\tau_x))],$$

其中随机过程 $X(\cdot) \doteq W(\cdot) + x$.

证明 利用公式 (22.3) 及例 1 当 $n \to \infty$ 时的逼近, 有

$$\mathbb{E}[u(X(\tau_x))] = \mathbb{E}[u(X(0))] + \mathbb{E}\left[\int_0^{\tau_x} \frac{1}{2} \Delta u \, \mathrm{d}s\right]$$

$$= u(x) + \mathbb{E}[0] = u(x),$$

而 $X(\tau_x) \in \partial U$, 于是根据边界条件, $u(X(\tau_x)) = g(X(\tau_x))$, 从而

$$u(x) = \mathbb{E}[g(X(\tau_x))]. \qquad \square$$

例 3 考虑如下边值可能不连续的 Dirichlet 问题 (其中 U 的边界 $\partial U = \Gamma_1 \cup \Gamma_0$), 且 $\Gamma_0 \cap \Gamma_1 = \varnothing$:

$$\begin{cases} \Delta u = 0, & \text{在 } U \text{ 中}, \\ u = 1, & \text{在 } \Gamma_1 \text{ 上}, \\ u = 0, & \text{在 } \Gamma_0 \text{ 上}. \end{cases}$$

证明: 对任意的 $x \in U$, $u(x)$ 是从 x 出发的 Brown 运动在碰到 Γ_0 之前碰到 Γ_1 的概率.

证明 取函数 g, 它在 Γ_1 上取值为 1, 在 Γ_0 上取值为 0. 代入例 2 证明的公式, 得到

$$u(x) = \mathbb{E}[g(X(\tau_x(\omega)))] = \int_\Omega g(X(\tau_x(\omega))) \, \mathrm{d}\mathbb{P}(\omega)$$

$$= \int_{X(\tau_x) \in \Gamma_1} \mathrm{d}\mathbb{P} = \mathbb{P}(X(\tau_x) \in \Gamma_1).$$

注意到由停时的定义, $\tau_x(\omega)$ 就表示从 x 出发的 Brown 运动的微粒 ω 首次碰到边界 ∂U 的时间, $X(\tau_x(\omega), \omega) \in \Gamma_1$ 表示该微粒首次触碰的边界就是 Γ_1, 从而 $\mathbb{P}(X(\tau_x) \in \Gamma_1)$ 就表示从 x 出发的 Brown 运动微粒在碰到 Γ_0 之前碰到 Γ_1 的概率. $\qquad \square$

例 4 (Feynman-Kac 公式) 考虑如下问题:

$$\begin{cases} -\dfrac{1}{2} \Delta u + cu = f, & \text{在 } U \subset \mathbb{R}^n \text{ 中}, \\ u = 0, & \text{在 } \Gamma = \partial U \text{ 上}, \end{cases} \tag{22.5}$$

其中 $c \geqslant 0$, f 都是 u 上的光滑函数. 证明: 对任意的 $x \in U$, 成立

$$u(x) = \mathbb{E}\left[\int_0^{\tau_x} f(X(t)) \mathrm{e}^{-\int_0^t c(X(s))\,\mathrm{d}s}\,\mathrm{d}t\right], \tag{22.6}$$

这里 $X(t) \doteq W(t) + x$, $W(t)$ 是 n 维 Brown 运动, 而 τ_x 表示 X 首次触碰 ∂U 的时间.

注意, 条件 $c \geqslant 0$ 保证了 (22.6) 中积分的存在性.

证明　这个问题的关键是如何处理源项 cu. 为此, 令

$$Z(t) \doteq -\int_0^t c(X(s))\,\mathrm{d}s,$$

则 $\mathrm{d}Z(t) = -c(X(t))\,\mathrm{d}t$. 置 $Y(t) = \mathrm{e}^{Z(t)}$, 根据 Itô 链式法则, $\mathrm{d}Y = -c(X(t))Y\,\mathrm{d}t$. 再由 Itô 乘积法则,

$$\begin{aligned}
\mathrm{d}(u(X)Y) &= Y\,\mathrm{d}u(X) + u(X)\mathrm{d}Y \\
&= Y\left(\frac{1}{2}\Delta u\,\mathrm{d}t + \sum_{i=1}^n u_{x_i}(X)\mathrm{d}W^i\right) - c(X)u(X)Y\,\mathrm{d}t \\
&= \left[\frac{1}{2}\Delta u(X) - c(X)u(X)\right]Y\,\mathrm{d}t + \sum_{i=1}^n u_{x_i}(X)Y\,\mathrm{d}W^i.
\end{aligned}$$

写成随机积分形式, 将积分上限取为停时 τ_x, 再取期望, 就得到

$$\mathbb{E}[\underbrace{u(X(\tau_x))}_{=0}Y(\tau_x)] - \mathbb{E}[\underbrace{u(X(0))}_{=u(x)}] = \mathbb{E}\left[\int_0^{\tau_x}\Big(\underbrace{\frac{1}{2}\Delta u(X) - c(X)u(X)}_{=-f(X(t))}\Big)Y(t)\,\mathrm{d}t\right].$$

上面使用了方程和边界条件. 这就得到 $u(x) = \mathbb{E}\left[\displaystyle\int_0^{\tau_x} f(X)Y\,\mathrm{d}t\right]$.　　$\square$

一般地, 如果将 $X(t) = W(t) + x$ 换作随机微分方程

$$\mathrm{d}X = b(X)\,\mathrm{d}t + B(X)\,\mathrm{d}W, \quad X(0) = x$$

的解, 并令停时为

$$\tau_X \doteq \inf\{t \geqslant 0: \ X(t) \in \partial U\},$$

即 X 首次触碰边界 ∂U 的时间, 则沿着例 3 中的演算, $\dfrac{1}{2}\Delta u$ 被换作

$$Lu = \sum_{i,j=1}^n a^{ij}u_{x_i x_j} + \sum_{i=1}^n b^i u_{x_i},$$

其中

$$a^{ij} = \frac{1}{2} \sum_{k=1}^{m} B^{ik} B^{jk}, \quad \text{或者} \quad A = (a^{ij}) = \frac{1}{2} B B^{\mathrm{T}},$$

从而对较一般的二阶 (退化) 椭圆型方程的 Dirichlet 边值问题, 都可以得到解的 Feynman-Kac 公式. 当然, 为了 Itô 链式法则可用, 必须先要知道 $u \in C^2$ 且有界. 但是, 一旦得到类似 (22.6) 的公式, 就有可能对正则性较差的自由项 f (此时不能保证 $u \in C^2$) 也使得 (22.6) 有意义. 于是可以把 (22.6) 作为一种广义解的定义. 这种定义提供了计算问题 (22.5) 的数值解的基于随机微分方程的方法, 参见 [25].

习题 1 设 τ 为一维 Brown 运动首次触碰区间 $(a, b]$ 的时间. 证明 τ 是停时.

习题 2 设 W 为 n 维 Brown 运动 $(n \geqslant 3)$. 记 $X = W + x_0$, 其中 x_0 落在球壳 $0 < R_1 < |x| < R_2$ 内. 计算 X 在碰到内球面 $|x| = R_1$ 之前碰到外球面 $|x| = R_2$ 的概率. (提示: 要用到 Laplace 算子的基本解.)

C 第 23 讲　最优停时与动态规划
HAPTER

作为随机微分方程和停时概念的另一个应用, 本讲简要介绍最优控制问题. 这类问题的典型提法是: 对一个随时间演化的系统, 通过直接关停系统, 或者通过对某些参数的调节, 影响系统的演化, 以达到某种效用的最大或最小. 例如, 在美式期权中, 如何选择执行期权的时刻, 以使投资收益最大化或成本最小, 就是一个随机最优控制问题. 这一讲我们对如何解决这类问题, 作简要介绍.

23.1　最优停时问题

假设一个系统的演化服从如下随机微分方程组:

$$\mathrm{d}X = b(X)\,\mathrm{d}t + B(X)\,\mathrm{d}W, \quad X_0 = x \in U,$$

其中 $U \subset \mathbb{R}^n$ 是一边界光滑的有界连通开集, 代表系统可能状态的全体, 而

$$b = (b^1, \cdots, b^n)^{\mathrm{T}} : U \to \mathbb{R}^n, \quad B = (B^{ij})_{1 \leqslant i \leqslant n, 1 \leqslant j \leqslant m} : U \to \mathrm{M}^{n \times m}(\mathbb{R})$$

是已知的光滑的向量值 (矩阵值) 函数. 由于随机因素 (可理解为样本点 ω) 的影响, 该系统在 t 时刻的状态是 $X(t, \omega)$. 上述方程组带有一个 σ-域流 $\mathcal{F}(t)$, 解 $X(t)$ 关于 $\mathcal{F}(t)$ 是适应的. 用 τ_x 表示从状态 x 出发的 $X(t)$ 首次触碰边界 ∂U 的时刻, 它是关于 $\mathcal{F}(\cdot)$ 的一个停时. 若到达时刻 τ_x, 我们认为系统寿命到期, 它自动停止工作.

现设 θ 是关于 $\mathcal{F}(\cdot)$ 的一个停时. 我们定义在时刻 $\theta \wedge \tau_x = \min\{\theta, \tau_x\}$ 停止系统 $X(\cdot)$ 的预期成本:

$$J_x(\theta) \doteq \mathbb{E}\left[\int_0^{\theta \wedge \tau_x} f(X(s))\,\mathrm{d}s + g(X(\theta \wedge \tau_x))\right].$$

这里函数 f 代表让系统运行单位时间需要付出的成本 (比如产品的存储费用), g 代表在系统状态为 x 时的成本 (比如卖出品相为 x 的产品所要的花费). 我们的目的是要找到一个停时 $\theta^* = \theta_x^*$, 使得预期成本最小:

$$J_x(\theta^*) = \min_{\theta \text{ 是停时}} J_x(\theta).$$

因此, 停时问题是一类特殊的控制问题, 它的控制手段只有一个, 就是关停系统. 何时关停会达到最优效益, 就是最优停时问题. 解决该问题的如下策略称为动态规划: 首先求出价值函数

$$u(x) \doteq \inf_\theta J_x(\theta),$$

然后根据 u 的信息设计出最优策略 θ_x^*.

23.2 价值函数的求解

我们来推导价值函数 $u(x)$ 满足的性质 (偏微分方程边值问题).

首先, 如果 $x \in \partial U$, 则 $\theta \wedge \tau_x = 0$, 显然

$$u(x) = g(x), \quad x \in \partial U. \tag{23.1}$$

这就是 u 满足的边界条件.

若 $x \in U$, 取 $\theta = 0$, 应有

$$u(x) \leqslant g(x), \quad \forall x \in U. \tag{23.2}$$

如果在点 $x \in U$ 成立 $u(x) < g(x)$, 那么按照 u 的定义, 我们应当让系统运行 (至少一小会儿). 设系统运行了 $\delta > 0$ 时间, 状态达到点 $X(\delta)$. 在此之后如果用最优停时, 则价值函数取值是 $u(X(\delta))$, 所以利用预期成本中积分项的可加性, 从 x 出发的价值函数就是[①]

$$u(x) = \mathbb{E}\left[\int_0^\delta f(X(s))\,\mathrm{d}s + u(X(\delta)) \right]. \tag{23.3}$$

根据 Itô 链式法则, 如果 u 相当光滑, 应成立

$$\mathbb{E}[u(X(\delta))] = u(x) + \mathbb{E}\left[\int_0^\delta Lu(X)\,\mathrm{d}s \right],$$

其中

$$Lu = \sum_{i,j=1}^n a^{ij} u_{x_i x_j} + \sum_{i=1}^n b^i u_{x_i}, \quad a^{ij} = \frac{1}{2} \sum_{k=1}^m B^{ik} B^{jk}.$$

---

① 这里及以下几步的推导在数学上是不太严格的, 特别是假设了 δ 与样本点无关. 这类似于先猜出答案, 然后加适当的条件, 给出严格的结论及其证明.

代入 (23.3), 得到

$$0 = \mathbb{E}\left[\int_0^\delta (Lu(X) + f(X))\,\mathrm{d}s\right],$$

两边同时除以 $\delta(\delta > 0)$, 再令 $\delta \to 0+$, 利用几乎所有轨道 $X(\cdot)$ 的连续性, 以及 Lebesgue 控制收敛定理 (假设 f 和 Lu 有界), 就有

$$Lu(x) + f(x) = 0, \quad \text{若}\ \ u(x) < g(x).$$

另外, 注意到即使 $u(x) = g(x)$, 在 (23.3) 中等号换作 "$\leqslant$" 也总是成立的:

$$g(x) \leqslant \mathbb{E}\left[\int_0^\delta f(X(s))\,\mathrm{d}s + u(X(\delta))\right].$$

和上面推导类似, 最后可得

$$Lu(x) + f(x) \geqslant 0, \quad \text{若}\ \ u(x) = g(x).$$

从而, 根据 (23.2), u 满足如下偏微分方程

$$\max\{-Lu - f, u - g\} = 0, \quad x \in U. \tag{23.4}$$

为了求解边值问题 (23.4), (23.1), 可用如下惩罚数法. 考虑近似问题 (其中 $\epsilon > 0$):

$$\begin{cases} -Lu^\epsilon + \beta_\epsilon(u^\epsilon - g) = f, & \text{在}\ U\ \text{中}, \\ u^\epsilon = g, & \text{在}\ \partial U\ \text{上}, \end{cases} \tag{23.5}$$

其中 $\beta_\epsilon : \mathbb{R} \to \mathbb{R}$ 是光滑的凸函数, $\beta_\epsilon' \geqslant 0$, 且当 $x \leqslant 0$ 时 $\beta_\epsilon(x) = 0$, 当 $x > 0$ 时 $\lim_{\epsilon \to 0} \beta_\epsilon(x) = \infty$. 例如可令 $\beta(x)$ 为将 $(|x| + x)/2$ 磨光后的函数, 而 $\beta_\epsilon(x) = \beta(x/\epsilon)$.

在算子 L 一致椭圆型 (即 $\mathrm{rank}(B) = n$), 函数 g, f 光滑的条件下, 可证明 $\lim_{\epsilon \to 0} u^\epsilon = u$, 该极限为所求的价值函数 (证明从略).

定理 1　设 f, g 光滑, L 是一致椭圆型的, 则存在唯一的函数 $u \in C^{1,1}$ (即所有一阶偏导数 Lipschitz 连续), 使得

(1) 在 U 中 $u \leqslant g$;

(2) 在 U 中几乎处处成立 $-Lu \leqslant f$;

(3) 在 U 中几乎处处成立 $\max\{-Lu - f, u - g\} = 0$;

(4) 在 ∂U 上 $u = g$.

23.3 利用价值函数求解最优停时

接下来严格证明 u 确实是价值函数, 并用它的信息来确定最优停时 θ_x^*.

定义停止集 (因为对这样的 x, 以它为系统初始状态的话, 则马上关掉系统就是最优停时)

$$S = \big\{ x \in U : \ u(x) = g(x) \big\}.$$

由 u 和 g 的连续性, 集合 S 是闭集. 对任意 $x \in \bar{U}$, 定义停时

$$\theta^*(\omega) \doteq \text{从 } x \text{ 出发的轨道} X(t, \omega) \text{ 首次触碰停止集 } S \text{ 的时间}.$$

下面证明, 这个触碰时间就是所需的最优停时.

定理 2 对任意 $x \in \bar{U}$, 成立

$$u(x) = J_x(\theta^*) = \min_\theta J_x(\theta).$$

证明 (1) 定义连续集

$$C \doteq U - S = \big\{ x \in U : \ u(x) < g(x) \big\}.$$

在这个 $\mathbb{R}^n$ 的开集上成立 $Lu = -f$, 且在其边界 ∂C 上 $u = g$. 对任意 $x \in C$, 注意 $\tau_x \wedge \theta^*$ 是 X 首次离开 C 的时间. 由 Itô 公式, 成立

$$\mathbb{E}[\underbrace{u(X(\tau_x \wedge \theta^*))}_{=g(X(\tau_x \wedge \theta^*))}] = \underbrace{\mathbb{E}[u(X(0))]}_{=u(x)} + \mathbb{E}\left[\int_0^{\tau_x \wedge \theta^*} \underbrace{Lu(X(s))}_{=-f(X(s))} \,\mathrm{d}s\right],$$

从而

$$u(x) = \mathbb{E}\left[\int_0^{\tau_x \wedge \theta^*} f(X(s)) \,\mathrm{d}s + g(X(\tau_x \wedge \theta^*))\right] = J_x(\theta^*).$$

另一方面, 对 $x \in S$, 成立 $\theta^* \wedge \tau_x = \theta^* = 0$, 从而 $u(x) = g(x) = J_x(\theta^*)$. 这就证明了对任意 $x \in U$, 均成立 $u(x) = J_x(\theta^*)$.

(2) 设 θ 是另一个停时, 我们需要证明

$$u(x) = J_x(\theta^*) \leqslant J_x(\theta).$$

事实上, 由 Itô 公式, 成立

$$\mathbb{E}[u(X(\tau_x \wedge \theta))] = \underbrace{\mathbb{E}[U(X(0))]}_{=u(x)} + \mathbb{E}\left[\int_0^{\tau_x \wedge \theta} Lu(X(s)) \,\mathrm{d}s\right],$$

从而

$$u(x) = \mathbb{E}[u(X(\tau_x \wedge \theta))] + \mathbb{E}\left[\int_0^{\tau_x \wedge \theta} -Lu(X(s))\,\mathrm{d}s\right].$$

由于在 U 中 $-Lu \leqslant f$, $u \leqslant g$, 则

$$u(x) \leqslant \mathbb{E}[g(X(\tau_x \wedge \theta))] + \mathbb{E}\left[\int_0^{\tau_x \wedge \theta} f(X(s))\,\mathrm{d}s\right] = J_x(\theta).$$

这就证明了 $u(x) = J_x(\theta^*) \leqslant J_x(\theta)$.　　　　　　　　　　　　　□

第 24 讲　传染病的随机微分方程模型

CHAPTER

纵观整个历史进程, 人类不断地受到各种传染病的侵害, 如公元前雅典的大瘟疫, 肆虐三百年造成两亿人口死亡的欧洲黑死病, 20 世纪 80 年代发现的艾滋病 (获得性免疫缺陷综合征), 2002 年到 2003 年肆虐的非典型肺炎, 2020 年席卷全球的新型冠状病毒肺炎等. 它们无不带来巨大的灾难和损失. 因此, 长期以来, 对传染病的病理、传播规律及防控措施等的研究一直是各国政府和科研部门关注的热点问题. 为了同这些流行病做斗争, 极有必要使用数学模型来描述疾病的发生发展规律, 从而为预测流行趋势, 发现、预防和控制疾病的流行提供理论根据和应对策略. 这就促使了传染病动力学这一应用数学的研究分支的形成. 它是依据传染病的发生、发展、环境等变化因素, 建立能反映其演化规律的微分方程或差分方程模型, 通过研究这些数学模型的动力学性质, 来显示疾病的发展过程, 预测其发展变化趋势, 分析疾病流行的原因和关键因素, 寻求对其预防和控制的最优策略.

传染病的数学建模的研究历史, 可以追溯到 18 世纪. 早在 1760 年, Bernoulli 就提出了关于人类传染病的数学模型. 现在日益流行的适用于传染病学的动力系统方法始于 20 世纪初. 1927 年, Kermack 和 McKendrick 提出了一个经典的模型 (SIR 模型) 来描述疾病暴发期间易感人群、感染人群、恢复人群的动力学行为. 随后, 该模型的各种变形模型被建立并用于研究不同的感染阶段或结果. 例如, 普通流感的 SIS 模型、含潜伏期的 SEIR 模型、对染病者进行隔离的 SIQS/SIQR 模型等. 本讲在论述经典的确定性模型的基础上, 说明如何引入随机效应, 得到随机化的传染病模型, 希望对读者建立含随机因素的数学模型提供一些启发. 我们主要介绍常微分方程模型.

24.1　确定性模型

1. SIR 传染病模型

SIR 传染病模型把传染病流行范围内的人群分成三类: 易感者 (susceptible), 指未得病但缺乏免疫能力, 与感病者接触后容易受到感染的人; 感病者 (infective), 指染上传染病的人, 它可以传播给易感者; 移出者 (removal), 指被隔离, 或因病愈而具有免疫力的人. 我们用 S 表示易感者人数, I 表示感染者人数, R 表示移出者人数. 此外, 用 R_0 表示传染病的基本再生数, 即一个病人在患病期内所传染的人数的平均值. 通常, $R_0 = 1$ 可作为决定疾病是否消亡的一个阈值, 即当 $R_0 > 1$ 时, 疾病将始终存在而形成地方病, 当 $R_0 < 1$ 时, 疾病逐渐消亡.

大多数传染病模型的建模思想都来源于 1927 年 Kermack 和 McKendrick 建立的所谓仓室模型 [26], 即著名的 SIR 模型 (图 24.1):

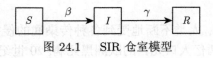

图 24.1　　SIR 仓室模型

$$\begin{cases} \dfrac{\mathrm{d}S(t)}{\mathrm{d}t} = -\beta S(t)I(t), \\ \dfrac{\mathrm{d}I(t)}{\mathrm{d}t} = \beta S(t)I(t) - \gamma I(t), \\ \dfrac{\mathrm{d}R(t)}{\mathrm{d}t} = \gamma I(t), \end{cases} \qquad (24.1)$$

其中 $S(t)$ 表示 t 时刻易感者的数量, $I(t)$ 表示 t 时刻染病者的数量, $R(t)$ 表示 t 时刻染病者康复的数量, 也称为移出者数量. 这个模型基于以下三个基本假设:

(1) 环境中总人口数量不变, 是一个常数, 用 N 表示, 即 $S(t) + I(t) + R(t) = N$;

(2) 假设 t 时刻单位时间内, 一个病人能传染的易感者数目与环境中的易感者总数 $S(t)$ 和感染者总数 $I(t)$ 的乘积成正比, 比例系数为 β, 从而在 t 时刻单位时间内被所有病人传染的人数为 $\beta S(t)I(t)$;

(3) 假设 t 时刻单位时间内从染病者中康复的人数与染病者的数量成正比, 比例系数为 γ, 从而在 t 时刻单位时间内从染病者中康复的人数为 $\gamma I(t)$, 并且这些移出者对该疾病产生免疫, 不再被感染.

由于 $S(t) + I(t) + R(t) = N$ 且这个模型中的前两个方程不含 $R(t)$, 所以 (24.1) 可简化为

$$\begin{cases} \dfrac{\mathrm{d}S(t)}{\mathrm{d}t} = -\beta S(t)I(t), \\ \dfrac{\mathrm{d}I(t)}{\mathrm{d}t} = \beta S(t)I(t) - \gamma I(t). \end{cases}$$

通过修正 SIR 模型, 可以建立更复杂更接近于实际的数学模型. 下面是一个经典的具有常数输入的 SIR 仓室模型:

$$
\begin{cases}
\dfrac{\mathrm{d}S(t)}{\mathrm{d}t} = \Lambda - \beta S(t)I(t) - \mu S(t), \\[2mm]
\dfrac{\mathrm{d}I(t)}{\mathrm{d}t} = \beta S(t)I(t) - (\mu + \varepsilon + \gamma)I(t), \\[2mm]
\dfrac{\mathrm{d}R(t)}{\mathrm{d}t} = \gamma I(t) - \mu R(t).
\end{cases} \tag{24.2}
$$

在上式中, $S(t)$ 表示易感者的数量, $I(t)$ 表示染病者的数量, $R(t)$ 表示病愈并具有永久免疫人群的数量. 用 Λ 表示易感者的输入率, μ 表示人口的自然死亡率, ε 表示因病死亡率, β 和 γ 分别表示疾病传染率和疾病康复率 (图 24.2).

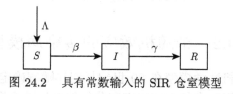

图 24.2　具有常数输入的 SIR 仓室模型

2. SIS 传染病模型

一般来说, 通过病毒传播的疾病, 如麻疹、水痘等, 患者康复后对原病毒具有免疫力, 适合上述 SIR 模型. 但是, 通过细菌传播的疾病, 如流感、淋病等, 患者康复后不具有免疫力, 可以再次被感染. 1932 年, Kermack 和 McKendrick 针对这类情况建立了 SIS 模型:

$$
\begin{cases}
\dfrac{\mathrm{d}S(t)}{\mathrm{d}t} = -\beta S(t)I(t) + \gamma I(t), \\[2mm]
\dfrac{\mathrm{d}I(t)}{\mathrm{d}t} = \beta S(t)I(t) - \gamma I(t).
\end{cases} \tag{24.3}
$$

利用条件 $S(t) + I(t) = N$, 这个模型可简化为

$$
\frac{\mathrm{d}S(t)}{\mathrm{d}t} = \beta(N - S(t))\left(\frac{\gamma}{\beta} - S(t) \right).
$$

与 SIR 模型的发展一样, 在此基础上可建立更完备的数学模型. 文献 [27] 中, 有如下加入出生率和死亡率的 SIS 模型:

$$
\begin{cases}
\dfrac{\mathrm{d}S(t)}{\mathrm{d}t} = \mu N - \beta S(t)I(t) + \gamma I(t) - \mu S(t), \\[2mm]
\dfrac{\mathrm{d}I(t)}{\mathrm{d}t} = \beta S(t)I(t) - (\mu + \gamma)I(t),
\end{cases} \tag{24.4}
$$

这里初值满足 $S_0 + I_0 = N$ (N 是总人口数), 且 $S(t)$, $I(t)$ 分别表示 t 时刻的易感者数量和染病者数量, μ 是出生率和死亡率, γ 是感染者的治愈率, β 是一个病人能传染的易感者数目与环境中的易感者总数的比例参数 (简称为接触率) (图 24.3).

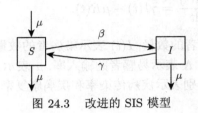

图 24.3　改进的 SIS 模型

24.2　带随机效应的传染病模型

描述传染病的随机数学模型在 20 世纪早期伴随着确定性模型的研究就已经被关注和提出. 人们用概率的方法建立和分析传染病随机模型, 考虑疾病以不同的概率在不同的仓室中传播, 研究的内容大多数是该传染病流行的概率、拟平稳分布、疾病消失的平均时间和随机再生数的寻找等. 随机微分方程在传染病动力学中的应用与上述概率方法有所不同, 主要是用 Brown 运动模拟随机因素, 加入到确定性传染病模型中, 建立考虑随机影响的传染病模型, 再用随机微分方程理论研究解的正则性和存在性、唯一性、随机稳定性、解的渐近性态等动力学方面的性质. 这样做有利于比较确定性模型和对应的随机性模型结果间的异同, 分析随机因素的干扰效应. 由于引入随机扰动的方法不同会得到不同的随机性传染病模型, 对原来的确定性系统的影响也就有所不同. 常见的加入随机扰动的方法有两种: 一种是对确定性模型中的参数进行随机扰动, 研究随机性模型正解或非负解的存在唯一性和无病平衡点的稳定性问题; 另一种是对确定系统, 围绕它的地方病平衡点做随机扰动, 通过选取适当的随机李雅普诺夫 (Lyapunov) 函数去研究随机系统的线性化系统的稳定性及它本身的稳定性. 除了 Brown 运动, 还可以用不连续的随机过程, 如 Lévy 过程描述随机噪声. 任何传染病都有其多变性和复杂性, 如何综合考虑各类确定性或随机性影响的因素, 建立更加符合疾病传播性质的随机传染病模型, 依然任重而道远.

本讲只介绍第一种引入随机扰动的方法. 由于环境噪声的干扰, (24.2) 中的所有参数均不应是常数, 而是随机变量. 由于环境因素的小规模的持续干扰, 它们往往围绕某个平均值波动, 但并不会随着时间的推移衰减到某个固定值. 在 SIR 模型中疾病传播率 β 是关键参数之一, 如果该参数受到干扰, 那么相应的 SIR 模型的动力学行为就会发生显著改变.

若假设 (24.2) 中参数 β 受到了白噪声的干扰, 即

$$\beta \to \beta + \sigma \dot{W}(t),$$

从而, $\beta \mathrm{d}t \to \beta \mathrm{d}t + \sigma \mathrm{d}W(t)$, 其中 $W(t)$ 是一个标准的 Brown 运动, σ^2 是环境白噪声的强度. 则带有常数输入率的系统 (24.2) 就变为如下形式:

$$\begin{cases} \mathrm{d}S(t) = [\Lambda - \beta S(t)I(t) - \mu S(t)]\mathrm{d}t - \sigma S(t)I(t)\,\mathrm{d}W(t) \\ \mathrm{d}I(t) = [\beta S(t)I(t) - (\mu + \varepsilon + \gamma)I(t)]\,\mathrm{d}t + \sigma S(t)I(t)\,\mathrm{d}W(t), \\ \dfrac{\mathrm{d}R(t)}{\mathrm{d}t} = \gamma I(t) - \mu R(t). \end{cases} \tag{24.5}$$

若假设三类人群中的随机噪声是相关的, 上述系统可进一步推广为如下随机微分方程组:

$$\begin{cases} \mathrm{d}S(t) = [\Lambda - \beta S(t)I(t) - \mu S(t)]\,\mathrm{d}t + \sigma_1 S(t)\,\mathrm{d}W(t), \\ \mathrm{d}I(t) = [\beta S(t)I(t) - (\mu + \varepsilon + \gamma)I(t)]\,\mathrm{d}t + \sigma_2 I(t)\,\mathrm{d}W(t), \\ \mathrm{d}R(t) = [\gamma I(t) - \mu R(t)]\,\mathrm{d}t + \sigma_3 R(t)\,\mathrm{d}W(t). \end{cases} \tag{24.6}$$

事实上, 当系统受到同一随机因素 (如其他疾病、天气等) 的影响时, 所对应的系统就具有这样的形式.

常微分方程模型没有考虑到传染病在空间扩散和传播的规律, 作为补充, 我们简要介绍偏微分方程模型. 目前, 在空间人口和资源分布等不均匀的情况下, 传染病模型常采用如下反应扩散系统形式:

$$\begin{cases} \dfrac{\partial}{\partial t}S(t,x) = k_1 \Delta S(t,x) + \Lambda(x) - \mu_1(x)S(t,x) \\ \qquad\qquad - \dfrac{\alpha(x)S(t,x)I(t,x)}{S(t,x) + I(t,x)}, \quad \text{在 } \mathbb{R}^+ \times \mathcal{O} \text{ 内}, \\ \dfrac{\partial}{\partial t}I(t,x) = k_2 \Delta I(t,x) - \mu_2(x)I(t,x) + \dfrac{\alpha(x)S(t,x)I(t,x)}{S(t,x) + I(t,x)}, \quad \text{在 } \mathbb{R}^+ \times \mathcal{O} \text{ 内}, \\ \partial_\nu S(t,x) = \partial_\nu I(t,x) = 0, \quad \text{在 } \mathbb{R}^+ \times \partial\mathcal{O} \text{ 上}, \\ S(0,x) = S_0(x), \quad I(0,x) = I_0(x), \quad \text{在 } \mathcal{O} \text{ 上}, \end{cases}$$

其中 Δ 是空间变量的 Laplace 算子; $\mathcal{O}$ 是 $\mathbb{R}^l$ 中有光滑边界的有界区域 ($l \geqslant 1$), 即人群占据的区域; $\partial_\nu S$ 表示 S 在边界 $\partial\mathcal{O}$ 上的外单位法向的方向导数, 故上述齐次诺伊曼 (Neumann) 条件表示人群没有流入或流出区域 $\mathcal{O}$; k_1 和 k_2 分别是表示易感人群和受感染人群密度扩散速率的正的常数. 此外, $\Lambda(X), \mu_1(X), \mu_2(X), \alpha(X) \in C^2(\mathcal{O})$ 都是非负函数.

　　考虑到时间和空间上不均匀的随机效应, 类似于常微分方程模型的随机化, 可引入如下随机偏微分方程系统:

$$
\begin{cases}
\mathrm{d}S(t,x) = \left[k_1 \Delta S(t,x) + \Lambda(x) - \mu_1(x)S(t,x) - \dfrac{\alpha(x)S(t,x)I(t,x)}{S(t,x)+I(t,x)} \right]\mathrm{d}t \\
\qquad\qquad + S(t,x)\,\mathrm{d}W_1(t,x) \\
\mathrm{d}I(t,x) = \left[k_2 \Delta I(t,x) - \mu_2(x)I(t,x) + \dfrac{\alpha(x)S(t,x)I(t,x)}{S(t,x)+I(t,x)} \right]\mathrm{d}t \\
\qquad\qquad + I(t,x)\,\mathrm{d}W_2(t,x), \quad 在\ \mathbb{R}^+ \times \mathcal{O}\ 内, \\
\partial_\nu S(t,x) = \partial_\nu I(t,x) = 0, \quad 在\ \mathbb{R}^+ \times \partial\mathcal{O}\ 上 \\
S(0,x) = S_0(x), \quad I(0,x) = I_0(x), \quad 在\ \mathcal{O}\ 上,
\end{cases}
$$

其中 $W_1(t,x), W_2(t,x)$ 是一族依赖于空间位置 x 的 Brown 运动, 用以描述时间和空间上的噪声干扰. 对这类模型的解的定义, 解的存在性和唯一性的研究, 部分进展可参见文献 [28] 等.

第 25 讲　期权定价理论

CHAPTER

第 1 讲中已大致介绍了有关期权的基本概念及其定价问题, 以及确定定价的 Black-Scholes 方程的推导. 在这一讲, 我们对相关问题作较为细致的介绍.

25.1　期权的定义、分类和定价问题

所谓期权, 是指一份协议, 该协议的持有人在约定的时间, 有权利按协议确定的价格, 向该协议的出售方买入 (卖出) 一定数量和质量的原生资产 (如股票), 但协议持有人不承担必须买入 (卖出) 的义务.

期权按合约中买入和卖出原生资产, 可分为如下两类:

看涨期权　是一张在确定时间, 按确定价格 K 有权买入一定数量和质量的原生资产的合约;

看跌期权　是一张在确定时间, 按确定价格 K 有权卖出一定数量和质量的原生资产的合约.

期权按合约中有关到期日, 可以分为

欧式期权　只能在合约中规定的到期日 T 执行;

美式期权　能在合约规定的到期日 T 以前任何一日 (包括到期日) 执行.

下面仅讨论欧式期权. 如果用 S_T 表示原生资产在到期日 $t = T$ 的价格, 那么在到期日, 期权的价格 V_T 应为

$$V_T = (S_T - K)^+ = \max\{S_T - K, \ 0\} \quad \text{(看涨期权)},$$
$$V_T = (K - S_T)^+ = \max\{K - S_T, \ 0\} \quad \text{(看跌期权)},$$

其中 K 为执行价格. 那么如何确定在某个 $0 \leqslant t < T$ 时刻期权的价格 V_t 呢? 设原生资产价格为 S_t, 则 V_t 应当依赖于 S_t, 以对冲风险, 即存在确定性的二元函数 $V(S, t)$, 使得

$$V_t = V(S_t, t).$$

确定了这个函数, 就解决了期权定价这个历史悠久的问题. 早在 1900 年, 法国数学家巴施里耶 (L. Bachelier, 1870—1946) 发表了他的学位论文 *Théorie de la Spéculation* (《投机交易理论》), 首次利用 Brown 运动的思想给出了股票价格运

行的随机模型, 其中提到了期权的定价问题, 所以 Bachelier 也被称为 "金融数学之父"[①]. 1961 年, 萨缪尔森 (P. Samuelson, 1915—2009, 1970 年诺贝尔经济学奖得主) 对 Bachelier 的模型作了修正, 以股票的回报代替原模型中的股票价格. 若 S_t 表示股票价格, 那么 $\mathrm{d}S_t/S_t$ 表示股票的回报. Samuelson 提出的随机微分方程就是下面的 (25.1) 式. 换言之, 他用几何 Brown 运动代替 Brown 运动用于描述股票价格. 1973 年, F. Black 和 M. Scholes 建立了欧式看涨期权定价公式. 下面将给出该公式的推导.

25.2　Black-Scholes 公式

1. Black-Scholes 方程

基本假设:

(a) 原生资产价格 (股票) 变化服从随机微分方程

$$\frac{\mathrm{d}S_t}{S_t} = \mu \mathrm{d}t + \sigma \mathrm{d}W_t, \tag{25.1}$$

这里 μ 为期望回报率 (常数), σ 为波动率 (设为常数), $W_t \doteq W(t)$ 是标准的 Brown 运动. 随机过程 $S_t \doteq S(t)$ 也叫作几何 Brown 运动;

(b) 无风险利率 r 为常数;

(c) 原生资产不支付股息;

(d) 不支付交易费和税收;

(e) 不存在套利机会.

问题　设 $V = V(S,t)$ 是期权价格. 在期权到期日 $t = T$ 时,

$$V(S,T) = \begin{cases} (S-K)^+, & \text{看涨期权,} \\ (K-S)^+, & \text{看跌期权.} \end{cases}$$

这里 K 是期权的敲定价格. 当 $0 \leqslant t < T$ 时, 求出函数 $V(S,t)$ (即期权在有效时间内的价格).

基本原理

• 无套利;

• 无风险 (风险对冲).

为对冲风险, 要同时持有期权和原生资产, 即作投资组合

$$\Pi = V - \Delta \cdot S.$$

---

① Bachelier 的传记见 https://mathshistory.st-andrews.ac.uk/Biographies/Bachelier/.

这里 Δ 是原生资产的份额 (待定, 可正可负; 通过持有或借入实现). 注意 Π 也是一个随机过程. 现在要选取适当的 Δ, 使得在 $(t, t + \mathrm{d}t)$ 时段内, 不改变份额 Δ, 使得 Π 是无风险的. 由于要求 Π 是无风险的, 故在时刻 $t + \mathrm{d}t$, 投资组合的回报应当和存款利息一样, 即

$$\frac{\Pi_{t+\mathrm{d}t} - \Pi_t}{\Pi_t} = r\mathrm{d}t,$$

从而 (注意 Δ 没有改变, 无须对其微分)

$$\mathrm{d}V_t - \Delta\mathrm{d}S_t = r\Pi_t\mathrm{d}t = r\left(V_t - \Delta S_t\right)\mathrm{d}t. \tag{25.2}$$

对函数 $V_t = V(S_t, t)$ 应用 Itô 链式法则, 由 (25.1), 得

$$\mathrm{d}V_t = \left(\frac{\partial V}{\partial t} + \frac{1}{2}\sigma^2 S^2 \frac{\partial^2 V}{\partial S^2} + \mu S \frac{\partial V}{\partial S}\right)\mathrm{d}t + \sigma S \frac{\partial V}{\partial S}\mathrm{d}W_t.$$

代入 (25.2), 并用 (25.1) 替换其中的 $\mathrm{d}S_t$, 得到

$$\left(\frac{\partial V}{\partial t} + \frac{1}{2}\sigma^2 S^2 \frac{\partial^2 V}{\partial S^2} + \mu S \frac{\partial V}{\partial S} - \Delta\mu S\right)\mathrm{d}t + \left(\sigma S \frac{\partial V}{\partial S} - \Delta\sigma S\right)\mathrm{d}W_t$$

$$= r(V - \Delta S)\mathrm{d}t. \tag{25.3}$$

由于等式右端是无风险的, 故 $\mathrm{d}W_t$ 的系数应当为 0, 即 $\sigma S \frac{\partial V}{\partial S} - \Delta\sigma S = 0$, 因此需要选取

$$\Delta = \frac{\partial V}{\partial S}. \tag{25.4}$$

将其代入 (25.3), 消去 $\mathrm{d}t$, 得到

$$\frac{\partial V}{\partial t} + \frac{1}{2}\sigma^2 S^2 \frac{\partial^2 V}{\partial S^2} + rS \frac{\partial V}{\partial S} - rV = 0.$$

这就是确定定价函数 $V(S, t)$ 的 Black-Scholes 方程. 它是一个二阶变系数线性倒向退化抛物型方程.

2. Black-Scholes 公式

为了解出函数 V, 假设原生资产价格不是负数, 即在 $0 \leqslant S < \infty, 0 \leqslant t \leqslant T$ 上求解如下偏微分方程定解问题:

$$\frac{\partial V}{\partial t} + \frac{1}{2}\sigma^2 S^2 \frac{\partial^2 V}{\partial S^2} + rS \frac{\partial V}{\partial S} - rV = 0, \tag{25.5}$$

$$V|_{t=T} = \begin{cases} (S-K)^+, & \text{看涨期权}, \\ (K-S)^+, & \text{看跌期权}, \end{cases}$$

$$V|_{S=0} = \begin{cases} 0, & \text{看涨期权}, \\ K, & \text{看跌期权}. \end{cases} \tag{25.6}$$

对上述问题作自变量代换. 令

$$x \doteq \ln S, \quad \tau \doteq T - t, \tag{25.7}$$

则 (25.5) 和 (25.6) 转化为如下常系数抛物型方程的 Cauchy 问题:

$$\frac{\partial V}{\partial \tau} - \frac{1}{2}\sigma^2 \frac{\partial^2 V}{\partial x^2} - \left(r - \frac{\sigma^2}{2}\right)\frac{\partial V}{\partial x} + rV = 0, \tag{25.8}$$

$$V|_{\tau=0} = \begin{cases} (\mathrm{e}^x - K)^+, & \text{看涨期权}, \\ (K - \mathrm{e}^x)^+, & \text{看跌期权}. \end{cases} \tag{25.9}$$

再作变换

$$V = u\mathrm{e}^{\alpha\tau+\beta x}, \tag{25.10}$$

我们希望通过选取适当的参数 α 和 β, 使得 (25.8) 转化为标准的热方程. 由于

$$V_\tau = \mathrm{e}^{\alpha\tau+\beta x}(u_\tau + \alpha u), \quad V_x = \mathrm{e}^{\alpha\tau+\beta x}(u_x + \beta u),$$

$$V_{xx} = \mathrm{e}^{\alpha\tau+\beta x}(u_{xx} + 2\beta u_x + \beta^2 u),$$

将它们代入 (25.8), 消去 $\mathrm{e}^{\alpha\tau+\beta x}$, 就得到

$$u_\tau - \frac{\sigma^2}{2}u_{xx} - \left[\beta\sigma^2 + r - \frac{\sigma^2}{2}\right]u_x + \left[r - \beta\left(r - \frac{\sigma^2}{2}\right) - \frac{\sigma^2}{2}\beta^2 + \alpha\right]u = 0.$$

为了使 u_x 的系数为零, 即 $\beta\sigma^2 + r - \frac{\sigma^2}{2} = 0$, 令

$$\beta = \frac{1}{2} - \frac{r}{\sigma^2}.$$

同理, 为了使 u 的系数为零, 代入上式 β 的取值, 就需要取

$$\alpha = -r + \beta\left(r - \frac{\sigma^2}{2}\right) + \frac{\sigma^2}{2}\beta^2 = -r - \frac{1}{2\sigma^2}\left(r - \frac{\sigma^2}{2}\right)^2.$$

于是方程 (25.8) 变为

$$\frac{\partial u}{\partial \tau} - \frac{\sigma^2}{2}\frac{\partial^2 u}{\partial x^2} = 0,\tag{25.11}$$

相应的初值变为 (以看涨期权为例)

$$u|_{\tau=0} = \mathrm{e}^{-\beta x}\, V|_{\tau=0} = \mathrm{e}^{-\beta x}\,(\mathrm{e}^x - K)^+ \triangleq \varphi(x).\tag{25.12}$$

我们知道, 热方程初值问题的解可表示为

$$u(x,\tau) = \int_{-\infty}^{+\infty} K(x-\xi,\tau)\varphi(\xi)\,\mathrm{d}\xi,$$

其中 $\varphi(\xi)$ 是初值, $K(x-\xi,\tau)$ 是 (25.11) 的基本解 (Gauss 核):

$$K(x-\xi,\tau) = \frac{1}{\sigma\sqrt{2\pi\tau}}\mathrm{e}^{-\frac{(x-\xi)^2}{2\sigma^2\tau}}.$$

那么初值问题 (25.11) 和 (25.12) 的解可写为

$$u(x,\tau) = \int_{-\infty}^{+\infty} \frac{1}{\sigma\sqrt{2\pi\tau}}\mathrm{e}^{-\frac{(x-\xi)^2}{2\sigma^2\tau}}\left[\mathrm{e}^{-\beta\xi}\left(\mathrm{e}^\xi - K\right)^+\right]\mathrm{d}\xi$$
$$= \int_{\ln K}^{+\infty} \frac{1}{\sigma\sqrt{2\pi\tau}}\mathrm{e}^{-\frac{(x-\xi)^2}{2\sigma^2\tau}}\left[\mathrm{e}^{(1-\beta)\xi} - K\mathrm{e}^{-\beta\xi}\right]\mathrm{d}\xi,$$

其中 $\beta = -\frac{1}{\sigma^2}\left(r - \frac{\sigma^2}{2}\right)$.

代回到原来的变量 $V(x,\tau)$, 得到

$$V(x,\tau) = \mathrm{e}^{-r\tau - \frac{1}{2\sigma^2}(r-\frac{\sigma^2}{2})^2\tau - \frac{1}{\sigma^2}(r-\frac{\sigma^2}{2})x}u(x,\tau) \doteq I_1 + I_2,$$

其中

$$I_1 = \frac{1}{\sigma\sqrt{2\pi\tau}}\int_{\ln K}^{+\infty}\exp\left[-\frac{(x-\xi)^2}{2\sigma\tau} + \left(\frac{1}{2}+\frac{r}{\sigma^2}\right)\xi - r\tau - \frac{\tau+2x}{2\sigma^2}\left(r-\frac{\sigma^2}{2}\right)\right]\mathrm{d}\xi$$
$$= \frac{1}{\sigma\sqrt{2\pi\tau}}\int_{\ln K}^{+\infty}\exp\left\{-\frac{(x-\xi)^2}{2\sigma\tau} + \frac{\tau(\sigma^2+2r)\xi}{2\sigma^2\tau} - \frac{2\sigma^2\tau^2 r}{2\sigma^2\tau}\right.$$
$$\left.-\frac{\left[\tau\left(r-\frac{\sigma^2}{2}\right)\right]^2}{2\sigma^2\tau} - \frac{\tau(2r-\sigma^2)x}{2\sigma^2\tau}\right\}\mathrm{d}\xi$$

$$
= \frac{1}{\sigma\sqrt{2\pi\tau}} \int_{\ln K}^{+\infty} \exp\left\{ -\frac{(x-\xi)^2}{2\sigma\tau} + \frac{(\sigma^2+2r)\tau(\xi-x)}{2\sigma^2\tau} + x - \frac{\left[\tau\left(r+\frac{\sigma^2}{2}\right)\right]^2}{2\sigma^2\tau} \right\} d\xi
$$

$$
= \frac{e^x}{\sigma\sqrt{2\pi\tau}} \int_{\ln K}^{+\infty} \exp\left\{ -\frac{\left[x-\xi+\tau\left(r+\frac{\sigma^2}{2}\right)\right]^2}{2\sigma^2\tau} \right\} d\xi
$$

$$
= \frac{e^x}{\sigma\sqrt{2\pi\tau}} \int_{-\infty}^{x-\ln K+\left(r+\frac{\sigma^2}{\tau}\right)} e^{-\frac{1}{2}\left(\frac{\eta}{\sqrt{\tau}\sigma}\right)^2} d\eta \quad \left(\eta \doteq x - \xi + \left(r+\frac{\sigma^2}{2}\right)\right).
$$

记 $N(x) \doteq \dfrac{1}{\sqrt{2\pi}} \displaystyle\int_{-\infty}^{x} e^{-\frac{s^2}{2}} ds$ 为标准正态分布的概率分布函数, 则

$$
I_1 = e^x N\left(\frac{x - \ln K + \left(r+\frac{\sigma^2}{2}\right)\tau}{\sigma\sqrt{\tau}} \right).
$$

同理

$$
I_2 = -Ke^{-r\tau} N\left(\frac{x - \ln K + \left(r-\frac{\sigma^2}{2}\right)\tau}{\sigma\sqrt{\tau}} \right).
$$

代回到原来的自变量 (S, t), 就有

$$
V(S, t) = SN\left(\frac{\ln S - \ln K + \left(r+\frac{\sigma^2}{2}\right)(T-t)}{\sigma\sqrt{T-t}} \right)
$$

$$
- Ke^{-r(T-t)} N\left(\frac{\ln S - \ln K + \left(r-\frac{\sigma^2}{2}\right)(T-t)}{\sigma\sqrt{T-t}} \right).
$$

令

$$
d_1 = \frac{\ln\dfrac{S}{K} + \left(r+\frac{\sigma^2}{2}\right)(T-t)}{\sigma\sqrt{T-t}}, \quad d_2 = d_1 - \sigma\sqrt{T-t}, \tag{25.13}
$$

就得到了欧式看涨期权定价的 Black-Scholes 公式:

$$V(S, t) = SN(d_1) - Ke^{-r(T-t)}N(d_2). \tag{25.14}$$

25.3   Black-Scholes 公式的推广: 支付红利情形

1. 考虑支付红利的 Black-Scholes 方程

假设

(a) 原生资产价格演化服从随机微分方程

$$\frac{dS_t}{S_t} = r(t)dt + \sigma(t)dW_t; \tag{25.15}$$

(b) 无风险利率为 $r = r(t)$;

(c) 原生资产要连续支付股息 (红利), 红利率为 $q(t)$;

(d) 不支付交易费和税收;

(e) 不存在套利机会.

利用上述 Δ-对冲投资组合, 选取份额 Δ, 使得 $\Pi = V - \Delta \cdot S$ 在 $[t, t+dt]$ 内是无风险的, 即

$$\Pi_{t+dt} - \Pi_t = r\Pi_t dt.$$

设 $\Delta = \Delta_t$ 在 $[t, t+dt]$ 时间段保持不变, 考虑到支付股息 (即下面的最后一项), 则

$$\Pi_{t+dt} = V_{t+dt} - \Delta_t S_{t+dt} - \Delta_t S_t q_t dt.$$

故代回 (25.2), 成立

$$dV_t - \Delta_t dS_t = r_t \Pi_t dt + \Delta_t S_t q_t dt.$$

利用 Itô 公式, 并取 $\Delta_t = \dfrac{\partial V}{\partial S}$ 消掉随机项, 即得

$$\left(\frac{\partial V}{\partial t} + \frac{\sigma^2(t)}{2}S^2\frac{\partial^2 V}{\partial S^2}\right)dt = r(t)\left(V - S\frac{\partial V}{\partial S}\right)dt + q(t)S\frac{\partial V}{\partial S}dt.$$

消去 dt, 得到 V 满足的偏微分方程:

$$\frac{\partial V}{\partial t} + \frac{\sigma^2(t)}{2}S^2\frac{\partial^2 V}{\partial S^2} + (r(t) - q(t))S\frac{\partial V}{\partial S} - r(t)V = 0.$$

这就是考虑支付红利时期权定价的 Black-Scholes 方程.

2. 支付红利情形的 Black-Scholes 定价公式

为了确定带红利情形的期权价格 (以看涨期权为例), 需要求解以下定解问题:

$$\frac{\partial V}{\partial t} + \frac{\sigma^2(t)}{2} S^2 \frac{\partial^2 V}{\partial S^2} + (r(t) - q(t))S\frac{\partial V}{\partial S} - r(t)V = 0, \qquad (25.16)$$

$$V|_{t=T} = (S - K)^+ \quad (0 \leqslant S < \infty). \qquad (25.17)$$

为此, 设

$$u = V\mathrm{e}^{\beta(t)}, \quad y = S\mathrm{e}^{\alpha(t)}, \qquad (25.18)$$

要通过选取适当的 $\alpha(t)$, $\beta(t)$, 消去 (25.16) 中的 $\dfrac{\partial V}{\partial S}$ 和 V 两项.

利用标准的链式法则, 可得

$$\frac{\partial u}{\partial t} + \frac{\sigma^2(t)}{2} y^2 \frac{\partial^2 u}{\partial y^2} + \Big\{ [r(t) - q(t)] + \alpha'(t) \Big\} y\frac{\partial u}{\partial y} - [r(t) + \beta'(t)] u = 0.$$

置 $\alpha(t)$, $\beta(t)$ 是下列常微分方程组初值问题的解:

$$\begin{cases} \dfrac{\mathrm{d}\alpha}{\mathrm{d}t} + r(t) - q(t) = 0, & \dfrac{\mathrm{d}\beta}{\mathrm{d}t} + r(t) = 0, \\ \alpha(T) = \beta(T) = 0. \end{cases}$$

那么

$$\alpha(t) = \int_t^T [r(\tau) - q(\tau)]\mathrm{d}\tau, \quad \beta(t) = \int_t^T r(\tau)\mathrm{d}\tau. \qquad (25.19)$$

从而定解问题 (25.16) 和 (25.17) 转化为 (注意 $\mathrm{e}^{\beta(T)} = \mathrm{e}^{\alpha(T)} = 1$)

$$\frac{\partial u}{\partial t} + \frac{\sigma^2(t)}{2} y^2 \frac{\partial^2 u}{\partial y^2} = 0, \quad u|_{t=T} = V\,\mathrm{e}^{\beta(t)}\big|_{t=T} = (y - K)^+. \qquad (25.20)$$

定义

$$\tau = \int_0^t \sigma^2(s)\mathrm{d}s, \quad \hat{T} = \int_0^T \sigma^2(t)\mathrm{d}t,$$

则 (25.20) 可以改写为

$$\frac{\partial u}{\partial \tau} + \frac{1}{2} y^2 \frac{\partial^2 u}{\partial y^2} = 0, \quad u|_{\tau=\hat{T}} = (y - K)^+.$$

对比问题 (25.5), 在经典的 Black-Scholes 公式 (25.14) 中取 $\sigma = 1$, $r = 0$, $T = \hat{T}$, $t = \tau$, 可得

$$u(y, \tau) = yN\left(\hat{d}_1\right) - KN\left(\hat{d}_2\right),$$

其中

$$\hat{d}_1 = \frac{\ln\dfrac{y}{K} + \dfrac{1}{2}(\hat{T} - \tau)}{\sqrt{\hat{T} - r}}, \quad \hat{d}_2 = \hat{d}_1 - \sqrt{\hat{T} - \tau}.$$

代回到原先的变量, 我们得到了支付红利情形欧式看涨期权的定价公式

$$V(S, t) = Se^{-\int_t^T q(\tau)\mathrm{d}\tau}N\left(\hat{d}_1\right) - Ke^{-\int_t^T r(\tau)\mathrm{d}\tau}N\left(\hat{d}_2\right),$$

其中

$$\hat{d}_1 = \frac{\ln\dfrac{S}{K} + \displaystyle\int_t^T \left[r(\tau) - q(r) + \frac{\sigma^2(\tau)}{2}\right]\mathrm{d}\tau}{\sqrt{\displaystyle\int_t^T \sigma^2(\tau)\mathrm{d}\tau}},$$

$$\hat{d}_2 = \hat{d}_1 - \sqrt{\int_t^T \sigma^2(\tau)\mathrm{d}\tau}.$$

25.4 Black-Scholes 方程的数值求解: 差分格式

由于 Black-Scholes 公式形式比较复杂, 在实际应用中利用它计算定价未必容易. 这一节我们简要介绍如何用有限差分法数值求解 Black-Scholes 方程.

有限差分法是通过用差商代替微商, 将方程及定解条件离散化.

如果函数 $y = f(x)$ 充分光滑, 那么有以下几种经典的形式, 来用差商近似 $f'(x)$ 和 $f''(x)$:

$$f'(x) \sim \frac{f(x + \Delta x) - f(x)}{\Delta x} \doteq \left(\frac{\Delta f}{\Delta x}\right)_f,$$

$$f'(x) \sim \frac{f(x) - f(x - \Delta x)}{\Delta x} \doteq \left(\frac{\Delta f}{\Delta x}\right)_b,$$

$$f'(x) \sim \frac{f(x + \Delta x) - f(x - \Delta x)}{2\Delta x} \doteq \left(\frac{\Delta f}{\Delta x}\right)_c,$$

$$f''(x) \sim \frac{f(x + \Delta x) - 2f(x) + f(x - \Delta x)}{(\Delta x)^2} \doteq \left(\frac{\Delta^2 f}{(\Delta x)^2}\right)_c,$$

它们分别称为前向差分、后向差分、中心差分和二阶中心差分. 由 Taylor 展开, 可验证以下误差估计成立:

$$\left| f'(x) - \left(\frac{\Delta f}{\Delta x} \right)_f \right| = O(\Delta x),$$

$$\left| f'(x) - \left(\frac{\Delta f}{\Delta x} \right)_b \right| = O(\Delta x),$$

$$\left| f'(x) - \left(\frac{\Delta f}{\Delta x} \right)_c \right| = O((\Delta x)^2),$$

$$\left| f''(x) - \left(\frac{\Delta^2 f}{(\Delta x)^2} \right)_c \right| = O((\Delta x)^2).$$

1. 热方程的显式差分格式

建立偏微分方程的近似差分方程有多种方法. 从求解的方式来划分, 可以分为两大类: 一类是显式差分格式, 求解的过程是显式的, 通过直接运算求出近似解值; 另一类是隐式差分格式, 求解的每一步都包含求解一个代数方程组. 为了说明这一点, 我们考虑如下典型问题:

$$\begin{cases} \dfrac{\partial u}{\partial t} - a^2 \dfrac{\partial^2 u}{\partial x^2} = 0, & 0 \leqslant x < \infty, \ \ 0 \leqslant t \leqslant T, \\ u(0, t) = g(t), & 0 \leqslant t \leqslant T, \\ u(x, 0) = \varphi(x), & 0 \leqslant x < \infty. \end{cases} \tag{25.21}$$

首先在区域 $\{ 0 \leqslant x < \infty, 0 \leqslant t \leqslant T \}$ 上作一个网格: 以间距 Δx 等分半直线 $0 \leqslant x < \infty$, 以间距 Δt 等分线段 $0 \leqslant t \leqslant T$. 记网格点为 (x_m, t_n):

$$x_m = m\Delta x \ (0 \leqslant m < \infty); \quad t_n = n\Delta t \left(0 \leqslant n \leqslant N, N = \frac{T}{\Delta t} \right).$$

将函数 $u(x, t)$ 在每个网格点 (x_m, t_n) 上的值记为

$$u_m^n \doteq u(x_m, t_n) \quad (m = 0, 1, \cdots; n = 0, 1, \cdots, N).$$

作如下差分格式:

$$\begin{cases} \left(\dfrac{\Delta u}{\Delta t} \right)_f - a^2 \left(\dfrac{\Delta^2 u}{(\Delta x)^2} \right)_c = 0, \\ u_0^n = g(t_n), \quad u_m^0 = \varphi(x_m), \end{cases}$$

即

$$\begin{cases} \left(\dfrac{u_m^{n+1} - u_m^n}{\Delta t}\right) - a^2 \left(\dfrac{u_{m+1}^n - 2u_m^n + u_{m-1}^n}{(\Delta x)^2}\right) = 0, \\ u_0^n = g(t_n), \quad u_m^0 = \varphi(x_m). \end{cases} \tag{25.22}$$

由初始条件, 当 $n = 0$ 时, u 的值是已知的. 如果当 $t = t_n$ 时, u_m^n $(m \geqslant 0)$ 的值已知, 则从 (25.22) 可得到计算公式 $\left(\text{其中 } \alpha \doteq \dfrac{\Delta t}{(\Delta x)^2} a^2\right)$

$$u_m^{n+1} = (1 - 2\alpha)u_m^n + \alpha u_{m+1}^n + \alpha u_{m-1}^n, \quad u_0^{n+1} = g(t_{n+1}). \tag{25.23}$$

通过直接计算, 得到当 $t = t_{n+1}$ 时 u 的所有近似值 u_m^{n+1} $(m > 0)$. 依次类推, 就可得到所有 u_m^n 的值. 这就是一个典型的显式差分算法. 显式差分格式虽然计算简单, 但可以证明, 只有当 $0 < \alpha < \dfrac{1}{2}$ 时这个格式才是稳定的, 此时才可以一直迭代算到 $t = T$.

2. Black-Scholes 方程的显式差分格式

现在用显式差分格式来计算支付红利情形下的欧式看涨期权的价格, 即考虑定解问题 (其中 $x = \ln S$):

$$\frac{\partial V}{\partial t} + \frac{\sigma^2}{2}\frac{\partial^2 V}{\partial x^2} + \left(r - q - \frac{\sigma^2}{2}\right)\frac{\partial V}{\partial x} - rV = 0, \tag{25.24}$$

$$V|_{t=T} = (\mathrm{e}^x - K)^+. \tag{25.25}$$

在 $\{-\infty < x < \infty, \ 0 \leqslant t \leqslant T\}$ 上, 建立网格:

$$x_m = m\Delta x \ (-\infty \leqslant m < \infty), \quad t_n = n\Delta t \left(0 \leqslant n \leqslant N, N = \frac{T}{\Delta t}\right),$$

并定义 $V_m^n \doteq V(x_m, t_n)$. 对 (25.24)和(25.25) 离散化 (注意这是一个倒向的抛物型方程):

$$\frac{V_m^{n+1} - V_m^n}{\Delta t} + \frac{\sigma^2}{2}\frac{V_{m+1}^{n+1} - 2V_m^{n+1} + V_{m-1}^{n+1}}{(\Delta x)^2}$$

$$+ \left(r - q - \frac{\sigma^2}{2}\right)\frac{V_{m+1}^{n+1} - V_{m-1}^{n+1}}{2\Delta x} - rV_m^n = 0, \tag{25.26}$$

$$V_m^N = \left(\mathrm{e}^{m\Delta x} - K\right)^+. \tag{25.27}$$

其中 V_m^N 的值是已知的. 假如 V_m^{n+1} 的值已知 (其中 $-\infty < m < \infty$), 那么由上式可得到当 $t = t_n = n\Delta t$ 时, V_m^n 的值为

$$V_m^n = \frac{1}{1 + r\Delta t}\left[\left(1 - \frac{\sigma^2\Delta t}{(\Delta x)^2}\right)V_m^{n+1} + \left(\frac{\sigma^2\Delta t}{2(\Delta x)^2} + \frac{1}{2}\left(r - q - \frac{\sigma^2}{2}\right)\frac{\Delta t}{\Delta x}\right)V_{m+1}^{n+1}\right.$$
$$\left. + \left(\frac{\sigma^2\Delta t}{2(\Delta x)^2} - \frac{1}{2}\left(r - q - \frac{\sigma^2}{2}\right)\frac{\Delta t}{\Delta x}\right)V_{m-1}^{n+1}\right]. \tag{25.28}$$

所以格式 (25.26)和(25.27) 是一个显式差分格式. 可以证明如下定理:

定理 1　设 $\alpha = \sigma^2\dfrac{\Delta t}{(\Delta x)^2}$, 则当 $\alpha \leqslant 1$ 且 $1 - \dfrac{1}{\sigma^2}\left|r - q - \dfrac{\sigma^2}{2}\right|\Delta x \geqslant 0$ 时, 格式 (25.26)和(25.27) 是稳定的.

习题 1　推导欧式看跌期权的 Black-Scholes 公式.

习题 2　利用显式差分格式进行数值计算, 考虑支付红利情形下的欧式看涨期权的价格.

第 26 讲　随机微分方程的数值求解方法

CHAPTER

对随机微分方程

$$\mathrm{d}X = F(X)\,\mathrm{d}t + G(X)\,\mathrm{d}W(t), \quad X(0) = X_0, \ t \in [0, T] \tag{26.1}$$

的解 $X(t)$, 我们也常记作 X_t. 类似地, Brown 运动 $W(t)$ 也写作 W_t. 请读者注意, 不要将 X_t 理解为偏导数 $\partial_t X(t)$. 这一讲我们简要介绍数值求解 X_t 的方法. 下述概念刻画了数值方法构造的近似解的准确程度.

定义 1 (强收敛)　一个数值方法称为 $\gamma\,(>0)$ 阶强收敛的, 如果对任意确定的 $\tau = n\Delta t \in [0, T]$, 由其得到的近似解 X_n 满足: 存在正的常数 C, 使得 $\mathbb{E}[|X_n - X_\tau|] \leqslant C(\Delta t)^\gamma$, 其中 C 不依赖于 Δt.

定义 2 (弱收敛)　一个数值方法称为 $\gamma\,(>0)$ 阶弱收敛的, 如果对任意确定的 $\tau = n\Delta t \in [0, T]$, 由其得到的近似解 X_n 满足: 对任意多项式 g, 存在正的常数 C, 使得 $|\mathbb{E}g(X_n) - \mathbb{E}g(X_\tau)| \leqslant C(\Delta t)^\gamma$, 其中 C 不依赖于 Δt.

26.1　显式数值方法

为了把 Itô 随机积分用 Riemann 和代替, 来作近似计算, 需要如下的称为随机 Taylor 展开的技巧.

1. 随机 Taylor 展开

对任意的二阶连续可微函数 $u: \mathbb{R} \to \mathbb{R}$ 及随机微分方程 (26.1) 的解 X_t, 由 Itô 公式,

$$u(X_t) = u(X_{t_0}) + \int_{t_0}^t \left(F(X_s)u'(X_s) + \frac{1}{2}G^2(X_s)u''(X_s) \right) \mathrm{d}s$$

$$+ \int_{t_0}^t G(X_s)u'(X_s)\,\mathrm{d}W_s. \tag{26.2}$$

引入算子 L^0 及 L^1:

$$L^0 u \doteq Fu' + \frac{1}{2}G^2 u'', \quad L^1 u \doteq Gu',$$

则 (26.2) 可以简写为

$$u(X_t) = u(X_{t_0}) + \int_{t_0}^t L^0 u(X_s)\, \mathrm{d}s + \int_{t_0}^t L^1 u(X_s)\, \mathrm{d}W_s. \tag{26.3}$$

另外, 由于 X_t 是 (26.1) 的解, 即

$$X_t = X_{t_0} + \int_{t_0}^t F(X_s)\, \mathrm{d}s + \int_{t_0}^t G(X_s)\, \mathrm{d}W_s, \tag{26.4}$$

将 (26.2) 中的 u 分别取作 $u = F$ 及 $u = G$, 并代入 (26.4), 可得

$$
\begin{aligned}
X_t &= X_{t_0} + \int_{t_0}^t \left(F(X_{t_0}) + \int_{t_0}^s L^0 F(X_z)\, \mathrm{d}z + \int_{t_0}^s L^1 F(X_z)\, \mathrm{d}W_z \right) \mathrm{d}s \\
&\quad + \int_{t_0}^t \left(G(X_{t_0}) + \int_{t_0}^s L^0 G(X_z)\, \mathrm{d}z + \int_{t_0}^s L^1 G(X_z)\, \mathrm{d}W_z \right) \mathrm{d}W_s \\
&= X_{t_0} + F(X_{t_0}) \int_{t_0}^t \mathrm{d}s + G(X_{t_0}) \int_{t_0}^t \mathrm{d}W_s + R,
\end{aligned} \tag{26.5}
$$

其中 R 是余项:

$$
\begin{aligned}
R &\doteq \int_{t_0}^t \int_{t_0}^s L^0 F(X_z)\, \mathrm{d}z\, \mathrm{d}s + \int_{t_0}^t \int_{t_0}^s L^1 F(X_z)\, \mathrm{d}W_z\, \mathrm{d}s \\
&\quad + \int_{t_0}^t \int_{t_0}^s L^0 G(X_z)\, \mathrm{d}z\, \mathrm{d}W_s + \int_{t_0}^t \int_{t_0}^s L^1 G(X_z)\, \mathrm{d}W_z \mathrm{d}W_s.
\end{aligned} \tag{26.6}
$$

将 (26.2) 中的 u 用 $L^1 G$ 代替, 代入到 (26.6) 中的最后一项 (按对 Itô 随机积分的直观理解, 这一项还是 $\mathrm{d}t$ 量级的, 所以要得到一阶精度的离散格式, 就还要展开这一项), 则 (26.5) 变为

$$
\begin{aligned}
X_t &= X_{t_0} + F(X_{t_0}) \int_{t_0}^t \mathrm{d}s + G(X_{t_0}) \int_{t_0}^t \mathrm{d}W_s \\
&\quad + L^1 G(X_{t_0}) \int_{t_0}^t \int_{t_0}^s \mathrm{d}W_z\, \mathrm{d}W_s + \bar{R} \\
&= X_{t_0} + F(X_{t_0}) \int_{t_0}^t \mathrm{d}s + G(X_{t_0}) \int_{t_0}^t \mathrm{d}W_s \\
&\quad + G(X_{t_0}) G'(X_{t_0}) \int_{t_0}^t \int_{t_0}^s \mathrm{d}W_z\, \mathrm{d}W_s + \bar{R},
\end{aligned} \tag{26.7}
$$

其中 $\bar{R}$ 是余项:

$$\bar{R} \doteq \int_{t_0}^{t}\int_{t_0}^{s} L^0 F(X_z)\,\mathrm{d}z\,\mathrm{d}s + \int_{t_0}^{t}\int_{t_0}^{s} L^1 F(X_z)\mathrm{d}W_z\,\mathrm{d}s$$

$$+ \int_{t_0}^{t}\int_{t_0}^{s} L^0 G(X_z)\,\mathrm{d}z\,\mathrm{d}W_s$$

$$+ \int_{t_0}^{t}\int_{t_0}^{s}\int_{t_0}^{z} L^0 L^1 G(X_v)\,\mathrm{d}v\,\mathrm{d}W_z\,\mathrm{d}W_s$$

$$+ \int_{t_0}^{t}\int_{t_0}^{s}\int_{t_0}^{z} L^1 L^1 G(X_v)\,\mathrm{d}W_v\,\mathrm{d}W_z\,\mathrm{d}W_s. \tag{26.8}$$

可用类似的方法将上述表达式展开成更多项.

2. Euler-Maruyama 方法、Milstein 方法和显式 Runge-Kutta 方法

下面介绍求解随机微分方程 (26.1) 的数值方法. 首先把时间区间 $[0, T]$ 离散化. 选取自然数 N 以确定时间步长 $\Delta t \doteq T/N$, 令 $\tau_n = n\Delta t$, 得到离散的时间点 $0 = \tau_0 < \tau_1 < \cdots < \tau_n < \cdots < \tau_N = T$.

欧拉-丸山 (Euler-Maruyama) 格式

将 (26.5) 中的 t_0 和 t 分别取为 $\tau_n = n\Delta t$ 和 τ_{n+1}, 忽略余项 R, 就得到如下 Euler-Maruyama 格式 (其中 $\Delta W_n \doteq W_{\tau_{n+1}} - W_{\tau_n}$, $X_n \doteq X(\tau_n)$):

$$X_{n+1} = X_n + F(X_n)\Delta t + G(X_n)\Delta W_n, \quad n = 0,\ 1,\ \cdots,\ N-1. \tag{26.9}$$

可以证明 Euler-Maruyama 格式是 $\frac{1}{2}$ 阶强收敛的, 1 阶弱收敛的.

米尔斯坦 (Milstein) 格式

为了将 (26.7) 离散化, 需要计算

$$\int_{\tau_n}^{\tau_{n+1}}\int_{\tau_n}^{s} \mathrm{d}W_z\,\mathrm{d}W_s = \int_{\tau_n}^{\tau_{n+1}} (W_s - W_{\tau_n})\,\mathrm{d}W_s$$

$$= \int_{\tau_n}^{\tau_{n+1}} W_s\,\mathrm{d}W_s - W_{\tau_n}\Delta W_n = \frac{W_{\tau_{n+1}}^2 - W_{\tau_n}^2}{2} - \frac{\Delta t}{2} - W_{\tau_n}\Delta W_n$$

$$= \frac{W_{\tau_{n+1}} + W_{\tau_n}}{2}\Delta W_n - \frac{\Delta t}{2} - W_{\tau_n}\Delta W_n = \frac{W_{\tau_{n+1}} - W_{\tau_n}}{2}\Delta W_n - \frac{\Delta t}{2}$$

$$= \frac{1}{2}((\Delta W_n)^2 - \Delta t),$$

由此得到 Milstein 格式

$$X_{n+1} = X_n + F(X_n)\Delta t + G(X_n)\Delta W_n + \frac{1}{2}G(X_n)G'(X_n)((\Delta W_n)^2 - \Delta t),$$

它是 1 阶强收敛的.

一阶显式龙格-库塔 (Runge-Kutta) 格式

注意 $\Delta W_n \sim N(0, \Delta t)$. 一阶显式 Runge-Kutta 格式如下:

$$X_{n+1} = X_n + F(X_n)\Delta t + G(X_n)\Delta W_n$$
$$+ \frac{1}{2\sqrt{\Delta t}}\big[G\big(X_n + F(X_n)\Delta t + G(X_n)\sqrt{\Delta t}\big) - G(X_n)\big]\big((\Delta W_n)^2 - \Delta t\big).$$

与 Milstein 格式相比, Runge-Kutta 格式的好处在于避免了计算导数 G'. 更高精度的显式格式可参看 [29, 第 11 章].

26.2　隐式数值方法

1. 后向 Euler 方法与随机 theta 方法

后向 Euler 格式也称为半隐式 Euler 格式 (请对比 (26.9) 式, 思考其中 $G(X_n)$ 为什么没有换为 $G(X_{n+1})$?)

$$X_{n+1} = X_n + F(X_{n+1})\Delta t + G(X_n)\Delta W_n.$$

下述随机 theta 方法是将 Euler-Maruyama 格式的 $(1 - \theta)$ 倍与后向 Euler 格式的 θ 倍相加得到的:

$$X_{n+1} = X_n + (1 - \theta)F(X_n)\Delta t + \theta F(X_{n+1})\Delta t + G(X_n)\Delta W_n.$$

这里 $\theta \in [0, 1]$ 可任意选取. 当 $\theta = 0$ 时即得到 Euler-Maruyama 格式, 当 $\theta = 1$ 时即得到后向 Euler 格式.

2. 隐式 Milstein 方法

隐式 Milstein 格式是将 Milstein 格式中的 $F(X_n)\Delta t$ 项用 $F(X_{n+1})\Delta t$ 代替得到的:

$$X_{n+1} = X_n + F(X_{n+1})\Delta t + G(X_n)\Delta W_n + \frac{1}{2}G(X_n)G'(X_n)((\Delta W_n)^2 - \Delta t).$$

3. 隐式 Runge-Kutta 方法

下述就是一个一阶隐式 Runge-Kutta 格式:

$$X_{n+1} = X_n + F(X_{n+1})\Delta t + G(X_n)\Delta W_n$$
$$+ \frac{1}{2\sqrt{\Delta t}}\Big[G\big(X_n + F(X_n)\Delta t + G(X_n)\sqrt{\Delta t}\big) - G(X_n)\Big][(\Delta W_n)^2 - \Delta t].$$

4. 预估-校正方法

隐式格式与同类显式格式相比, 有较高阶的收敛性和更好的稳定性, 但是隐式格式中 X_{n+1} 一般不能直接通过运算得到, 需要再通过迭代方法或解非线性方程才能算出 X_{n+1}, 这往往导致极大的运算量. 一个自然的想法是找一个合适的显式格式来作为隐式格式的预估值, 然后用隐式格式对预估值进行校正, 求出 X_{n+1}. 这样的格式称为预估-校正格式. 例如用显式 Euler 格式做预估, 隐式 Milstein 格式作校正, 即可得到如下格式.

$$\tilde{X}_{n+1} = X_n + F(X_n)\Delta t + G(X_n)\Delta W_n,$$

$$X_{n+1} = X_n + F(\tilde{X}_{n+1})\Delta t + G(X_n)\Delta W_n + \frac{1}{2}\,G(X_n)G'(X_n)((\Delta W_n)^2 - \Delta t).$$

26.3　Brown 运动及随机微分方程的数值模拟

要利用上面介绍的差分格式数值计算随机微分方程的解, 就需要模拟 Brown 运动, 特别是其增量 ΔW_n. 本节介绍一些基本的方法.

1. $[0, 1]$ 上均匀分布随机变量的模拟

对 $[0, 1]$ 上的均匀分布, 最简单的方法就是利用线性迭代来模拟. 例如, 定义整数序列:

$$X_0 \in \{0, 1, \cdots, m-1\}, \quad X_{n+1} = aX_n + b \bmod m.$$

这里符号 $\bmod$ 表示同余, 即 $a = b \bmod m$ 表示自然数 $a \in \{0, 1, \cdots, m-1\}$, 且 $a - b$ 是 m 的倍数. 人们常用 $\{X_n/m\}_{n=0}^{m-1}$ (称为伪随机数) 作为 $[0, 1]$ 上均匀分布的随机变量的近似值. 为获得满意的结果, 需要仔细地选取整数 a, b, m. 例如取 $a = 31415821$, $b = 1$, $m = 10^8$.

注意, 随机模拟要取得好的效果, 关键是要大量重复试验. 例如, 模拟一个均匀分布的随机变量 X, 就在第 n 次模拟计算时取它的值为上述 X_n/m. 基于大数定律, 就可以通过对这些模拟的结果取算术平均而得到需要的期望值.

2. 正态分布随机变量的模拟

经典的对正态分布的模拟是建立在如下概率论定理基础上的: 设 U_1, U_2 是两个服从 $[0, 1]$ 上均匀分布的随机变量, 则 $\sqrt{-2\ln(U_1)}\cos(2\pi U_2)$ 是一个服从标准正态分布 $N(0, 1)$ 的随机变量. 为模拟均值为 m, 方差为 σ 的正态分布, 引入 $X = m + \sigma g$, 其中 g 是一个标准的正态分布随机变量.

3. Brown 运动的模拟

有两种模拟 Brown 运动 $\{W_t\}_{t\geqslant 0}$ 的方法. 第一种方法是轨道"重新标准化": 记 $(X_i)_{i\geqslant 0}$ 是一列独立同分布的随机变量, 其概率分布是 $\mathbb{P}(X_i = 1) = \dfrac{1}{2}$, $\mathbb{P}(X_i = -1) = \dfrac{1}{2}$, 则 $\mathbb{E}(X_i) = 0$, $\mathbb{E}(X_i^2) = 1$. 记 $S_n = X_1 + \cdots + X_n$, 可利用随机过程 $\{X_t^n\}_{t\geqslant 0}$ 来近似 Brown 运动. 此处 $X_t^n = \dfrac{1}{\sqrt{n}} S_{[nt]}$, 符号 $[x]$ 表示不大于 x 的最大整数. 这由如下定理保证.

定理 1　设 $\{W_t\}_{t\geqslant 0}$ 是一个标准 Brown 运动, $\{X_i\}_{i\geqslant 1}$ 是独立随机变量的序列, 满足 $\mathbb{P}(X_i = -1) = \mathbb{P}(X_i = 1) = \dfrac{1}{2}$. 记 $S_n = X_1 + X_2 + \cdots + X_n$, 则

(1) 若 $X_t^n = S_{[nt]}/\sqrt{n}$, 则 $n \to \infty$ 时 X_t^n 的分布函数的极限是 W_t 的分布函数, 即 X_t^n 依分布收敛到 W_t;

(2) 对非负的 t 和 s, $X_{t+s}^n - X_t^n$ 独立于 X_t^n, 从而随机向量 (X_{t+s}^n, X_t^n) 依分布收敛于 (W_{t+s}, W_t);

(3) 若 $0 < t_1 < t_2 < \cdots < t_p$, 则 $(X_{t_1}^n, X_{t_2}^n, \cdots, X_{t_p}^n)$ 依分布收敛于 $(W_{t_1}, W_{t_2}, \cdots, W_{t_p})$.

第二种方法基于如下结论: 设 $\{g_i\}_{i\geqslant 0}$ 是服从正态分布的随机变量序列, 对 $\Delta t > 0$, 作

$$S_0 = 0, \quad S_{n+1} - S_n = g_n,$$

则 $\sqrt{\Delta t}S_0, \sqrt{\Delta t}S_1, \cdots, \sqrt{\Delta t}S_n$ 与 $W_0, W_{\Delta t}, \cdots, W_{n\Delta t}$ 具有相同的分布函数. 因此, Brown 运动可以用 $X_t^n = \sqrt{\Delta t}S_{[t/\Delta t]}$ 来近似.

4. 随机微分方程的数值模拟

我们只介绍最基本的 "Euler 法", 其原理如下: 考虑随机微分方程

$$\mathrm{d}X_t = b(X_t)\mathrm{d}t + \sigma(X_t)\mathrm{d}W_t, \quad X_0 = x.$$

用步长 Δt 来离散时间, 可构造如下的离散时间序列:

$$S_{n+1} - S_n = b(S_n)\Delta t + \sigma(S_n)\big(W_{(n+1)\Delta t} - W_{n\Delta t}\big), \quad S_0 = x.$$

设 $X_t^n = S_{[t/\Delta t]}$, 则有如下的估计定理.

定理 2　对任意 $T > 0$, 成立 $\mathbb{E}\left[\sup\limits_{0\leqslant t\leqslant T} |X_t^n - X_t|^2\right] \leqslant C_T\Delta t$, 其中 C_T 是一个仅依赖于 T 的常数.

上面的序列 $(W_{(n+1)\Delta t} - W_{n\Delta t})_{n\geqslant 0}$ 是一个服从正态分布的随机变量序列, 其均值为 0, 方差为 Δt. 在具体模拟时, 常用 $g_n\sqrt{\Delta t}$ 代替 $W_{(n+1)\Delta t} - W_{n\Delta t}$, 其中 $\{g_n\}_{n\geqslant 0}$ 是一个服从标准正态分布的随机变量序列. 从而, 近似序列 $(S'_n)_{n\geqslant 0}$ 就定义为

$$S'_{n+1} = S'_n + \Delta t\, b(S'_n) + \sigma(S'_n)\, g_n\sqrt{\Delta t}, \quad S'_0 = x.$$

下面用该方法模拟几何 Brown 运动, 即模拟方程

$$\mathrm{d}S_t = S_t\,(r\,\mathrm{d}t + \sigma\,\mathrm{d}W_t), \quad S_0 = x$$

的解. 有以下两种方法.

方法一: Euler 估计法. 记

$$S_{n+1} = S_n(1 + r\Delta t + \sigma g_n\sqrt{\Delta t}), \quad S_0 = x,$$

然后用 $S_t^n = S_{[t/\Delta t]}$ 来模拟 S_t.

方法二: 利用解的显式表达式 $S_t = x\exp\left(rt - \dfrac{\sigma^2}{2}t + \sigma W_t\right)$. 与前面模拟 Brown 运动的方法一样, 可用 $\sqrt{\Delta t}\sum\limits_{i=1}^{n}g_i$ 来代替 W_t, 于是得到

$$S_n = x\exp\left[\left(r - \frac{\sigma^2}{2}\right)n\Delta t + \sigma\sqrt{\Delta t}\sum_{i=1}^{n}g_i\right].$$

习题 1 利用 Euler 估计法计算 $\mathbb{E}[\cos(X_1(t) + X_2(t))]$, 其中 $(X_1(t), X_2(t))$ 下列方程组的解:

$$\begin{cases} \mathrm{d}X_1 = -x_2\mathrm{d}t + \mathrm{d}W_1, \\ \mathrm{d}X_2 = -x_1\mathrm{d}t + \mathrm{d}W_2, \\ X_1(0) = 0, \quad X_2(0) = 0. \end{cases}$$

习题 2 对指数方程

$$\mathrm{d}X_t = X_t\mathrm{d}W_t, \quad X_t|_{t=0} = X_0,$$

取 $X_0 = 1$, 给出数值解的图像, 并与精确解对比.

习题 3 对一维问题,

$$\mathrm{d}X_t = rX_t\mathrm{d}t + \sigma X_t\,\mathrm{d}W_t, \quad r, \sigma \in \mathbb{R}, \quad X_t|_{t=0} = X_0,$$

取 $r = 2, \sigma = 1, X_0 = 1$, 模拟数值解, 并与精确解对比.

参 考 文 献

[1] Dineen S. Probability Theory in Finance: A mathematical guide to the Black-Scholes formula. 2nd ed. Graduate Studies in Mathematics, 70. Providence, RI: American Mathematical Society, 2013.

[2] Evans L C. An Introduction to Stochastic Differential Equations. Providence, RI: American Mathematical Society, 2013.

[3] García M A, Griego R J. An elementary theory of stochastic differential equations driven by a Poisson process. Comm. Statist. Stochastic Models, 1994, 10(2): 335–363.

[4] Ikeda N, Watanabe S. Stochastic Differential Equations and Diffusion Processes. 2nd ed. North-Holland Mathematical Library, 24. Amsterdam: North-Holland Publishing Co.; Tokyo: Kodansha, Ltd., 1989.

[5] Walsh J B. Knowing the Odds: An Introduction to Probability. Graduate Studies in Mathematics, 139. Providence, RI: American Mathematical Society, 2012.

[6] 姜礼尚. 期权定价的数学模型和方法. 2 版. 北京: 高等教育出版社, 2008.

[7] Hull J C. Options, Futures and Other Derivatives. 9th ed. Boston: Pearson Education Inc., 2015. (中译本: 约翰·赫尔. 期权、期货及其他衍生产品. 王勇, 索吾林, 译. 北京: 机械工业出版社, 2016.)

[8] Itô K. Stochastic integral. Tokyo: Proc. Imp. Acad. 1944, 20: 519–524.

[9] Kolmogorov A N. Foundations of the Theory of Probability. Translation edited by Nathan Morrison, with an Added Bibliography by A. T. Bharucha-Reid. New York: Chelsea Publishing Co., 1956.

[10] 彭实戈. 非线性期望的理论、方法及意义. 中国科学: 数学, 2017, 47(10): 1223–1254.

[11] Lax P D. Functional Analysis. New York: John Wiley & Sons, 2002.

[12] Karatzas I, Shreve S E. Brownian Motion and Stochastic Calculus. 2nd ed. Graduate Texts in Mathematics, 113. New York: Springer-Verlag, 1991.

[13] Simon B. Real Analysis. A Comprehensive Course in Analysis, Part 1. Providence, RI: American Mathematical Society, 2015.

[14] Stein E M, Shakarchi R. Fourier Analysis: An introduction. Lectures in Analysis, 1. Princeton, NJ: Princeton University Press, 2003.

[15] Stein E M, Shakarchi R. Functional Analysis: Introduction to Further Topics in Analysis. Lectures in Analysis, 4. Princeton, NJ: Princeton University Press, 2011.

[16] 杨静, 龙正武. 布朗运动的启示. 北京: 科学出版社, 2015.

[17] Schuss Z. Theory and Applications of Stochastic Differential Equations. Wiley Series in Probability and Statistics. New York: John Wiley & Sons, Inc., 1980. (中译本: 泽夫·司曲斯. 随机微分方程理论及其应用. 刘永才, 毛士忠, 纽晓鸣, 译. 王寿仁, 校. 上海: 上海科学技术文献出版社, 1986.)

[18] Bobrowski. A. Functional Analysis for Probability and Stochastic Processes: An Introduction. Cambridge: Cambridge University Press, 2005.

[19] 应坚刚, 金蒙伟. 随机过程基础. 2 版. 上海: 复旦大学出版社, 2017.

[20] Da Prato G. Introduction to Stochastic Analysis and Malliavin Calculus. 3rd ed. Appunti. Scuola Normale Superiore di Pisa (Nuova Serie) [Lecture Notes. Scuola Normale Superiore di Pisa (New Series)], 13. Pisa: Edizioni della Normale, 2014.

[21] 严加安, 彭实戈, 方诗赞, 等. 随机分析选讲. 北京: 科学出版社, 1997.

[22] Nelson E. Dynamical Theories of Brownian Motion. Princeton, NJ: Princeton University Press, 1967.

[23] Krylov N V, Priola E. Poisson stochastic process and basic Schauder and Sobolev estimates in the theory of parabolic equations. Arch. Ration. Mech. Anal., 2017, 225(3): 1089–1126.

[24] Chung K L, Williams R J. Introduction to Stochastic Integration. 2nd ed. Modern Birkhäuser Classics. New York: Birkhäuser/Springer, 2014.

[25] Gobet E. Monte-Carlo Methods and Stochastic Processes: From Linear to Non-linear. Boca Raton, FL: CRC Press, 2016. (中译本: Gobet E. 蒙特卡罗方法与随机过程: 从线性到非线性. 许明宇, 译. 北京: 高等教育出版社, 2021.)

[26] Kermack W O, McKendrick A G. Contributions to the mathmatical theory of epidemics. Proc R Soc Lond A, 1927, 115: 700–721.

[27] Hethcote H W, Yorke J A. Gonorrhea Transmission Dynamics and Control. With a foreword by Paul J. Wiesner and Willard Cates, Jr. Lecture Notes in Biomathematics, 56. Berlin: Springer-Verlag, 1984.

[28] Nguyen D H, Nguyen N N, Yin G. Analysis of a spatially inhomogeneous stochastic partial differential equation epidemic model. Journal of Applied Probability, 2020, 57(2): 613-636.

[29] Kloeden P E, Platen E. Numerical Solution of Stochastic Differential Equations. Applications of Mathematics (New York), 23. Berlin: Springer-Verlag, 1992.

索 引

B

白噪声过程, 66
补偿 Poisson 过程, 159
Bernoulli 试验, 15
Bernstein 多项式, 56
Bertrand 悖论, 16
Black-Scholes 方程, 204
 支付红利情形, 209
Black-Scholes 公式, 205
 欧式看涨期权情形, 203
 支付红利情形, 209
Borel-(可测) 集, 14
Borel-Cantelli 定理, 49
Borel σ-域, 14
Brown 桥, 130
Brown 运动, 57
Brown 运动
 非预测 σ-域流, 102, 121
 几何 Brown 运动, 130
 自然信息流, 102
 历史, 102
 未来, 102
Buffon 投针问题, 14

C

稳定有界线性算子的保范延拓, 91
Chebyshev 不等式, 49

D

定价函数, 6
动态规划, 193
独立 σ-域, 34
独立的随机变量, 34
独立事件, 33

度量空间, 13
多元随机微分, 122
Dirac 测度, 14

E

二进有理数, 16, 72
Euler-Maruyama 格式, 217

F

方差, 29
复利, 5
Feynman-Kac 公式, 188
Fokker-Planck 方程, 118

G

概率测度, 12
概率分布函数, 29
概率空间, 11
概率密度函数, 30
概率转移函数, 58
高阶随机微分方程, 125
高维 Brown 运动, 67
轨道, 21
Gauss 分布, 31
Gronwall 不等式, 137

H

后向 Euler 方法, 218
Hölder 函数类, 71
Haar 函数, 78
Hermite 多项式, 127
hitting time, 184